高等学校省级规划教材

卓越工程师教育培养计划土木类系列教材

合肥工业大学教材出版专项基金资助项目

房屋建筑学

主　编　贾莉莉　李小龙

副主编　吴　庆

合肥工业大学出版社

图书在版编目(CIP)数据

房屋建筑学/贾莉莉,李小龙主编. ——合肥:合肥工业大学出版社,2023.12
ISBN 978 - 7 - 5650 - 6451 - 7

Ⅰ.①房… Ⅱ.①贾… ②李… Ⅲ.①房屋建筑学 Ⅳ.①TU22

中国国家版本馆 CIP 数据核字(2023)第 193219 号

房屋建筑学
FANGWU JIANZHUXUE

| 贾莉莉 李小龙 主编 | 策划编辑 陆向军 | 责任编辑 刘 露 |

出　版	合肥工业大学出版社	版　次	2023 年 12 月第 1 版
地　址	合肥市屯溪路 193 号	印　次	2023 年 12 月第 1 次印刷
邮　编	230009	开　本	787 毫米×1092 毫米　1/16
电　话	党 政 办 公 室：0551 - 62903005	印　张	18.25
	营销与储运管理中心：0551 - 62903198	字　数	445 千字
网　址	press. hfut. edu. cn	印　刷	安徽联众印刷有限公司
E-mail	hfutpress@163.com	发　行	全国新华书店

ISBN 978 - 7 - 5650 - 6451 - 7　　　　　　　　　定价：45.80 元
如果有影响阅读的印装质量问题,请与出版社营销与储运管理中心联系调换。

前　　言

　　"房屋建筑学"是建筑工程专业的核心课程和土木工程相关专业的选修课程,本书是合肥工业大学教师在总结多年教学经验和设计实践的基础上,结合当前教学大纲要求编写而成。书中阐述了民用和工业建筑设计与构造的基本原理、应用和相关规范,选用了国内外典型工程的设计方案和构造详图以供参考,反映了当前建筑工程的主要现状及发展方向。本书编写力求内容精练、概念清晰、图文并茂,突出能力培养的教学目的。

　　全书共分 17 章,第 1、6、7、8、14、15、16、17 章由贾莉莉编写;第 2、4、11、12、13 章由李小龙编写;第 5、9、10 章由吴庆编写;第 3 章由李小龙、贾莉莉编写。全书由贾莉莉统稿。

　　本书可作为高等院校土木工程专业、建筑工程专业的教材,亦可供广大建筑科技工作者自学和参考。

　　本书在编写过程中得到了合肥工业大学教务处、合肥工业大学土木与水利工程学院、合肥工业大学出版社的支持和帮助。在校本科生程曦、硕士研究生钱晨、林识栋、潘广东参与了插图的修改和完善。借本书出版之际,编者谨向上述部门、单位和同学表示衷心的感谢。

　　由于编者的水平和条件限制,难免挂一漏万,恳请读者批评指正。

编　者

2023 年 7 月

目　　录

第 1 章　建筑概论

　　人类祖先为躲避风雨和野兽的袭击,不得不居住在树上和天然的岩洞之中。后来人类逐渐开始定居,用土、石、草、木建造简易的房屋。随着社会的发展,人们不仅要求建筑物使用方便,而且希望建筑物和周围的环境和谐美观,从而对建筑既有物质要求,又有精神要求。人类在这些建筑活动中不断积累知识、总结经验和创新,逐渐形成了建筑学。

　　建筑学是研究建筑物及其环境的科学,旨在总结人类建筑活动的经验,以指导建筑设计创作,创造某种人工环境,其内容包括技术和艺术两个方面。建筑学研究的对象包括建筑物、建筑群、室内设计、风景园林及城乡规划等。

　　在汉语中,"建筑"是个多义词,它可以作为某个时期、某种风格建筑物及其所体现的技术、艺术的总称,如隋唐建筑、哥特式建筑等;可以作为动词表示营造(施工)活动;也可以作为名词表示营造活动的成果——建筑物和构筑物。

　　人们把直接供人类生活居住、工作学习、娱乐活动等的建筑称为建筑物;而人们不直接在内生活的建筑,如水坝、水塔等称为构筑物。

　　房屋建筑学是建筑学的一个组成部分,内容之一是建筑设计原理,主要研究建筑设计的一般规律,包括平面布局、空间组合及其有关建筑艺术的美学规律等;内容之二是建筑构造,主要研究建筑物的组成、各组成部分的组合原理和构造方法等。

1.1　建筑的基本构成要素

　　公元前一世纪,古罗马建筑师维特鲁威称:实用、美观、坚固为构成建筑的三大要素。实用主要指建筑物的使用功能;美观主要指建筑的形象;而坚固主要指建筑物的耐久性和牢固度。

1.1.1　建筑功能

　　为了满足人们不同的使用要求,不同类型的建筑逐渐形成。无论建筑物怎样千变万化,都要满足人们最基本的功能要求:人体活动尺度的要求、人们生理卫生的要求、使用过程和特点的要求。

　　人体活动尺度的要求,确定了建筑物各构件及整个建筑物各个方向的尺寸。

　　人们生理卫生的要求,确定了建筑物的朝向,以及对建筑物的保温、隔热、防潮、隔声、采光、通风等方面的要求。

　　使用过程和特点的要求,确定了建筑物的流线组织应符合人们的活动规律。

1.1.2　建筑形象

　　建筑物的形体、空间、色彩、质感、光影等构成了建筑物的形象。

　　建筑物不仅给人们创造了良好的空间环境,而且以优美的艺术形象给人们以精神享受。

1.1.3　建筑耐久性和牢固度

　　建筑的耐久性和牢固度是通过建筑材料、结构体系及施工技术实现的。

　　结构是建筑物的骨架,承受所有荷载,抵抗各种自然及人为因素对建筑物的作用。结构体系是否坚固,直接影响到建筑物的使用寿命和安全。

建筑物的各种结构和装修构件性能直接影响到建筑物的坚固程度。

施工技术条件也同样会影响建筑物的坚固程度,不按规范要求施工会降低建筑物的坚固程度,严重的甚至会倒塌。

1.2　建筑的分类

建筑一般按使用功能、结构体系和层数分类。民用建筑常见的分类还有设计使用年限的分类和防火要求分类等。

1.2.1　按使用功能分类

按使用功能不同,建筑物可分成民用建筑、工业建筑、农业建筑等。

1. 民用建筑

民用建筑分为居住建筑和公共建筑。

(1)居住建筑,如住宅、宿舍等;

(2)公共建筑包括以下多种类型:

① 行政办公类建筑,如办公楼、会堂、法院建筑等。

② 文教卫生类建筑,如学校、托幼建筑、图书馆、展览馆、影剧院、体育馆、医院等。

③ 商业建筑,如商店、旅馆、银行等。

④ 交通、通信类建筑,如铁路、汽车、水路客运站、航空港、邮电、电讯、广播、电视建筑等。

⑤ 风景园林、纪念类建筑,如各类公园,纪念亭、馆等。

2. 工业建筑

工业建筑指为工业生产服务的各种厂房、仓库等。

3. 农业建筑

农业建筑指为农业生产或加工服务的各种建筑,如饲养场、粮仓等。

1.2.2　按结构体系分类

常见的建筑结构类型如下:

1. 砖木结构

其竖向承重构件的墙体和柱采用砖砌,水平承重构件的楼板、屋架采用木材,一般适用于 3 层以下的民用建筑。被视作上海近代都市文明象征之一的石库门建筑,是上海最有代表性的砖木民居建筑,如图 1-1 所示。

2. 砌体结构

其竖向承重构件为普通砖、多孔砖、混凝土小砌块或石块等材料砌筑的墙体,水平承重构件通常为钢筋混凝土楼板及屋面板。常见砌体结构有砖结构建筑、石结构建筑和其他材料的砌块结构建筑,是低、多层住宅建设中采用较多的结构类型,如图 1-2 所示。

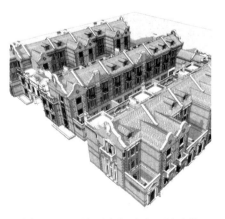

图 1-1　上海石库门砖木民居建筑

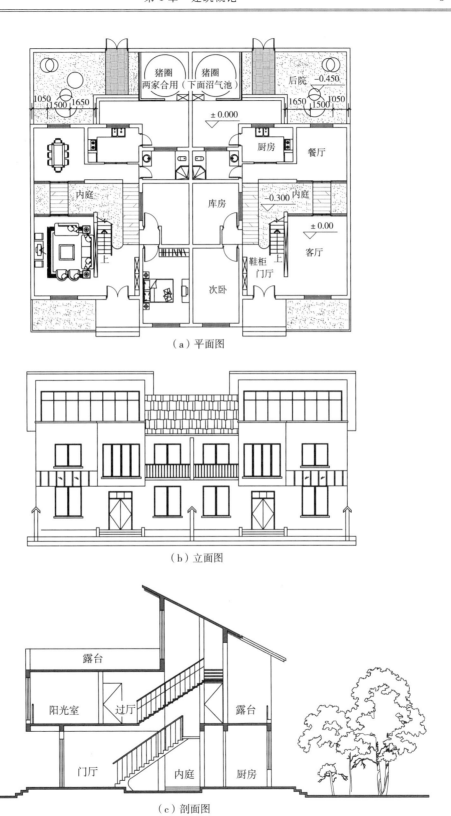

（a）平面图

（b）立面图

（c）剖面图

图 1-2　砌体结构新农村住宅

3. 钢筋混凝土结构

主要承重构件梁、板、柱等全部采用钢筋混凝土结构,墙体只起围护和分隔空间的作用,广泛应用于各类工业与民用建筑。

4. 钢结构

主要承重构件采用钢材制作,自重轻,适用于高层建筑、空间结构,如悬索、网架、壳体等结构建筑形式。

钢筋混凝土和钢结构建筑的常见结构类型有框架结构、框架-剪力墙结构、框架-核心筒结构、筒中筒结构等。如图 1-3 所示。

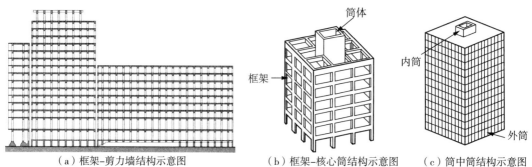

（a）框架-剪力墙结构示意图　　　（b）框架-核心筒结构示意图　　　（c）筒中筒结构示意图

图 1-3　钢筋混凝土建筑

1.2.3　按建筑物的层数分类

按《民用建筑设计统一标准》(GB 50352—2019)中分类:

(1)建筑高度不大于 27.0m 的住宅建筑、建筑高度不大于 24.0m 的公共建筑及建筑高度大于 24.0m 的单层公共建筑为低层或多层民用建筑;

(2)建筑高度大于 27.0m 的住宅建筑和建筑高度大于 24.0m 的非单层公共建筑,且高度不大于 100.0m 的为高层民用建筑;

(3)建筑高度大于 100.0m 的为超高层建筑。

注:建筑防火设计应符合国家标准《建筑设计防火规范》(GB 50016—2014)有关建筑高度和层数计算的规定。

1.2.4　民用建筑按设计使用年限分类

根据《民用建筑设计统一标准》(GB 50352—2019)规定,民用建筑的设计使用年限分类见表 1-1 所列。

表 1-1　民用建筑的设计使用年限分类

类　别	设计使用年限(年)	示　例
1	5	临时性建筑
2	25	易于替换结构构件的建筑
3	50	普通建筑和构筑物
4	100	纪念性建筑和特别重要的建筑

1.2.5 民用建筑按防火要求的分类和耐火等级

《建筑设计防火规范》(GB 50016—2014)中,将民用建筑按建筑高度、功能、火灾危险性和扑救难易程度进行了分类。其中,高层民用建筑可分为一类和二类,见表 1-2 所列。民用建筑的耐火等级分为四级,其构件的燃烧性能和耐火极限不应低于表 1-3 中所列规定。

表 1-2 民用建筑按防火要求的分类

名称	高层民用建筑		单、多层民用建筑
	一类	二类	
住宅建筑	建筑高度大于 54m 的住宅建筑(包括设置商业服务网点的住宅建筑)	建筑高度大于 27m,但不大于 54m 的住宅建筑(包括设置商业服务网点的住宅建筑)	建筑高度不大于 27m 的住宅建筑(包括设置商业服务网点的住宅建筑)
公共建筑	1. 建筑高度大于 50m 的公共建筑; 2. 建筑高度 24m 以上部分任一楼层建筑面积大于 1000m² 的商店、展览、电信、邮政、财贸金融建筑和其他多种功能组合的建筑; 3. 医疗建筑、重要公共建筑; 4. 省级及以上的广播电视和防灾指挥调度建筑、网局级和省级电力调度建筑; 5. 藏书超过 100 万册的图书馆、书库	除一类高层公共建筑外的其他高层公共建筑	1. 建筑高度大于 24m 的单层公共建筑; 2. 建筑高度不大于 24m 的其他公共建筑

注:(1)表中未列入的建筑,其类别应根据本表类比确定。
(2)除本规范另有规定外,宿舍、公寓等非住宅类居住建筑的防火要求,应符合本规范有关公共建筑的规定。
(3)除本规范另有规定外,裙房的防火要求应符合本规范有关高层民用建筑的规定。

表 1-3 民用建筑构件的燃烧性能和耐火极限

构件名称		耐火等级			
		一级	二级	三级	四级
墙	防火墙	不燃性 3.00	不燃性 3.00	不燃性 3.00	不燃性 3.00
	承重墙	不燃性 3.00	不燃性 2.50	不燃性 2.00	难燃性 0.50
	非承重外墙	不燃性 1.00	不燃性 1.00	不燃性 0.50	可燃性
墙	楼梯间和前室的墙 电梯井的墙 住宅建筑单元之间的墙和分户墙	不燃性 2.00	不燃性 2.00	不燃性 1.50	难燃性 0.50
	疏散走道两侧的隔墙	不燃性 1.00	不燃性 1.00	不燃性 0.50	难燃性 0.25
	房间隔墙	不燃性 0.75	不燃性 0.50	难燃性 0.50	难燃性 0.25
柱		不燃性 3.00	不燃性 2.50	不燃性 2.00	难燃性 0.50
梁		不燃性 2.00	不燃性 1.50	不燃性 1.00	难燃性 0.50
楼板		不燃性 1.50	不燃性 1.00	不燃性 0.50	可燃性
屋顶承重构件		不燃性 1.50	不燃性 1.00	可燃性 0.50	可燃性
疏散楼梯		不燃性 1.50	不燃性 1.00	不燃性 0.50	可燃性
吊顶(包括吊顶搁栅)		不燃性 0.25	难燃性 0.25	难燃烧体 0.15	可燃性

注:(1)除本规范另有规定外,以木柱承重且墙体采用不燃材料的建筑,其耐火等级应按四级确定。
(2)住宅建筑构件的耐火极限和燃烧性能可按现行国家标准《住宅建筑规范》(GB 50368)的规定执行。

燃烧体是指用燃烧材料做成的构件。燃烧材料在空气中受到火烧或高温作用时立即起火或微燃，且火源移走后仍然继续燃烧或微燃的材料，如木材等。

耐火极限是指在标准耐火实验条件下，建筑构件、配件或结构，从受到火的作用时起，到失去支持能力、完整性或隔热性时为止所用时间，用小时表示。

非燃烧体是指用不燃烧材料做成的构件。不燃烧材料在空气中受到火烧或高温作用时不起火、不微燃、不炭化的材料，如金属材料、天然或人工无机矿物材料。

难燃烧体是指用难燃烧材料做成的构件或虽用燃烧材料做成而用非燃烧材料做保护层的构件。难燃烧材料在空气中受到火烧或高温作用时难起火、难微燃、难炭化，当火源移走后燃烧或微燃烧立即停止的材料，如沥青混凝土、经防火处理的木材、用有机物填充的混凝土和水泥刨花板等。

1.3　建筑工程设计内容和建筑设计依据

1.3.1　建筑工程设计内容

建造一幢建筑物须经过设计和施工两个阶段。其中设计阶段由多个专业的设计工作组成，主要包括建筑设计、结构设计和设备设计，这三者既有分工，又协调统一，互相配合。

1. 建筑设计

建筑设计在建筑工程设计中起主导和先行作用，主要由建筑师负责完成。主要解决建筑物的使用功能问题，进行平面、空间和环境的布局，处理建筑物内部和外部形象，选择合理的技术、先进的构造方案等。

2. 结构设计

结构设计要密切配合建筑设计，选择合理、切实可行的结构方案，进行结构构件计算、设计及构造设计，主要由结构工程师负责完成。

3. 设备设计

设备设计要配合建筑设计进行建筑物给排水、配电照明、采暖、通风等设计，主要是由水、电、暖、通等各方面的工程师负责完成。

1.3.2　建筑设计的依据

1. 人体尺度和人体活动空间尺度

建筑物须满足人体尺度和人体活动尺度对建筑空间的要求。同时建筑物内的家具、设备及各种建筑构、配件都与人体尺度和人体活动尺度有关，也必须满足人体尺度和人体活动空间尺度的需要（图 1 - 4）。人体尺度和人体活动的空间尺度是建筑设计最基本的依据之一。

2. 家具、设备尺寸及使用其所必需的空间尺寸

家具、设备尺寸及使用其所必需的空间尺寸是建筑设计中确定房间面积大小的主要依据（图 1 - 4，图 1 - 5）。

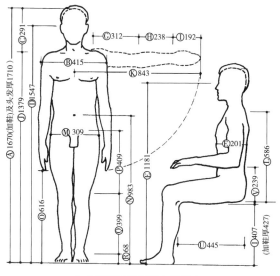

（a）中国成年男子人体尺寸

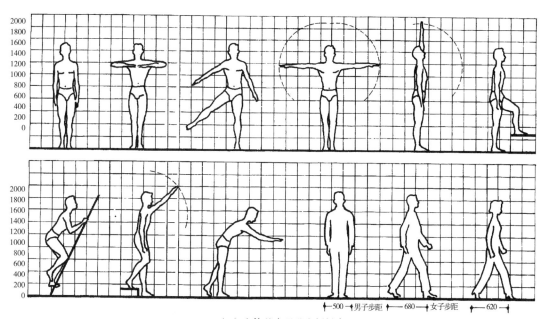

（b）人体基本活动空间尺度

图 1-4　人体尺度和人体活动空间尺度

3. 各种气候条件

日照、温度、湿度、风、雨、雪等自然气候条件也是建筑设计的基本依据之一,应针对不同的气候条件,妥善解决隔热、保温、通风、采光、遮阳等问题,以满足人们生理卫生等方面的要求。

4. 水文、地质、地形条件和地震烈度

各种水文、地质、地形条件直接影响建筑的空间组合、建筑体型、结构布置,尤其是较强的地震烈度,对建筑物的破坏极大。因此建筑设计必须因地制宜,采取各种措施,充分考虑水文、地质、地形条件和地震烈度对建筑物的影响。

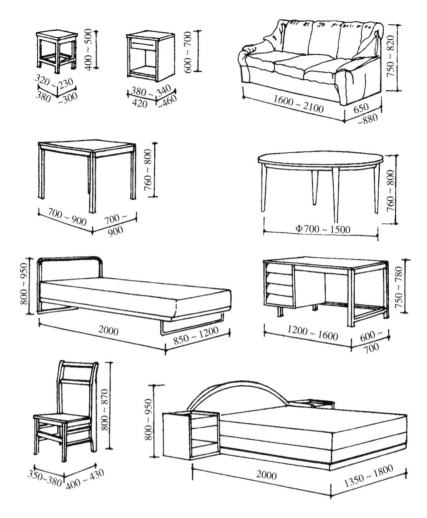

图 1-5 居住建筑常用部分家具尺寸

5. 模数协调

为了提高房屋设计、构配件生产及施工的效能,推进建筑工业化,建筑设计中,需运用《建筑模数协调标准》(GB/T 50002—2013)的规定来实现建筑或部件尺寸和安装位置的模数协调,包括模数、模数数列等内容。

(1)基本模数的数值 1M=100mm。整个建筑物和建筑物的一部分,以及建筑部件的模数化尺寸,应是基本模数的倍数。

(2)导出模数是从基本模数发展出的扩大模数和分模数。扩大模数基数应为 2M、3M、6M、12M……;分模数基数应为 M/10、M/5、M/2。

(3)建筑物的开间或柱距,进深或跨度,梁、板、隔墙和门窗洞口宽度等分部件的截面尺寸宜采用水平基本模数和水平扩大模数数列,且水平扩大模数数列宜采用 $2n$M、$3n$M(n 为自然数)。

(4)建筑物的高度、层高和门窗洞口等宜采用竖向基本模数和竖向扩大模数数列,且竖向扩大模数数列宜采用 nM。

（5）构造节点和分部件的接口尺寸等宜采用分模数数列,且分模数数列宜采用 M/10、M/5、M/2。

（6）模数网格用于建筑构部件的定位时,由正交或斜交的平行基准线（面）构成平面或空间网格,基准线（面）之间的距离符合模数协调的要求。图 1－6 为几种常见的模数网格类型。

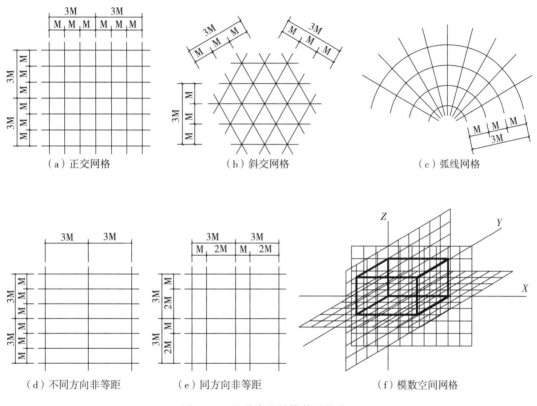

图 1－6　几种常见的模数网格类型

1.4　建筑工程设计程序

建造一幢建筑物,一般要经过设计和施工两个阶段,如图 1－7 所示。

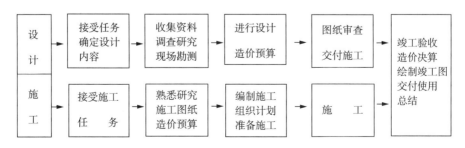

图 1－7　建筑设计及施工过程示意图

1.4.1　建筑设计前的准备工作

1. 核实设计任务所需的有关文件

(1)建设单位主管部门及国家相关部门关于建筑物的建筑面积、使用要求、单方造价、总投资的批文。

(2)城市规划建设部门关于用地范围、环境协调、单体建筑及规划要求的批文。

(3)有关土地使用的批文等。

2. 熟悉任务书的内容

(1)设计项目的总要求、总建筑面积及分项面积。

(2)单项工程的具体要求、建筑面积及其分配、使用要求等。

(3)建设基地地形图及有关地物、地貌资料等。

(4)建设项目对水、电等设备的要求及基地市政资料等。

(5)建设项目的设计期限、建设进度等计划安排。

3. 调查研究、收集资料

调查研究、收集资料按以下步骤进行:

(1)根据建筑物的使用要求,调查已建同类建筑物的使用情况,总结同类建筑物的特点及其对建筑设计提出的要求。

(2)了解建材供应及施工技术情况。

(3)现场勘查,了解地形、地貌、周围环境及气候条件等方面的情况。

(4)了解当地的文化传统、生活习惯、风土人情、建筑风格等。

1.4.2　建筑设计

一般中小型民用建筑的建筑设计分为两个阶段:初步设计和施工图设计;大型的、较复杂的民用建筑一般分三阶段设计:初步设计、技术设计和施工图设计。

1. 初步设计

建筑师根据相关建筑设计规范和设计任务书的要求,结合建筑基地的实际情况,对建筑的总体布局、组合方式、建筑形体、建筑用材、结构类型等提出一种或多种设计方案,征求有关方面的意见,最终选定一种较为合理的设计方案。在此基础上,做出初步设计的有关图纸及文件,其主要有:

(1)建筑总平面图。一般用1∶500~1∶1000的比例绘制,图中应标注建筑物的主要尺寸、标高、道路、绿化、基地设施的布置及有关文字说明。

(2)建筑各层平面图、立面图和剖面图,一般用1∶100~1∶200的比例绘制,图中应标注有关的主要尺寸、标高、面积、门窗位置及部分家具、设备布置等。

(3)设计说明。说明设计方案的构思及优点、结构方案和构造特点,以及技术经济指标等。

(4)工程概算文件。包括单方造价、各种用材数量及总投资估算等。

(5)透视图或建筑模型。

初步设计主要是为建筑单位及主管部门审批提供资料,也为下阶段的设计——技术设计、施工图设计提供依据。

2. 技术设计

在初步设计的基础上,进一步解决各专业之间的技术问题,为施工图设计提供技术依据。对于大型的较复杂的工程,技术设计要求各专业密切配合,深入研究具体问题的解决办法,并相互提供技术资料及详细尺寸。对于中小型较简单的设计工程,可以省略这个阶段,只需做扩大初步设计,之后再进行施工图设计。

3. 施工图设计

施工图设计是建筑工程设计的最后阶段,主要为施工提供建筑、结构、设备的全部施工图、说明书、计算书及工程预算文件。施工图设计需要完成的图纸及文件有:

(1)建筑总平面图,比例为 1∶500～1∶2000,图中应详细标注建筑物、道路、设施及绿化等位置的尺寸、标高及说明。

(2)各层建筑平面图、各向立面图、剖面图,比例为 1∶100～1∶200。

(3)构造详图,常用的比例为 1∶1,1∶5,1∶10,1∶20 等。

(4)各专业的全套施工图,包括结构、建筑电气、给水排水、供暖通风与空气调节、热能动力等各专业的设计说明、布置图及系统图等。

(5)建筑、结构、设备等各专业的施工说明书。

(6)各专业的计算书。

(7)工程预算文件及有关材料、设备用量表等。

第 2 章 总平面设计

2.1 总平面设计的作用及原则

2.1.1 总平面设计的作用

总平面设计是一个全局性问题,是在建设用地范围内,对建筑物及室外环境的各种构成要素进行有组织的布局,其内容主要包括场地规划、室外场地设计、建筑组织安排、场地绿化布置以及道路交通系统设计等。建筑单体设计受到总平面设计的制约,建筑单体朝向和方位的确定、建筑物入口选择、体型的大小和形状、布局方式、内外交通联系和组织,都必须立足于基地总平面的合理化设计。

2.1.2 总平面设计的原则

(1)以城市总体规划、分区规划、控制性详细规划,以及规划主管部门提出的规划条件为依据。

(2)结合工程特点,注重节地、节能、节约水资源,并适应建设发展的需要。

(3)结合建设用地的自然地形、周围环境、地域文脉和建筑环境,做到因地制宜。

(4)场地功能分区明确,合理组织建筑物,路网结构清晰,人流、车流有序。

(5)注重室外场地及环境设计。

2.2 总平面设计的内容

2.2.1 场地规划

1. 确定合理的"图—底"关系

所谓"图—底"关系,即建筑物(图)与室外场地(底)之间的位置关系。建筑物按使用功能要求,一般都需要留出足够的室外场地,例如中小学校园需设置室外活动场地,观演类建筑需留有足够的集散广场等。如何处理好建筑物(图)与室外场地(底)的位置关系,是总平面设计的首要任务。"图—底"关系的模式分类有以下四种。

(1)"底"包"图"——单体建筑物位于场地中心

单体建筑物位于场地的中央,成为场地的核心主体,在建筑物周边布置广场、庭院等室外空间,形成对建筑物的陪衬。该模式的特点是主从关系明确,建筑物的主体形象突出,各类室外场地分配基本均衡,如图 2-1 所示。

（2）"图底"相邻——单体建筑物位于场地边侧或一角

单体建筑物位于场地中的某一侧或某一角，使得室外场地相对集中。该模式的特点是便于形成较大面积的室外场地，以满足某些类型建筑的特殊室外场地功能，或提供相对集中的室外场地，如图 2-2 所示。

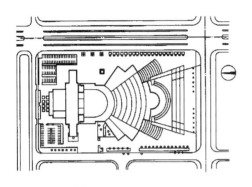
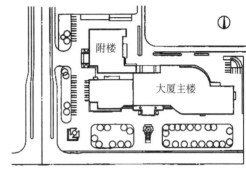

图 2-1　"底"包"图"　　　　　　　　图 2-2　"图底"相邻

（3）"图"包"底"——建筑群体围合场地空间

以场地空间为核心，利用数个建筑物有组织性布置，围合形成一定的场地空间。该模式的特点是建筑群体形成内向性界面，共享相对封闭的核心场地空间，如图 2-3 所示。

（4）"图底"相融——建筑群体与场地空间相互包容

在较为开阔的室外空间中，将多个建筑物分散布置，形成建筑物与室外场地空间的相互包容。该模式的特点是场地与建筑有机紧密联系，空间层次丰富，如图 2-4 所示。

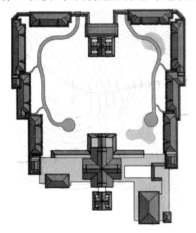
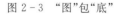
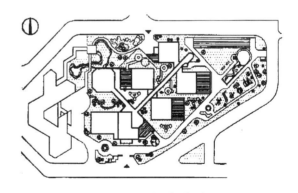

图 2-3　"图"包"底"　　　　　　　　图 2-4　"图底"相融

2. 符合自然环境及气候特征

建筑的总平面布局应结合当地的自然、地理、水文及气候等环境特征，构建和谐的基地环境。

（1）地形

地形指基地的形态、地势走向及坡度情况，地形对于总平面设计的影响程度与其自身变化的大小有关。

在地形的坡度较明显时,建筑物与地形等高线的位置关系主要有两种:

① 建筑物平行于等高线布置:这种布置方式,土方工程量较小,建筑物内部空间较容易组织,通向建筑物的道路和入口起伏坡度会比较小,通行较方便,如图 2-5(a)所示。

② 建筑物垂直或斜交于等高线布置:这种布置方式,建筑物的通风、排水问题较容易解决,但基础处理和道路布置比平行于等高线布置复杂很多,如图 2-5(b)所示。

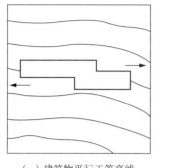

（a）建筑物平行于等高线　　　　（b）建筑物垂直或斜交于等高线

图 2-5　建筑物的布置与等高线的关系

（2）气候及风向

建筑物的布局形式和场地平面的基本形态需要考虑寒冷地区的保温或炎热地区的通风散热的要求。一般寒冷地区的建筑物以集中式布局为宜,采用比较集中规整的平面形态减少建筑物的体形系数,有利于冬季保温;炎热地区的建筑物宜分散式布局,室内外空间灵活通透,有利于散热和通风。

在夏季炎热地区,建筑主体朝向夏季主导风向布置,有利于获得"穿堂风",增强通风效果;在冬季寒冷地区,建筑主体避开冬季主导风向布置,有利于防寒、保温及防风沙侵袭。除了常年主导风向的影响以外,场地内部的通风路线也会受到地形、树木、周围环境中的建筑物高度、密度、位置、街道走向等因素的影响,如图 2-6 所示。

（3）日照

日照因素对总平面设计的影响主要表现在朝向和日照间距两个方面。

朝向:我国幅员辽阔,南北方日照情况差异显著,寒冷地区冬季尽量争取日照,主要用房应避免北向,避开冬季主导风向;炎热地区夏季避免接受过多的太阳辐射;夏热冬冷地区,较理想的朝向是南北向,有利于冬季获得更多的日照,同时也可防止夏季西晒。

日照间距:日照间距是为了保证后排(北侧)房屋的底层窗台高度处,在冬季能有一定的日照时间而必须具备的最小间距,它和建筑物的地理纬度、方位、季节、时间有关。一般根据当地日照标准日(冬至日或大寒日)正午 12 时太阳的高度角来计算房屋日照间距(图 2-7):

$$L=\frac{H}{\tan\alpha} \tag{2-1}$$

式中,L——正南向房屋的标准日照间距;

　　　H——前排(南侧)房屋檐口和后排(北侧)房屋底层窗台的高差;

　　　α——冬至日或大寒日正午的太阳高度角(当房屋正南向时)。

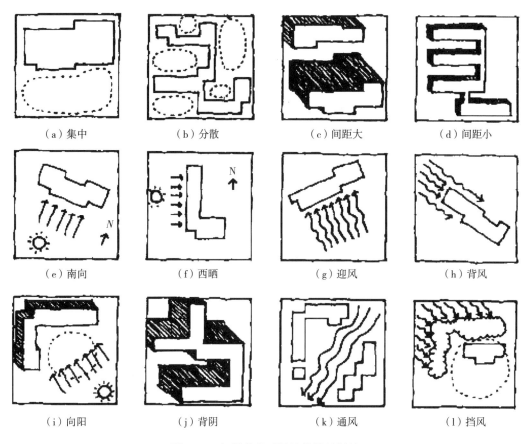

图 2-6 气候条件对场地设计的制约

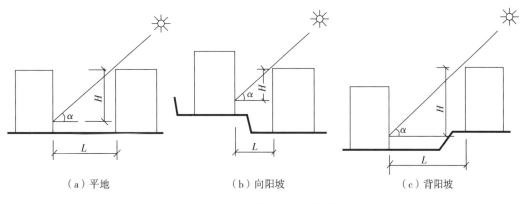

图 2-7 建筑物的日照间距

在实际设计工作中,常用房屋日照间距 L 和前排房屋高度 H_1 的比值来控制房屋的间距。我国大部分地区的日照间距为 $L=(1.0\sim1.7)H_1$。一般由于太阳高度角在南方要大于北方,所以南方的日照间距要较北方小一些。

高层建筑对周边建筑产生日照影响时,需采用软件模拟计算进行日照分析,而不仅仅靠上述公式。

3. 符合城乡规划和相关规范的要求

(1)对建设范围的限定

建设范围即由城乡规划行政主管部门划定的建设用地权属范围,一般主要包括道路红线、用地红线和建筑控制线等,如图2-8所示。道路红线是指规划的城市道路用地的边界线;用地红线是指各类建筑工程项目用地的使用权属范围的边界线;建筑控制线是指有关法规或详细规划确定的建筑物、构筑物的基底位置不得超出的界线。

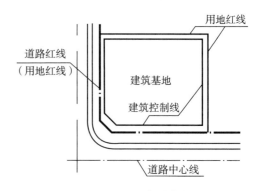

图2-8 基地的各种控制线

(2)对建筑容量的限定

城乡规划通过对容积率、建筑密度的限定,要求将建设用地内的建筑容量控制在一个合适的范围内,见表2-1所列。容积率是指场地范围内,建筑面积总和与用地面积的比值;建筑密度是指场地范围内,建筑物的基底面积总和与总用地面积的比率(%)。

表2-1 某市建筑密度和建筑容积率控制指标表

区位 建筑容量 类型		城 区 内				城 区 外	
		一环以内地区		一环以外地区		乡镇	
		D	FAR	D	FAR	D	FAR
低层独立式住宅		—	—	—	—	20%	0.40
低层连排式住宅		—	—	35%	0.9	30%	0.8
居住建筑(含酒店式公寓)	多层	28%	1.65	25%	1.6	24%	1.6
	高层	24%	4.0	22%	3.5	21%	3.0
商贸、办公(含旅馆、公寓式办公)	多层	40%	2.5	35%	2.2	35%	2.0
	高层	35%	6.0	32%	5.5	30%	5.0
大型超市	—	50%	3.0	45%	2.5	45%	2.2
工业建筑(一般通用厂房)仓储建筑	低层	—	—	35%	0.5	30%	0.4
	多层	—	—	30%	0.8	30%	0.8
	高层	—	—	25%	1.0	25%	1.0
公共绿地		按照住建部《公园设计规范》(GB 51192—2016)的规定执行					

注:(1)D——建筑密度,FAR——建筑容积率,两者不宜同时取最大值。

(2)本表仅适用于未编制详细规划的单一基地。

(3)本表规定的指标为上限,但工业建筑为下限。

(3)对建筑间距的限定

建筑物的间距即建筑物相邻外墙之间的距离,应以满足日照要求为基础,并综合考虑防火、通风、防噪、视线及抗震等因素。其中,防火间距一般是建筑间距控制的最小值,如场地中民用建筑物的布置间距应符合《建筑设计防火规范》(GB 50016—2014)(2018年版),见表2-2所列。

表 2－2　民用建筑之间的防火间距　　　　　　　　（单位：m）

建筑类别		高层民用建筑	裙房和其他民用建筑		
		一、二级	一、二级	三级	四级
高层民用建筑	一、二级	13	9	11	14
裙房和其他民用建筑	一、二级	9	6	7	9
	三级	11	7	8	10
	四级	14	9	10	12

注：(1)相邻两座单、多层建筑，当相邻外墙为不燃性墙体且无外露的可燃性屋檐，每面外墙上无防火保护的门、窗、洞口不正对开设且该门、窗、洞口的面积之和不大于外墙面积的 5% 时，其防火间距可按本表的规定减少 25%。

(2)两座建筑相邻较高一面外墙为防火墙，或高出相邻较低一座一、二级耐火等级建筑的屋面 15m 及以下范围内的外墙为防火墙时，其防火间距不限。

(3)相邻两座高度相同的一、二级耐火等级建筑中相邻任一侧外墙为防火墙，屋顶的耐火极限不低于 1.00h 时，其防火间距不限。

(4)相邻两座建筑中较低一座建筑的耐火等级不低于二级，相邻较低一面外墙为防火墙且屋顶无天窗，屋顶的耐火极限不低于 1.00h 时，其防火间距不应小于 3.5m；对于高层建筑，不应小于 4m。

(5)相邻两座建筑中较低一座建筑的耐火等级不低于二级且屋顶无天窗，相邻较高一面外墙高出较低一座建筑的屋面 15m 及以下范围内的开口部位设置甲级防火门、窗，或设置符合国家标准《自动喷水灭火系统设计规范》(GB 50084—2017)规定的防火分隔水幕或本规范第 6.5.3 条规定的防火卷帘时，其防火间距不应小于 3.5m；对于高层建筑，不应小于 4m。

(6)相邻建筑通过连廊、天桥或底部的建筑物等连接时，其间距不应小于本表的规定。

(7)耐火等级低于四级的既有建筑，其耐火等级可按四级确定。

(4)对基地入口的限定

场地出入口设置要求对外交通便捷，减少对城市主、次干道的干扰。按照《民用建筑设计统一标准》(GB 50352—2019)规定，基地机动车出入口位置应符合以下要求：与大中城市主干道交叉口的距离，自道路红线交叉点量起不应小于 70m；与人行横道线、人行过街天桥、人行地道(包括引道、引桥)的最边缘线不应小于 5m；距地铁出入口、公共交通站台边缘不应小于 15m；距公园、学校、儿童、老年人及残疾人使用建筑的出入口不应小于 20m，如图 2－9 所示。

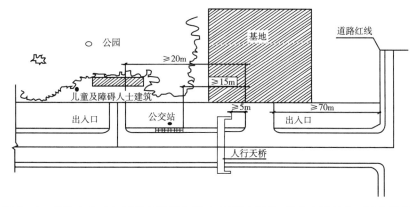

图 2－9　基地出入口与城市主干道交叉口、过街人行道、公共交通站台、公园、学校、
儿童及残疾人使用建筑物出入口的关系

（5）对建筑退让的限定

由于受到日照间距、文物保护、风景旅游、市政管线、消防环保、抗震、防汛和交通安全等因素的影响,沿场地边界和沿城市道路、河道、铁路两侧及电力线保护范围等边侧建设的建筑物,应按规划设计条件后退用地红线或道路红线一定的距离,见表2-3、表2-4所列。

表2-3　某市建筑物后退用地边界距离表

后退距离（m）　　　建筑类别 建筑物高度		住宅建筑		文、教、卫建筑		其他建筑	
		建筑物高度的倍数	最小距离/m	建筑物高度的倍数	最小距离/m	建筑物高度的倍数	最小距离/m
主朝向	$H \leqslant 10m$	0.7	5	0.6	5	0.5	4.5
	$10m < H \leqslant 24m$	0.65	8	0.6	8	0.5	7.5
	$H > 24m$	0.25	15	0.3	17	0.25	15
次朝向	$H \leqslant 10m$		4	0.3	4	0.25	消防间距
	$10m < H \leqslant 24m$	0.25	4	0.3	4.5	0.25	消防间距
	$H > 24m$		9		9		9

注：(1)"H"为建筑高度。

(2)$H \leqslant 10m$、$10m < H \leqslant 24m$、$H > 24m$ 等组合建筑及退台建筑的后退,分别按各类别有关规定执行。

表2-4　某市建筑控制线后退城市道路红线距离表

后退距离（m）　　　道路宽度 建筑物高度	支路 $D < 24m$	次干道 $24m \leqslant D < 40m$	主干道 $D \geqslant 40m$	快速路
$H \leqslant 60m$	8	10	15	30
$60m < H \leqslant 100m$	10	15	20	30
$H > 100m$	15	20	25	30

注："H"为建筑高度,"D"道路规划红线宽度。

2.2.2　室外场地设计

各类建筑物的使用功能要求有不同的室外场地,一般包括以下四种类型。

1.入口广场

入口广场是城市空间与建筑物之间衔接的必要"节点",其位置、大小、形态一般由建筑物的规模、性质以及周围地段的大小而确定。对于人流、车流集散量大的大型公共建筑,如交通类建筑、观演类建筑等,需要在建筑物前设置比较开阔的入口广场,如图2-10所示。

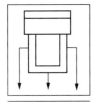 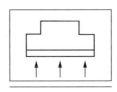 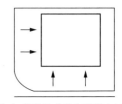

（a）单广场（多向建筑入口）　　　　（b）单广场（单向建筑入口）　　　　（c）多广场（多向建筑入口）

图2-10　人流集散量大的入口广场空间构成

而一般性的中小型建筑物,在建筑物后退红线所形成的场地中,围合成一个与建筑物入口相对应的入口广场,如图 2-11 所示。

当建筑物位于道路转角处时,也可将建筑物做曲尺状后退,形成入口广场,既能减少转角处的人流拥挤,也利于转角处交通视线无遮挡,如图 2-12 所示。

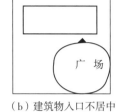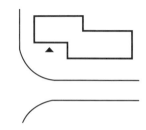

　　（a）建筑物入口居中　　　（b）建筑物入口不居中

图 2-11　入口广场与建筑物入口的关系　　　　图 2-12　道路转角的入口广场形态

2. 活动场地

活动场地一般可分为功能性场地和休闲景观场地。

功能性场地往往是建筑物功能的必要组成部分,例如中小学校的室外田径场及足球、篮球、排球等各种球类场地的长轴宜南北向布置,长轴南偏东宜小于 20°,南偏西宜小于 10°,如图 2-13 所示;幼儿园室外活动场地,可分为班级活动场地和全园集中活动场地两部分,如图 2-14 所示。

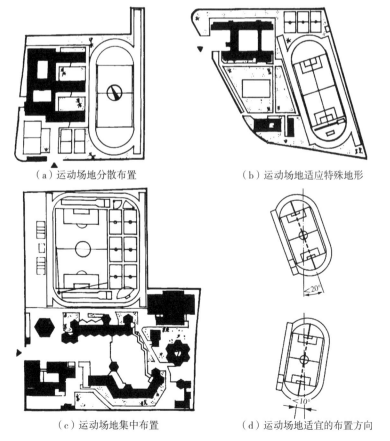

　　（a）运动场地分散布置　　　　　　　（b）运动场地适应特殊地形

　　（c）运动场地集中布置　　　　　　　（d）运动场地适宜的布置方向

图 2-13　中小学校操场布置对总平面的影响

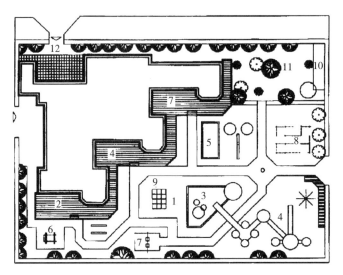

1—公共活动场地；2—班活动场地；3—沙水池；4—综合游戏设施；5—沙坑；6—浪船；

7—秋千；8—尼龙绳网迷宫；9—攀登架；10—动物房；11—植物园；12—杂物院。

图 2-14　幼儿园室外活动场地布置

休闲景观场地在功能使用和环境塑造上起到积极作用，例如学校建筑的文化广场、商业建筑的露天茶座、博览建筑的室外展台、居住建筑的景观庭院等。

3. 服务内院

对于有些建筑来说，使用功能中有一项不可或缺的组成部分，即"供应"功能，例如厨房食物及垃圾的堆放、锅炉房燃料的运输和堆放等。通常将其设置在建筑的后面或较隐蔽的地方，同时还应考虑烟气、异味、噪声等对建筑物主要使用空间的影响，将其设置在场地的下风向或用绿化带与主要空间隔离。

4. 停车场

停车场包括机动车停车场和非机动车停车场。

机动车停车场应既接近建筑物主要入口，又较少影响广场的交通，并尽量避免对建筑物正面的遮挡，故其一般宜在入口广场的外侧、主体建筑的一侧或后方设置；非机动车停车场的位置既要方便停车，又应避免对机动车路线的交叉干扰和对入口广场空间的破坏，可布置在建筑物的广场入口。此外，停车场可利用绿化遮阳或设置车棚。

2.2.3　建筑物的总体布局

建筑物的总体布局一般可分为四种布局形式，即集中式、分散式、单元组合式和混合式。

1. 集中式布局

将几种不同功能的建筑物组合在一幢建筑物中。这种布局的优点是平面功能紧凑，交通联系便捷，用地经济性较高，设备投资较小。其缺点是建筑规模较大时，功能复杂易相互干扰，另外也不易保证各个部分都能有较好的朝向、通风及景观等条件，如图 2-15 所示。

2. 分散式布局

建筑物的各个组成部分单独建造，分散布置。这种布局的优点是各部分形体之间干扰小，布局灵活，容易适应复杂的地形，便于分期建造，且可以保证各部分能取得良好的朝向、通风及景观条件。其缺点是占地面积大，交通联系不便，设备投资较高，如图 2-16 所示。

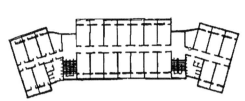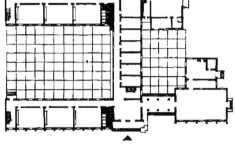

图 2-15　集中式布局　　　　　　　　　　图 2-16　分散式布局

3. 单元组合式布局

建筑物的各个组成部分布置在各个独立的单元中,各单元之间用交通联系连接,形成一个整体。它是介于集中式和分散式之间的一种布局方式,既有利于各个功能部分之间的相对独立,又能形成较便捷的交通联系,便于分期建造,与地形和环境的结合也能形成较好的效果,如图 2-17 所示。

4. 混合式布局

混合式布局是以上各种形式的综合,既有集中又有分散或组合,兼有集中式和分散式的优点,适用于规模较大、功能要求较复杂的建筑群体设计,如图 2-18 所示。

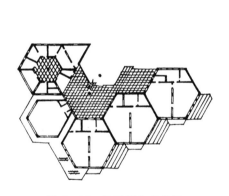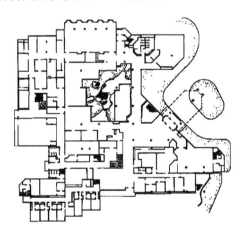

图 2-17　单元组合式布局　　　　　　　　图 2-18　混合式布局

2.2.4　绿化与环境保护

绿化是环境保护和环境美化的重要措施,总平面设计应对绿化进行合理化布置,创造良好的环境效益。

1. 创造绿化的环境功能效益

绿化围合可起到挡风、防尘、降噪等作用;大片绿地可供室外休息和游戏之用;停车场周边种植绿化树木可提供遮阴功能。

2. 创造绿化的环境景观效益

结合景观布置的功能要求和意境效果,采用形式多样的绿化布置方式,如规则式(西洋式),中国式(因山取势、人工造园),自然式(结合地貌空间)或混合式(中西合璧)等。

对于保留价值很高的名贵花木,须加以保护和利用,有条件时,设置水景与绿化相结合,调节局部环境小气候。

2.2.5　道路系统与交通组织

1. 道路系统

(1)满足不同种类道路的技术要求

道路分人行道和车行道两种。人行道应根据建筑物使用性质和使用人数确定其宽度和平面布局;车行道应根据交通运输方式和车辆数量来确定其技术要求,如宽度、坡度、回转半径等。

(2)满足功能联系的要求

道路系统是建筑物及其场地各功能部分之间在外部空间有机联系的骨架,在总平面设计时,其布局常以连接建筑物各个出入口为目的。在形式上可依据其使用性质进行选择,如重要的人行道路应宽而直,而人行小路可自由灵活,车行道路则宜通直少弯。

2. 交通组织

交通组织需符合使用规律,交通流线应避免干扰和冲突。

(1)场地出入口设置

场地出入口对外交通要便捷,一般应设在所临的城市干道上,并方便到达主体建筑物的主要出入口。如果场地不临干道,则与干道应有最简捷的联系,以方便人流车流的集散。如果场地面临几条干道,则应对人流来向进行分析,将主要出入口设置在人流主要来向的方向,而在其他方向设置次要出入口。中小学出入口设置如图 2-19 所示。

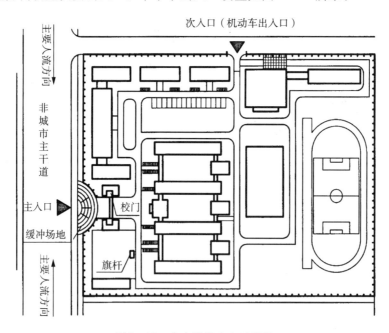

图 2-19　中小学校出入口设置

(2)人行、车行系统

人行系统与车行系统应避免交叉重叠,在集中人流活动场地,禁止车流驶入,非机动车宜设置专门线路。

(3)人流密集型建筑的交通组织

大型、特大型的文化娱乐、商业服务、体育、交通等人员密集建筑物主要出入口前应有供人员集散用的空地,如火车站、展览馆等建筑,可依据人流活动规律,将入口和出口分开,使人流按一定方向疏导;又如商业、影剧院、文体场馆等建筑,应按最大人流量考虑出入口宽度、集散广场和停车场面积。

另外,人流密集型建筑的场地应至少有一面直接临接城市道路,该城市道路应有足够的宽度,以降低人员疏散时对城市正常交通的影响;场地沿城市道路的长度应按建筑规模或疏散人数确定,并至少不小于基地周长的 1/6,如图 2-20(a)所示;场地应至少有两个或两个以上不同方向通向城市道路的(包括以基地道路连接的)出口,如图 2-20(b)所示;场地或建筑物的主要出入口,不得和快速道路直接连接,也不得直对城市主要干道的交叉口,如图 2-20(c)、图 2-20(d)所示。

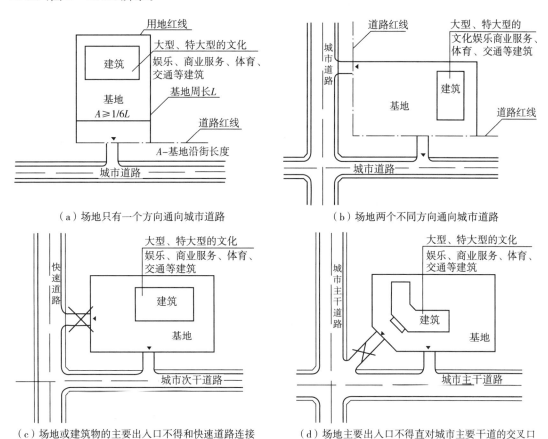

(a)场地只有一个方向通向城市道路　(b)场地两个不同方向通向城市道路

(c)场地或建筑物的主要出入口不得和快速道路连接　(d)场地主要出入口不得直对城市主要干道的交叉口

图 2-20　人员密集建筑的基地设计要求

(4)中小学校校园的交通组织

中小学校校园应设置 2 个出入口。中小学校校园主要出入口应与市政交通衔接,但不应直接与城市主干道连接。校园主要出入口应设置缓冲场地,校门宜向校内退让,构成校门前的小广场,从而起到缓冲作用,如图 2-19 所示。大型机动车(运送厨房的主副食料、教学装备、房屋与设施维护工料运输用的大型机动车及垃圾运输车)应以次要校门为出入口,避免与步行的师生交叉。

第3章　建筑平面设计

　　一幢建筑物通常是由若干个部分有机组合而成的三维立体空间,可以通过建筑平面设计、剖面设计和立面设计来实现,并用相应的建筑平面图、剖面图和立面图来表达。

　　由于建筑平面表示着水平方向建筑物各个部分的尺寸、内容及相互关系,较集中地反映了建筑物的功能要求,因此,它是建筑设计的根本,也是最重要的部分。

3.1　建筑的空间组成与平面设计

3.1.1　建筑的空间组成

　　不同类型的建筑物,尽管使用性质和空间构成方式不同,但都是由各种使用房间和交通联系部分组成,而使用房间又分为主要使用房间和辅助房间。建筑物的组成如图 3-1 所示。

　　1. 主要使用房间

　　主要使用房间是直接为建筑物使用的生产、生活和工作的房间。如住宅中的起居室、卧室和书房等;教学楼中的教室、实验室和办公室等;商店中的营业厅、仓库和管理办公室等。

　　2. 辅助房间

　　辅助房间是为保证基本使用目的而设置的房间及设备用房。如住宅中的厨房、卫生间、储藏室等;教学楼中的男女卫生间等。

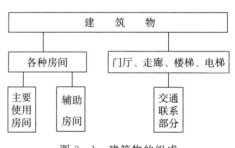

图 3-1　建筑物的组成

　　3. 交通联系部分

　　交通联系部分是联系上述各房间,组织人流、货流的交通部分,如门厅、走廊、楼梯和电梯等。

3.1.2　平面设计

　　平面设计是在总平面布局的基础上,通过对建筑内部功能关系和流线组织等方面的分析,合理安排建筑物各组成部分的平面位置、交通联系方式及平面组合形式,并确定各类房间的面积、平面形状、尺寸和门窗等。

3.2　主要使用房间的平面设计

在对建筑物主要使用房间功能要求、空间形态、结构构成进行设计时,应遵循以下原则:

(1)房间的面积、形状、尺寸首先应满足使用功能要求和室内家具、设备布置的要求。

(2)房间内门窗的位置、尺寸要满足出入方便、疏散安全及采光通风良好的要求。

(3)房间的构成和组合要使结构合理、施工方便。

(4)室内外空间及细部应满足美学原理要求。

3.2.1　房间的面积

1. 影响房间面积大小的因素

(1)使用人数的影响

房间使用人数少,则其面积较小,如住宅的卧室;反之,使用人数多,则其面积较大,如影剧院观众厅。

(2)使用功能的影响

如住宅的起居室,满足人们休息、就餐、会客等功能要求,要求舒适、亲切的尺度,房间面积为 15～30m² ;而篮球馆,为住宅起居室面积的 20～40 倍,如图 3-2 所示。

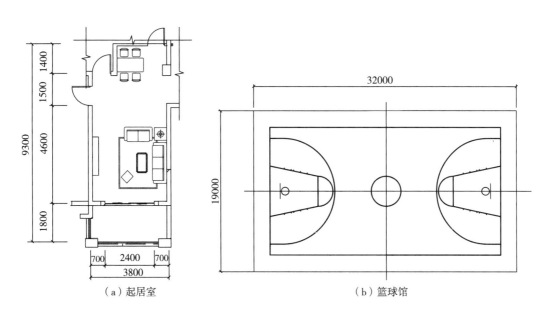

（a）起居室　　　　　　　　　　　（b）篮球馆

图 3-2　不同使用功能房间的面积比较

(3)家具设备的布置方式对房间使用面积的影响(图 3-3)

家具设备的布置方式、使用者的使用活动影响房间使用面积。如中学美术教室,写生时座椅为画凳时,所占面积宜为 2.15m²/生;用画架时所占面积宜为 2.50m²/生;而小学的音乐教室,边唱边舞所占面积不应小于 2.40m²/生。

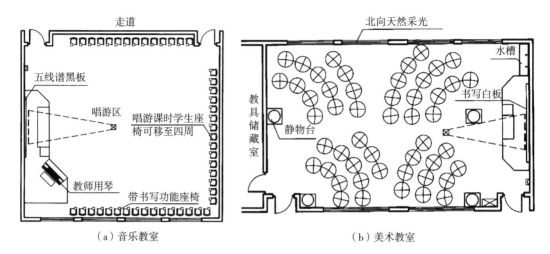

（a）音乐教室　　　　　　　　　（b）美术教室

图 3-3　家具设备的布置方式对房间使用面积的影响

2. 房间的面积组成

房间面积由其使用面积和围护结构所占面积组成。其中,房间的使用面积由三部分组成:家具和设备所占的面积、人们使用家具设备及活动所需的面积、房间内的交通面积。

中小学教室使用面积的组成,如图 3-4(a)所示;住宅卧室使用面积的组成如图 3-4(b)所示。

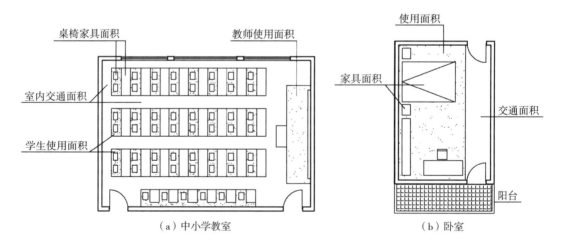

（a）中小学教室　　　　　　　　　（b）卧室

图 3-4　房间使用面积的组成

3. 房间面积的确定

对于上述面积分配较明确的房间,房间使用面积加上围护构件所占面积,即为房间面积。而有一些建筑物,如商店营业厅,由于顾客人数不固定,且顾客和营业员的活动面积与厅内的交通面积有重叠,其使用面积很难通过三部分面积的简单叠加来计算,通常运用"面积定额"的方法来确定,如《中小学校设计规范》(GB 50099—2011)中规定了主要教学用房的使用面积指标,见表 3-1 所列。

表 3-1　主要教学用房的使用面积指标　　　　　　　（m²/每座）

房间名称	小学	中学	备注
普通教室	1.36	1.39	—
科学教室	1.78	—	—
实验室	—	1.92	—
综合实验室	—	2.88	—
演示实验室	—	1.44	若容纳 2 个班,则指标为 1.20
史地教室	—	1.92	—
计算机教室	2.00	1.92	—
语言教室	2.00	1.92	—
美术教室	2.00	1.92	—
书法教室	2.00	1.92	—
音乐教室	1.70	1.64	—
舞蹈教室	2.14	3.15	宜和体操教室共用
合班教室	0.89	0.90	—
学生阅览室	1.80	1.90	—
教师阅览室	2.30	2.30	—
视听阅览室	1.80	2.00	—
报刊阅览室	1.80	2.30	可不集中设置

注:(1)表中指标是按完全小学每班 45 人、各类中学每班 50 人排布测定的每个学生所需使用面积;如果班级人数定额不同时需进行调整,但学生的全部座位均必须在"黑板可视线"范围以内。

(2)体育建筑设施、劳动教室、技术教室、心理咨询室未列入此表,另行规定。

(3)任课教师办公室未列入此表,应按每位教师使用面积不小于 5.0m² 计算。

对于某些没有面积定额的建筑,应对同类建筑进行调研和分析后,根据相应的经济技术条件合理确定面积大小。

3.2.2　房间的平面形状和尺寸

1. **房间的平面形状**

房间常用的平面形状有矩形、方形、多边形、圆形等,应根据使用功能、结构和施工技术条件、外观艺术效果等多种因素综合考虑确定。

(1)使用功能的要求

一般中小型建筑的房间平面形状多采用矩形,有利于家具和设备布置,能充分利用房间面积,且具有较大的灵活性。同时,矩形平面结构简单,方便施工,便于统一开间与进深,有利于平面组合,例如住宅、宿舍、学校、办公楼等建筑类型;而马技表演的观众厅,由于表演时需要弧线跑道,所以平面往往选择圆形平面;又如剧院的观众厅,由于对音质要求较高,则有多种不同的形状,见表3-2所列。

表3-2　剧院观众厅不同形状的比较

平 面 形 状	主 要 优 缺 点	适 用 范 围
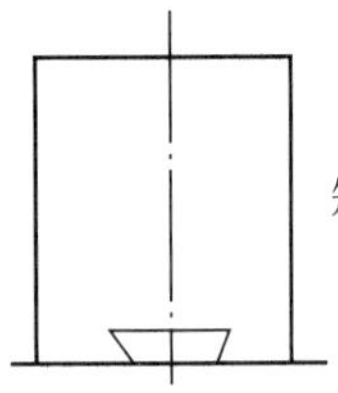 矩形	体型简洁,结构简单,声场分布均匀,但跨度大时,前部易产生回声	适用于中小型剧院或音乐厅的观众厅
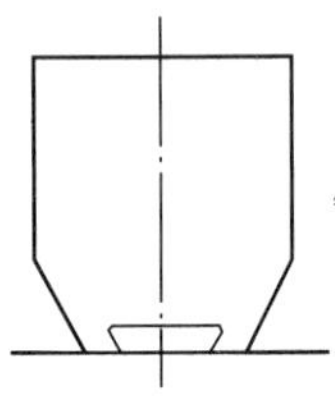 钟形	结构简单,声场分布均匀,音质、视线均较好	适用于大、中型剧院的观众厅
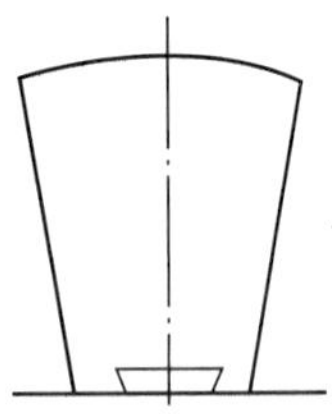 扇形	当侧墙与中轴线的夹角≤10°时(一般≯22.5°)音质较好,声场分布均匀	适用于大、中型影剧院观众厅
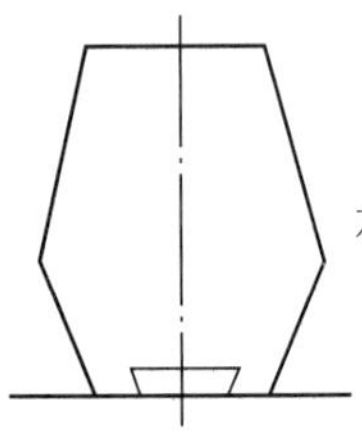 六边形	声场分布均匀,但屋盖结构较复杂	适用于中、小型影剧院观众厅
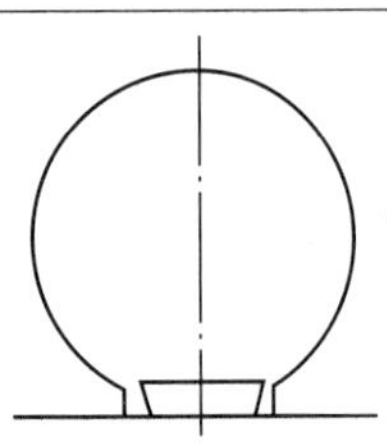 圆形	视线、视距较好,疏散条件较好,但声场分布不均匀	适用于大型体育馆比赛厅,杂技场的观众厅

(2)视线设计的要求

如中小学校的普通教室,为了保证学生上课时的视线质量,要求前排座位不能太偏,后排的座位不能太远,再结合桌椅的不同布置方式,常用教室平面形状有矩形、正方形和六边形等几种,如图3-5所示。

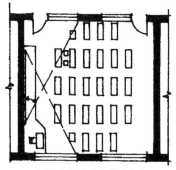
（a）正方形（边列双座）

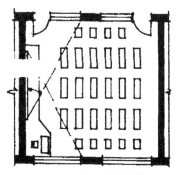
（b）正方形（边列单座）

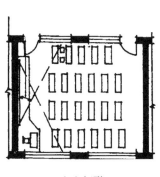
（c）矩形

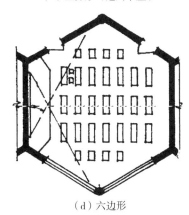
（d）六边形

图 3-5　教室的平面形状及桌椅的布置

（3）音质设计的要求

如大型观演建筑的观众厅，音质要求较高，应特别针对音质要求进行声学设计，进而选择出最佳的平面形状，见表 3-2 所列。

（4）日照的要求

在进行建筑平面组合时，若房间只能一侧开窗采光，一般采用沿外墙长向的矩形平面能满足采光均匀的要求。为了降低东（西）晒的影响，可将东（西）外墙作一定角度的转折，使得房间朝向东南向或西南向，如图 3-6 所示。

（5）景观设计的要求

有景观要求的房间，应该注重房间与室外景观的对话和融合，面向景观方向的圆弧形平面则使得房间视角更为开阔，如图 3-7 所示。

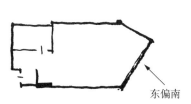
东偏南

图 3-6　东西向房间的改善设计

（a）扇形平面

（b）半圆形平面

图 3-7　有景观要求的平面形状

(6)造型艺术的要求

建筑为了突出使用者的个性特征,采用多样化的平面形状。如幼儿园为了创造生动、有趣的生活环境,教室和活动室采用自由的多边形平面,如图3-8所示。

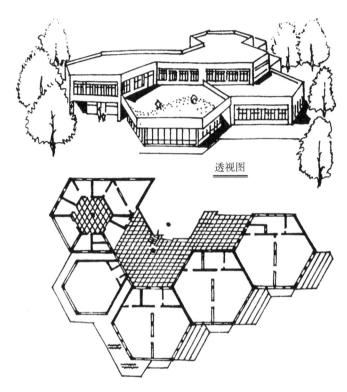

透视图

图3-8 幼儿园平面形状

(7)与结构协调的要求

在一个大空间内划分成若干小房间时,应尽可能按结构构件的布置进行。例如,将一个六边形平面的大房间划分成两个房间,如图3-9所示。(a)图中两房间的分隔墙与结构梁走向吻合,保证了房间顶面的完整性;而(b)图中分隔墙与结构梁没有对位,且分隔墙下还需增设结构支撑,故(a)图的划分方式较(b)图更为合理。

2.房间的平面尺寸

影响房间平面尺寸的因素有以下几个方面:

(1)人们活动及家具布置的要求

如住宅中的卧室,既要满足人们在室内休息的功能,又要满足家具布置灵活,图3-10(a)为主要卧

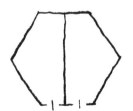

(a)分隔墙与结构梁走向吻合   (b)分隔墙与结构梁不对位

图3-9 六边形房间分隔方法比较

室的布置,进深方向的尺寸应满足放置床之后可再放置床头柜和衣柜的要求,所以常用的尺寸为4200mm、4500mm、4800mm等。住宅的小卧室则应考虑开一扇900mm的门后能放一张小床,并保证小床在室内横、竖均可放置,所以小卧室的开间常用2400mm、2700mm、3000mm、

3300mm,进深常用 2400mm、2700mm、3000mm、3300mm,如图 3-10(b)所示。

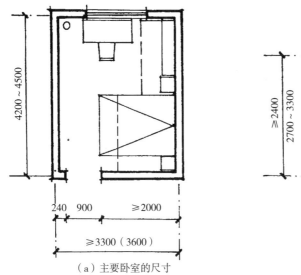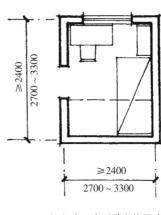

（a）主要卧室的尺寸　　　　　　（b）中、小型卧室的尺寸

图 3-10　卧室的开间和进深

（2）视听良好的要求

如中小学校普通教室的设计,必须满足水平视角、垂直视角及视距的要求。对于普通教室的视听功能要求,《中小学校设计规范》(GB 50099—2011)中有如下规定:

①　为了保护第一排学生的视力,最前排课桌的前沿与前方黑板的水平距离宜大于等于 2200mm。

②　为了保证最后排学生能看得清、听得清,最后排课桌的后沿与前方黑板的水平距离:小学宜小于等于 8000mm;中学宜小于等于 9000mm,如图 3-11 所示。

③　为了防止前排边座的学生过于斜视而影响视力,前排边座座椅与黑板远端的水平视角应大于等于 30°。

综合以上视听要求和安全疏散走道宽度要求,常用的中小学校普通教室的尺寸为6600～8400mm×9600～10800mm(小学取下限),如图 3-12 所示。

（3）天然采光的要求

大多数民用建筑的房间,多为单侧或双侧采光。单侧采光时,房间的进深一般不应大于窗户上口至地面距离的 2 倍;双侧采光时,不应大于该距离的 4 倍,如图 3-13 所示。

（4）结构布置经济合理的要求

为了减少结构构件的规格,便于构件统一,房间的开间和进深均宜采用基本统一的规格。同时为满足建筑工业化的要求,开间和进深尺寸多符合 3M 的建筑模数,如图 3-14 所示。常用基本规格尺寸 a 可选用 3000mm、3300mm、3600mm 等,房间的开间尺寸就是该基本规格尺寸的倍数;由于钢筋混凝土梁的经济跨度不大于 9000mm,所以房间的进深尺寸 b 可选用 6600mm、6900mm、7200mm 等。

（5）空间比例良好的要求

房间平面应具有良好的长宽比例,一般不宜超过 2∶1;否则,既不利于使用,也缺少室内空间美感。

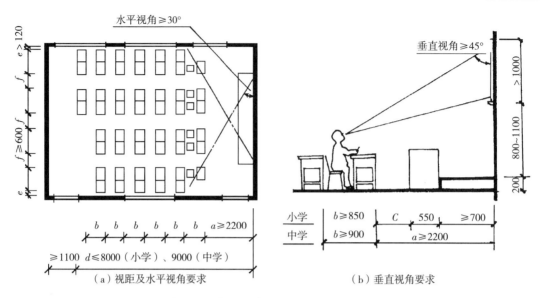

（a）视距及水平视角要求　　　　　　（b）垂直视角要求

图 3-11　视听要求对教室平面尺寸的影响

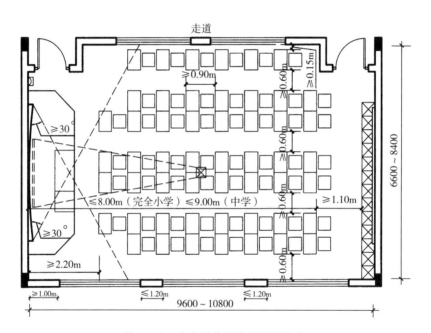

图 3-12　中小学普通教室平面尺寸

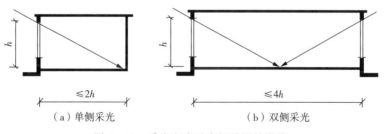

（a）单侧采光　　　　　　　（b）双侧采光

图 3-13　采光方式对房间进深的影响

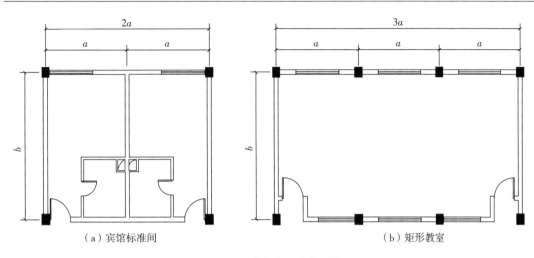

（a）宾馆标准间　　　　　　　　　　　（b）矩形教室

图 3-14　房间的开间与进深

3.2.3　房间门、窗的布置

房间的门主要供出入、交通和安全疏散用,兼作通风和采光之用;窗主要供采光、通风之用。门窗的大小、数量、位置及开启方向均会对室内使用功能、家具布置、人流方向、疏散及建筑物外观等方面产生影响。

1.门的宽度

门的宽度受人体尺寸、人流数量、家具设备大小的影响。在住宅中,单人正面通过需要550mm 的宽度,所以门最小宽度为 700mm,如卫生间门;若需搬运家电设备时,最小宽度为800mm,如厨房门;考虑单人携带物,门的宽度为 900mm,多用于起居室门和卧室门,见表3-3所列。

表 3-3　门洞最小尺寸　　　　　　　　　　　（单位:m）

类别	洞口宽度	洞口高度
共用外门	1.20	2.00
户(套)门	1.00	2.00
起居室(厅)门	0.90	2.00
卧室门	0.90	2.00
厨房门	0.80	2.00
卫生间门	0.70	2.00
阳台门(单扇)	0.70	2.00

在公共建筑中,房间中单扇门的宽度应考虑一人正面通行,另一人侧面通行,所以门宽常取 1000mm,如图 3-15所示。当房间内人数较多、房间面积较大时,门的宽度则要相应增加,此时可做成双扇门(宽为 1200mm、1500mm、1800mm)或四扇门(宽为 2400~3600mm)等。

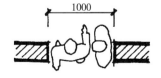

图 3-15　门洞的宽度

门的宽度还应满足安全疏散的要求,《建筑设计防火规范》(GB 50016—2014)规定:除剧场、电影院、礼堂、体育馆外的其他公共建筑,每层的房间疏散门、安全出口、疏散走道和疏散楼梯的各自总净宽度,应不小于表 3-4 的规定。

表 3-4 每层的房间疏散门、安全出口、疏散走道和疏散楼梯的每 100 人最小疏散净宽度 (m/百人)

建筑层数		建筑的耐火等级		
		一、二级	三级	四级
地上楼层	1～2 层	0.65	0.75	1.00
	3 层	0.75	1.00	—
	≥4 层	1.00	1.25	—
地下楼层	与地面出入口地面的高差 △H≤10m	0.75	—	—
	与地面出入口地面的高差 △H>10m	1.00	—	—

2. 门的数量

公共建筑内房间的疏散门数量应经计算确定且不应少于 2 个。除托儿所、幼儿园、老年人建筑、医疗建筑、教学建筑内位于走道尽端的房间外,符合下列条件之一的房间可设置 1 个疏散门,如图 3-16 所示。

3. 门的位置

房间门的位置应根据交通、疏散、家具布置、通风等因素综合考虑确定。对于面积大、人流多的大型建筑,如影剧院、体育馆的观众厅,门的位置主要考虑疏散安全、交通便捷,使观众尽可能快地疏散到室外,通常较均匀地分设,如图 3-17 所示。

对于面积小、人数较少的房间,门的位置主要考虑有利于家具布置和充分利用室内有效面积。如住宅卧室的门,一般均放于墙的一角,如图 3-18 所示;而对于集体宿舍来说,门放在墙的中间,更有利于家具的布置,如图 3-19 所示。

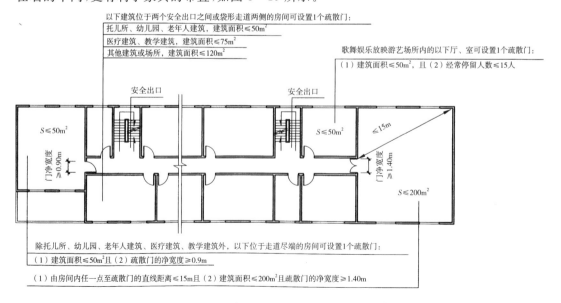

图 3-16 公共建筑内房间只设一个疏散门的条件

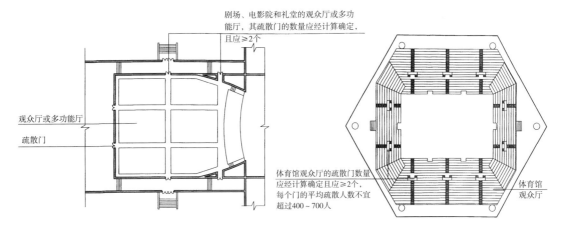

图 3-17 大型公共建筑疏散门设置

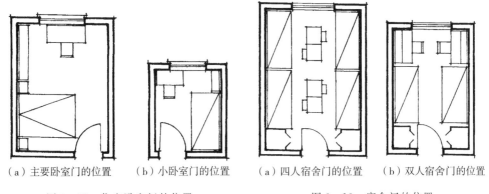

（a）主要卧室门的位置　（b）小卧室门的位置　　（a）四人宿舍门的位置　（b）双人宿舍门的位置

图 3-18 住宅卧室门的位置　　　　图 3-19 宿舍门的位置

当房间较小,且门的数量有 2 个或 2 个以上时,应尽量使门靠拢(但互不干扰)或放在一侧,这样可以减少交通面积,有利于家具布置,如图 3-20 所示。

对于南方地区,应尽量使门和窗的位置相对,组织穿堂风,以利于室内通风。

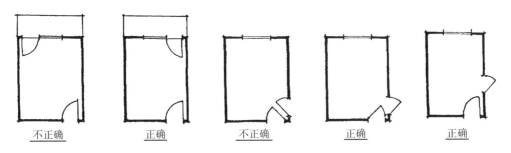

不正确　　　　正确　　　　不正确　　　　正确　　　　正确

图 3-20 房间中两个门的位置及开启方向

4. 窗的面积和位置

房间的窗面积应根据房间的使用功能要求、房间面积大小、当地日照和立面设计等因素来确定,设计时可根据相关建筑设计规范查得相应的窗地比(窗洞口面积与地面面积之比)指标,进而计算出窗面积。部分民用建筑房间窗地比指标见表 3-5 所列。

表 3-5 部分民用建筑房间窗地比指标

建筑类型	房间名称	窗地比
住宅	卧室、起居室(厅)、厨房	≥1:7
	楼梯间	≥1:12
中小学校	各类教室、实验室、办公室、阅览室	≥1:5
	饮水处、卫生间	≥1:10
办公建筑	设计室、绘图室	≥1:3.5
	办公室、视屏工作室、会议室	≥1:5
	复印室、档案室	≥1:7
	走道、楼梯间、卫生间	≥1:12
宿舍	居室	≥1:7
	楼梯间	≥1:12
	公共卫生间、公共浴室	≥1:10
幼儿园	卧室、活动室、多功能厅、隔离室、保健室	≥1:5
	办公室、辅助用房	≥1:6
	走道、楼梯间	≥1:8

此外,窗面积大小的确定还应考虑建筑节能的要求,以空调为主的建筑或房间,尽量避免东、西向大面积外窗;采暖建筑尽量避免北向大面积外窗。

窗的位置靠近外墙中部有利于采光和通风,如中小学校的教室一侧采光时,在学生的左侧墙开窗;同时,窗间墙应小于等于 1200mm,避免产生暗角;为避免黑板产生眩光,教室前端侧窗窗端墙的长度应大于等于 1000mm,如图 3-12 所示。

对于通风要求较高的房间,则应注意门窗的相对位置,使其形成穿堂风,如图 3-21 所示。

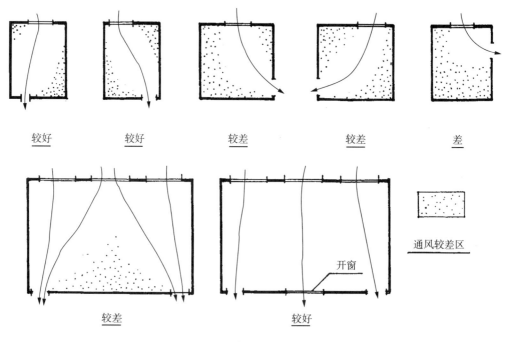

图 3-21 门窗位置对通风的影响

　　由于建筑平面图只反映门窗的宽度和平面位置、门窗的外观形式及相应的建筑外观,还应结合平、立、剖面综合考虑。

3.3　辅助房间的平面设计

　　辅助房间一般指厨房、卫生间、浴室、盥洗间、通风机房、配电房等,这些房间的设计原理和方法与主要使用房间基本相同,不同之处是这些房间内设备多、管道多,所以房间的大小和布置均受到一定的限制。

3.3.1　卫生间的设计

　　卫生间的设计应根据人体使用活动的基本尺度、建筑性质和使用人数的多少等因素确定其设备数量及布置形式。

　　1. 公共卫生间的设备及数量

　　公共卫生间最常用的设备是大便器(包括蹲式和坐式)、小便器、洗手盆和污水池等,如图 3-22 所示。其数量主要由使用人数的多少、建筑物的性质和使用特点等因素确定。一般公共建筑卫生间的卫生器具数量可通过各单项建筑设计规范查得。部分公共建筑卫生间的卫生器具数量参考指标,见表 3-6～表 3-9 所列。

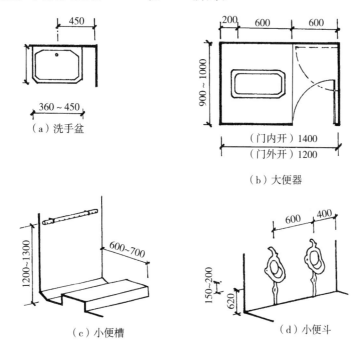

(a) 洗手盆　　(b) 大便器　　(c) 小便槽　　(d) 小便斗

图 3-22　公共卫生间的设备器

表 3-6　幼儿园每班卫生间内卫生设备的最少数量限值

污水池(个)	大便器或沟槽(个或位)	小便槽(位)	盥洗台(水龙头/个)	淋浴(位)
1	8	4	6	4

表 3-7　中小学校学生卫生间内卫生设备参考指标

男大便器(人/个)	男小便器(人/个)	女大便器(人/个)	洗手盆(人/个)	男女比例
40	20	13	40~45	1 : 1

表 3-8　宿舍公共卫生间、公共盥洗室内卫生设备数量

项目	设备种类	卫生设备数量
男卫生间	大便器	8 人以下设 1 个;超过 8 人时,每增加 15 人或不足 15 人增设 1 个
	小便器或槽位	每 15 人或不足 15 人设 1 个
	洗手盆	与盥洗室分设的卫生间至少设 1 个
	污水池	公共卫生间或盥洗室设 1 个
女卫生间	大便器	5 人以下设 1 个;超过 5 人时,每增加 6 或不足 6 人增设 1 个
	洗手盆	与盥洗室分设的卫生间至少设 1 个
	污水池	公共卫生间或盥洗室设一个
盥洗室	洗手盆或盥洗槽龙头	5 人以下设 1 个;超过 5 人时,每 10 人或不足 10 人增设 1 个

表 3-9　旅馆建筑的卫生间洁具数量

房间名称	男		女	男女比例
	大便器	小便器	大便器	
门厅(大堂)	每 150 人配 1 个,超过 300 人,每增加 300 人增设 1 个	每 100 人配 1 个	每 75 人配 1 个,超过 300 人,每增加 150 人增设 1 个	1 : 1
各种餐厅(含咖啡厅、酒吧等)	每 100 人配 1 个,超过 400 人,每增加 250 人增设 1 个	每 50 人配 1 个	每 50 人配 1 个,超过 400 人,每增加 250 人增设 1 个	
宴会厅、多功能厅、会议室	每 100 人配 1 个,超过 400 人,每增加 200 人增设 1 个	每 40 人配 1 个	每 40 人配 1 个,超过 400 人,每增加 100 人增设 1 个	
客房公共卫生间	大便器每 9 人设 1 个;小便器每 12 个男性顾客设 1 个;洗面盆或龙头每 1 个大便器配置 1 个,每 5 个小便器增设 1 个			大便器按 2 : 3 其余设备按 1 : 1

2. 公共卫生间设计的基本原则

(1)卫生间应位于人流交通线旁,既使用方便又较隐蔽,如出入口旁、走廊尽端、建筑物转角处,并置于朝向较差、通风较好的地方。

(2)卫生间需设置前室,放置洗手盆和污水池,同时也起到缓冲和隐蔽的作用。无前室的卫生间外门不宜同办公、居住等房门相对。

(3)使用人次多的卫生间应适当增加面积和器具,并具有良好的天然采光和通风;人次少的卫生间可间接采光,但必须设有机械通风换气措施。

(4)设计中应尽量使男、女卫生间并列布置,便于管道集中。

(5)卫生间不应直接布置在餐厅、食品加工、食品贮存、医药、医疗、变配电等有严格卫生要求或有防水、防潮要求用房的上层。

3. 公共卫生间的尺寸

前室内主要设置洗手盆,所以其深度(净尺寸)一般需大于等于 1800mm,开间同卫生间;卫生间的进深应根据建筑的使用性质和卫生器具的多少而定,女卫生间开间(净尺寸)一

般大于等于 2600mm，男卫生间开间（净尺寸）一般大于等于 3000mm，图 3 - 23 为几种常见
的公共卫生间的平面布置。

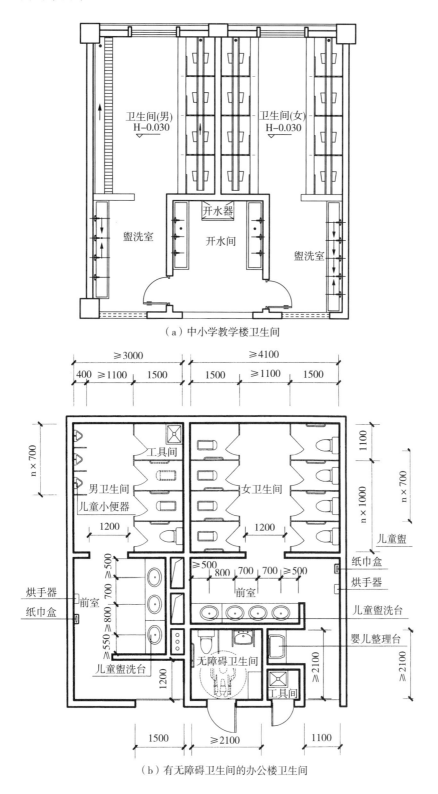

（a）中小学教学楼卫生间

（b）有无障碍卫生间的办公楼卫生间

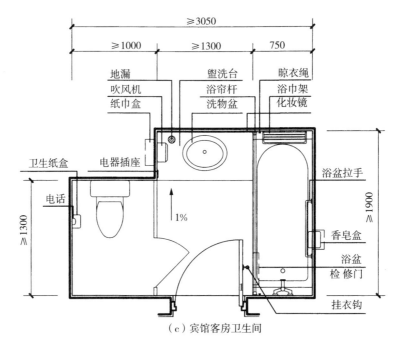

（c）宾馆客房卫生间

图 3-23　几种常见的卫生间的平面布置示意图

公共卫生间内隔间最小尺寸与开门方向、无障碍设施的尺寸等，如图 3-24 所示。

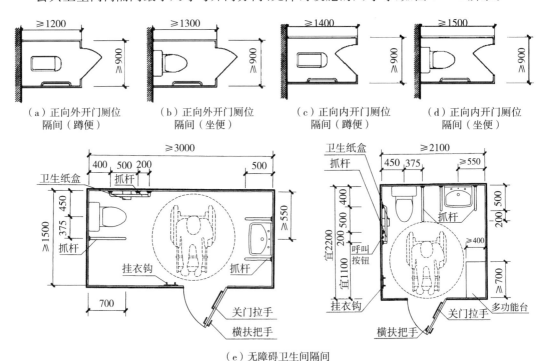

（a）正向外开门厕位隔间（蹲便）　（b）正向外开门厕位隔间（坐便）　（c）正向内开门厕位隔间（蹲便）　（d）正向内开门厕位隔间（坐便）

（e）无障碍卫生间隔间

图 3-24　公共卫生间内隔间内最小尺寸与开门方向、无障碍设施的尺寸

公共卫生间内通道净宽应符合：隔间外开门时，隔间外通道净宽应大于等于 1300mm；隔间内开门时，隔间外通道净宽应大于等于 1100mm。

4. 住宅卫生间的尺寸

住宅卫生间设备至少有三件：大便器、浴缸（或淋浴器）、洗脸盆，如图 3-25 所示。

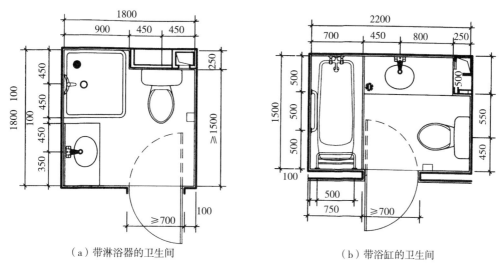

（a）带淋浴器的卫生间　　　　　　　（b）带浴缸的卫生间

图 3-25　住宅卫生间设备（三件）

目前最常见的住宅卫生间有以下四种功能：洗浴、便溺、洗面化妆和洗衣。为避免四种功能的交叉，卫生间的空间应适当分隔，最简单的方式是将洗面化妆和便溺分开，较好的方式是将便溺独立分隔，洗衣机放在干燥通风的开敞或半开敞空间内。按照小康住宅的要求，卫生间的使用面积有两个以上的空间，其基本尺寸如下，如图 3-26 所示。

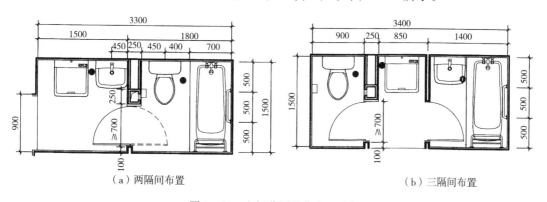

（a）两隔间布置　　　　　　　　　　（b）三隔间布置

图 3-26　空间分隔的住宅卫生间

住宅卫生间的最小尺寸为 $2.4m \times 1.5m = 3.6m^2$，一般水平卫生间的尺寸为 $2.4m \times 1.8m = 4.32m^2$，理想水平卫生间的尺寸为 $2.4m \times (2.1 \sim 2.4)m = 5.04 \sim 5.76m^2$。

此外，随着社会发展，以尊重和关爱老年人、行动障碍人群为理念的各种设计规范相继出台，在住宅小区里须按适当比例配建无障碍住宅，其卫生间尺寸需满足无障碍设计的要求，如图 3-27 所示。

3.3.2　盥洗间的设计

盥洗间主要用于集体宿舍、厂区生活间等处。其中设备有洗脸槽（或盆）、污水池、淋浴器等,常与公共卫生间、洗衣房合并布置,图 3-28 为某中学宿舍盥洗间的平面布置。

（a）不带隔间的住宅无障碍卫生间　　　　　　　（b）带隔间的住宅无障碍卫生间

图 3-27　住宅无障碍卫生间

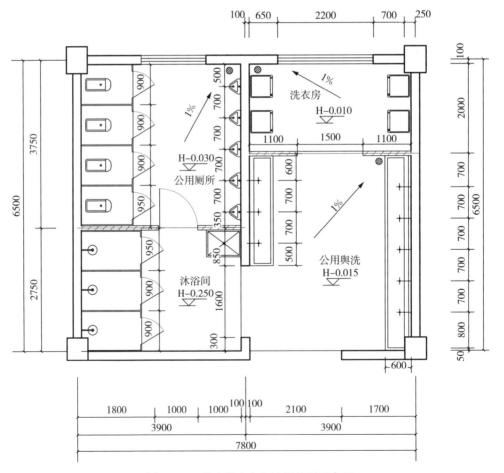

图 3-28　某中学宿舍盥洗间的平面布置

3.3.3　住宅或公寓厨房的设计

1. 厨房的设计原则

(1)符合洗、切、烧的炊事流程,操作面最小净长 2100mm;

(2)厨房应有良好的通风、采光;

(3)厨房设计尽量利用有效空间,以保证有足够的贮藏空间,如壁龛、吊柜等;

(4)厨房内除有照明用电气线路外,还应有足够的电气插座,以保证电饭锅、排油烟机、微波炉、电烤箱等家电的使用;

(5)厨房内装修应防火、防潮,易于清洁,地面应防滑。

2. 厨房的布置形式

厨房常见的布置形式有单排(一字形)、双排形、L 形、U 形及餐厨合用型等。常用设备有灶台、案台、水池、吸油烟机、冰箱及各种厨柜等。图 3-29 为常见的厨房布置形式。

3. 厨房的面积

厨房的最小使用面积为 $2.4 \times 1.8 = 4.32 \mathrm{m}^2$,一般水平的厨房使用面积为 $3.0 \times 1.8 = 5.4 \mathrm{m}^2$。若人口少,在厨房内用餐的最小使用面积为 $3.0 \times 2.1 = 6.3 \mathrm{m}^2$,一般水平的为 $(3.0 \sim 3.3) \times 2.4 = (7.2 \sim 7.92) \mathrm{m}^2$。

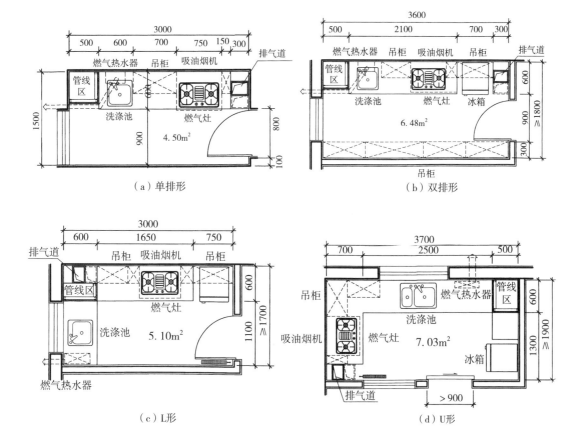

（a）单排形　　　　　　　　　　（b）双排形

（c）L形　　　　　　　　　　（d）U形

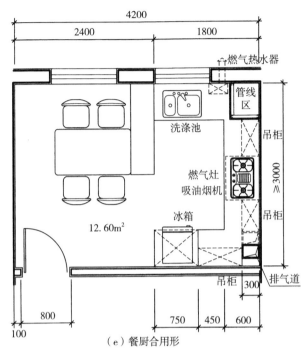

（e）餐厨合用形

图 3-29　常见的厨房布置形式

3.4　交通联系部分的平面设计

交通联系部分是把各种房间按使用功能和其他要求联系起来,形成一幢完整的建筑物,是建筑物的一个重要组成部分。包括水平交通空间(走道),垂直交通空间(楼梯、电梯、室内坡道)及交通枢纽(门厅、过厅)等。

3.4.1　交通联系部分的设计原则

(1)空间尺度适当,空间形象完美。

(2)交通路线便捷、清楚。

(3)各种流线互不干扰,导向明确,紧急情况下,人流能迅速疏散。

(4)有良好的采光、通风、照明和防火性能。

(5)在一般公共建筑中,交通联系部分面积占建筑面积的 1/4 左右,合理设计交通联系部分对建筑物的用地、造价、空间组合等均有较大影响。

3.4.2　走道(走廊)

走道是建筑物内的水平联系部分,主要起交通、联系、安全疏散等作用,有些走道兼有其他从属的功能。如教学楼的走道兼作学生课间休息场地;医院门诊走道可兼有候诊功能;展览类建筑的走道兼有参观功能等。

1. 走道的宽度

走道的宽度主要根据使用功能、层数、耐火等级及人流疏散情况来确定。

(1)走道作为交通、联系之用时,其宽度主要根据人流多少来确定。如住宅户内通往卧室、起居室(厅)的走道净宽大于等于 1000mm,通往厨房、卫生间、贮藏室等辅助用房的走道宽度大于等于 900mm。一般公共建筑走道的宽度通常按三股人流通行宽度来确定,即大于等于 1650mm,如图 3-30 所示。

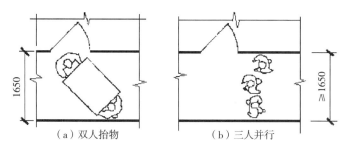

(a) 双人抬物　　　　　　　　　　　(b) 三人并行

图 3-30　公共建筑走道的宽度

(2)走道兼有其他功能时,应加大宽度。如教学楼走道一侧有教室时,一般宽度为 1800 (2400)mm;两侧有教室的内走道,其宽度为 2400(3000、3600)mm;医院门诊部走道兼有候诊功能时,其宽度为 2400~3000mm,如图 3-31 所示。

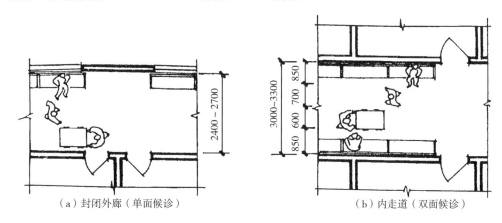

(a) 封闭外廊(单面候诊)　　　　　　　　　(b) 内走道(双面候诊)

图 3-31　门诊部走道的宽度

(3)走道宽度除了满足疏散净宽度大于等于 1100mm,还应满足安全疏散的防火规定,见表 3-4 所列。

2. 走道的长度

走道的长度应根据建筑物的性质、使用功能、耐火等级和防火规范确定,见表 3-10 所列、如图 3-32 所示。

表 3-10　公共建筑直通疏散走道的房间疏散门至最近安全出口的直线距离(单位:m)

名称			位于两个安全出口之间的疏散门 x			位于袋形走道两侧或尽端的疏散门 y		
			一、二级	三级	四级	一、二级	三级	四级
托、幼建筑、老年人建筑			25	20	17	20	17	10
歌舞娱乐放映游艺场所			25	20	17	9	—	—
医疗建筑	单、多层		35	30	25	20	17	10
	高层	病房部分	24	—	—	12	—	—
		其他部分	30	—	—	17	—	—

（续表）

名称		位于两个安全出口之间的疏散门 x			位于袋形走道两侧或尽端的疏散门 y		
		一、二级	三级	四级	一、二级	三级	四级
教学建筑	单、多层	35	30	25	22	20	10
	高层	30	—	—	17	—	—
高层旅馆、展览建筑		30	—	—	17	—	—
其他建筑	单、多层	40	35	25	22	20	17
	高层	40	—	—	20	—	—

注：(1)建筑内开向敞开式外廊的房间疏散门至最近安全出口的直线距离可按本表的规定增加5m，如图3-32(b)所示。

（2）直通疏散走道的房间疏散门至最近敞开楼梯间的直线距离，当房间位于两个楼梯间之间时，应按本表的规定减少5m；当房间位于袋形走道两侧或尽端时，应按本表的规定减少2m，如图3-32(c)所示。

（3）建筑物内全部设置自动喷水灭火系统时，其安全疏散距离可按本表的规定增加25%，如图3-32(c)所示。

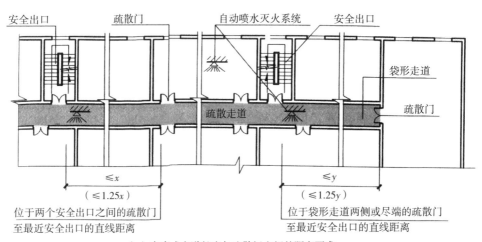

（a）内廊式走道长度与疏散门之间的距离要求

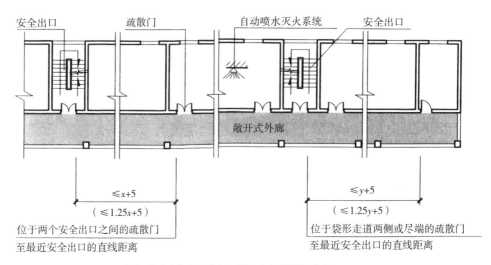

（b）敞开式外廊走道与疏散门之间的距离要求

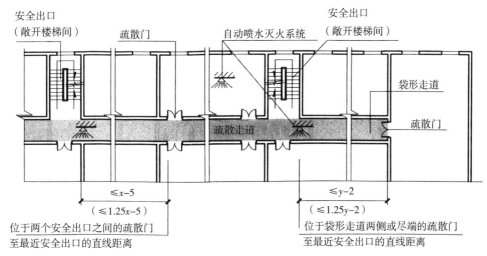

（c）敞开楼梯间（有自动喷水灭水系统）走道与疏散门之间的距离要求

图 3 - 32　公共建筑走道安全疏散距离

3. 走道的采光、通风

走道两侧布置房间时,内走道的采光、通风较差,可采取以下措施改善采光和通风:

（1）走道的两端开窗。

（2）利用楼梯间、门厅、过厅间接采光和通风。

（3）两侧房间开设高窗、门上设亮子,或个别房间与走道之间设玻璃隔墙。

3.4.3　楼梯、电梯

1. 楼梯

楼梯是建筑中的垂直交通构件,它的形式、位置、宽度及数量等应根据建筑物的性质、人流数量及防火规范等综合考虑确定。

（1）楼梯的形式

楼梯按平面形式分为直上式,平行式（平行双跑、平行三跑、合上双分、分上双合等）,曲尺式和螺旋式等,如图 11 - 2 所示。

楼梯按结构形式分为板式、梁式、悬臂式和悬挂式等。

（2）楼梯的性质

民用建筑中的楼梯,按使用性质一般分为主要楼梯、辅助楼梯、疏散楼梯等。主要楼梯常布置在主要出入口处,与门厅靠近位置,其位置明显,导向性强,起到主要垂直交通和丰富空间的作用;辅助楼梯和疏散楼梯一般布置在次要出入口处,有时两者合二为一,主要起分散人流、安全疏散的作用。在建筑设计防火的相关要求里,凡是按照安全疏散要求设计的楼梯,都统称为疏散楼梯,如图 3 - 33 所示。

（3）楼梯的宽度

楼梯的宽度主要根据建筑物的使用性质、使用人数及防火疏散要求来确定。

一般单股人流通过的梯段净宽应大于等于 900mm,供两股人流通过的梯段净宽为 1100～1400mm,如图 3 - 34 所示。住宅户内楼梯,由于使用人数很少,则梯段净宽为 900～

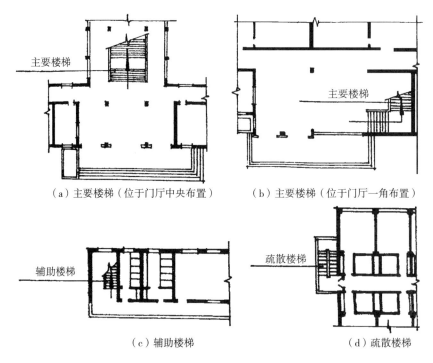

（a）主要楼梯（位于门厅中央布置）　　　（b）主要楼梯（位于门厅一角布置）

（c）辅助楼梯　　　　　　　　（d）疏散楼梯

图 3-33　楼梯的位置

1000mm,而一般民用建筑的楼梯梯段最小净宽应满足两股人流疏散的需要,即大于等于 1100mm。

　　一般公共建筑的主要楼梯梯段宽度为 1400～2200mm,辅助楼梯梯段宽度为 1100～1200mm,住宅建筑公共楼梯梯段宽度:六层以下为 1000～1100mm,六层以上为 1100～1200mm。

　　中小学校主要教学用房的楼梯,使用时间集中且人员密集,为了防止学生疏散时摔倒发生踩踏事故,梯段宽度要求是人流股数的整数倍,梯段宽度大于等于 1200mm,并按 600mm 的整数倍增加梯段宽度,常用宽度有 1200mm、1800mm、2400mm,每个梯段可增加不超过 150mm 的摆幅宽度,如图 3-35 所示。

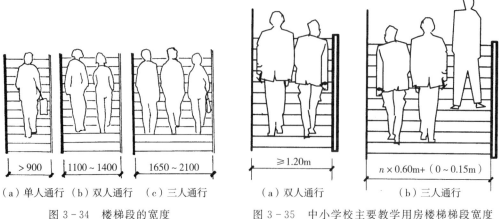

（a）单人通行　（b）双人通行　（c）三人通行　　　（a）双人通行　　　　（b）三人通行

图 3-34　楼梯段的宽度　　　　　　图 3-35　中小学校主要教学用房楼梯梯段宽度

(4)楼梯的数量

楼梯的数量主要根据使用人数多少及防火疏散要求来确定。

一般公共建筑至少应设计 2 个楼梯(2 个楼梯之间的水平距离不应小于 5m),且必须满足直通疏散走道的房间疏散门至最近安全出口的直线距离的限制尺寸,见表 3 - 10 所列。满足表 3 - 11 要求的公共建筑,可以设 1 部疏散楼梯。

表 3 - 11　可设置 1 部疏散楼梯的公共建筑

耐火等级	最多层数	每层最大建筑面积/ m²	人数
一、二级	3 层	200	第二、三层的人数之和不超过 50 人
三级	3 层	200	第二、三层的人数之和不超过 25 人
四级	2 层	200	第二层人数不超过 15 人

注:本表适用于除医疗建筑、老年人建筑、托儿所、幼儿园的儿童用房、儿童游乐厅等儿童活动场所和歌舞娱乐放映游艺场所等外的公共建筑。

(5)疏散楼梯(又称安全楼梯)

疏散楼梯是人员竖向疏散的安全通道,也是消防人员进入火场的主要路径。根据建筑防火标准的不同以及疏散楼梯与周边空间的分隔方式的不同,疏散楼梯间可分为敞开楼梯间、封闭楼梯间和防烟楼梯间三种。三种楼梯间的适用范围,见表 3 - 12 所列。

表 3 - 12　疏散楼梯的适用范围

类型		适用范围
敞开楼梯间	住宅建筑	(1)建筑高度不大于 21m 的住宅建筑。 (2)建筑高度不大于 21m 的住宅建筑中,与电梯井相邻布置的疏散楼梯,当户门具有防烟性能且耐火完整性不低于 1.00h 时。 (3)建筑高度大于 21m,不大于 33m 住宅建筑,当户门具有防烟性能且耐火完整性不低于 1.00h 时
	多层公共建筑	(1)5 层及 5 层以下的公共建筑,但不包括下列建筑。 ① 医疗建筑、旅馆、老年人建筑及类似使用功能的建筑。 ② 设置歌舞娱乐放映游艺场所的建筑。 ③ 商店、图书馆、展览建筑、会议中心及类似使用功能的建筑。 (2)与敞开式外廊直接相连的楼梯间
封闭楼梯间	住宅建筑	(1)建筑高度不大于 21m 的住宅建筑中,与电梯井相邻布置的疏散楼梯。 (2)建筑高度大于 21m,不大于 33m 的住宅建筑
	公共建筑	(1)下列多层公共建筑: ① 医疗建筑、旅馆、老年人建筑及类似使用功能的建筑。 ② 设置歌舞娱乐放映游艺场所的建筑。 ③ 商店、图书馆、展览建筑、会议中心及类似使用功能的建筑。 ④ 6 层及以上的其他建筑。 (2)高层建筑裙房和建筑高度不大于 32m 的二类高层公共建筑
防烟楼梯间	住宅建筑	建筑高度大于 33m 的住宅建筑
	公共建筑	(1)一类高层公共建筑。 (2)建筑高度大于 32m 的二类高层建筑

① 敞开楼梯间

敞开楼梯间是指楼梯四周有一面敞开,其余三面为具有相应燃烧性能和耐火极限的实体墙,火灾发生时不能阻止烟、火进入的楼梯间,如图 3-32(c)所示。

② 封闭楼梯间

封闭楼梯间是指楼梯四周用具有相应燃烧性能和耐火极限的建筑构配件分隔,火灾发生时,能防止烟、火进入,能保证人员安全疏散的楼梯间。对于高层建筑、人员密集的公共建筑,封闭楼梯间的门应采用乙级防火门,并向疏散方向开启,如图 3-32(a)所示;封闭楼梯间的首层可将走道和门厅等包括在楼梯间内形成扩大的封闭楼梯间,采用乙级防火门等与其他走道和房间分隔,如图 3-36(a)所示。

③ 防烟楼梯间

防烟楼梯间是指在楼梯间入口处设有防烟前室,或设有专供排烟用的开敞式阳台、凹廊等,能保证人员安全疏散,通向前室和楼梯间的门为乙级防火门的楼梯间,如图 3-37所示。

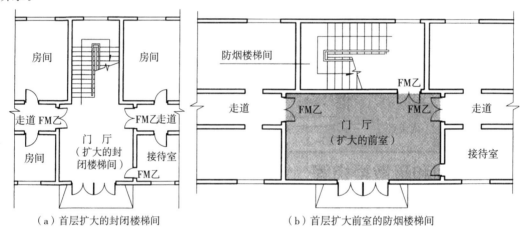

（a）首层扩大的封闭楼梯间　　　　　　（b）首层扩大前室的防烟楼梯间

图 3-36　首层扩大的封闭楼梯间和防烟楼梯间

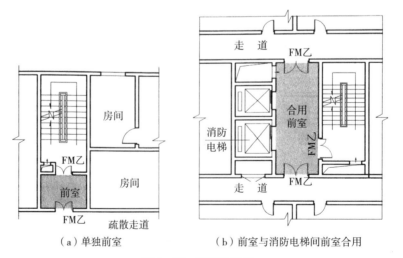

（a）单独前室　　　　　　（b）前室与消防电梯间前室合用

图 3-37　防烟楼梯间

防烟楼梯间的首层可将走道和门厅等包括在楼梯间前室内形成扩大的前室,但应采用乙级防火门等与其他走道和房间分隔,如图 3-36(b)所示。

2.电梯

(1)电梯的设置条件

电梯是高层建筑的主要垂直交通设施,某些多层建筑,如 5 层及以上办公建筑、宾馆、医院、百货商场等,不仅设置楼梯,而且设置电梯、自动扶梯等交通设施;对于一类高层公共建筑、建筑高度大于 32m 的二类高层公共建筑以及建筑高度大于 33m 的住宅建筑还应设置消防电梯。

(2)电梯的种类

按使用性质不同,电梯分为乘客电梯(消防电梯)、病床电梯、载货电梯、客货两用电梯及杂物电梯等多种类型。

(3)电梯的布置

电梯一般设置在交通枢纽处,即门厅、出入口处,一般成组单排、双排或环形布置成电梯间,电梯间的候梯厅是人群等候、疏散及设施运输回转的空间,其最小深度见表 3-13 所列,并不得小于 1500mm。图 3-38 为几种常见电梯厅的布置形式。

表 3-13　电梯候梯厅深度

电梯类别	布置方式	候梯厅深度
住宅电梯	单台	$\geqslant B$
		老年居住建筑$\geqslant 1.6$m
	多台单侧排列	$\geqslant B^*$
	多台双侧排列	$\geqslant$相对电梯 B^* 之和并<3.5m
公共建筑电梯	单台	$\geqslant 1.5B$
	多台单侧排列	$\geqslant 1.5B^*$,当电梯为 4 台时应$\geqslant 2.4$m
	多台双侧排列	$\geqslant$相对电梯 B^* 之和并<4.5m
病床电梯	单台	$\geqslant 1.5B$
	多台单侧排列	$\geqslant 1.5B^*$
	多台双侧排列	$\geqslant$相对电梯 B^* 之和
无障碍电梯	单台或多台	$\geqslant 1.8$m

注:(1)B 为轿厢深度,B^* 为电梯群中最大轿厢深度。

　　(2)本表的候梯厅深度不包括不乘电梯人员穿越候梯厅的走道宽度。

　　(3)货梯候梯厅深度同单台住宅电梯。

高层民用建筑的电梯常与疏散楼梯结合布置,以便紧急情况时疏散,如图 3-37(b)所示。

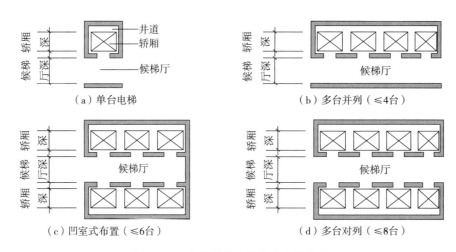

图 3-38　几种常见电梯厅的布置形式

3.4.4　门厅

门厅是建筑水平、垂直交通交汇处形成的交通枢纽,起接纳人流、疏散人流的作用;作为过渡空间起分配人流的作用。还有一些建筑门厅兼有其他功能,如旅馆的门厅兼有登记、接待、等候等功能;医院的门厅兼有挂号、收费、取药等功能。门厅是建筑设计的重点部分,体现建筑的不同风格个性。

1. 门厅的设计原则

(1)门厅应位于建筑物明显而突出的位置,并面向主干道,以便人流的集散。

(2)门厅内的导向性要明确,各种流线不要交叉、干扰。

(3)门厅对外的总宽度,应大于通向该门厅的走道、楼梯宽度的总和,并采用外开门或弹簧门。

(4)门厅外应设置门廊、雨篷、平台、台阶或坡道,以起到过渡的作用。

2. 门厅的面积

门厅的面积主要根据建筑物的性质、使用功能、使用人数多少等因素确定,设计时可参考有关民用建筑门厅面积参考指标,见表 3-14 所列。

表 3-14　部分民用建筑门厅面积参考指标

建筑名称	面积定额	备注
中小学校教学楼	$0.06 \sim 0.08 \mathrm{m}^2 /$生	
旅　　馆	$0.2 \sim 0.8 \mathrm{m}^2 /$间	$\geqslant 24 \mathrm{m}^2$
电　影　院	$0.1 \sim 0.7 \mathrm{m}^2 /$座	下限只供交通之用,上限可供交通、休息之用

3. 门厅的布置形式

门厅的布置常采用对称式和非对称式两种形式。

(1)对称式布置

将建筑的主要出入口、门厅、楼梯、电梯等布置在建筑物中部的主轴线上或对称布置在主轴线的两侧。这种空间形式具有较严肃、庄重的气氛,常用于大型行政类公共建筑,如图 3 - 39(a)所示。

(2)非对称式布置

将建筑物的门厅布置在人流功能交汇处或复杂形体的质量均衡处,空间布置较灵活,且富于变化。这种空间布置形式具有轻松、活泼的气氛,如图 3 - 39(b)所示。

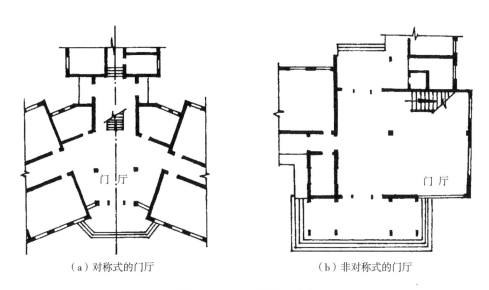

(a)对称式的门厅　　　　　　　　　　　　(b)非对称式的门厅

图 3 - 39　门厅的布置形式

3.5　建筑平面组合设计

将前述的主要使用房间、辅助使用房间和交通联系部分组合起来,统筹考虑各种影响因素,使其成为功能适用、结构合理、体型简洁、构图完美并与环境协调的建筑物,即建筑平面组合设计。

3.5.1　影响建筑平面组合设计的因素

1.满足功能使用的要求

(1)功能分区明确

功能分区是指根据建筑物各部分不同的功能要求、各部分联系的密切程度及相互的影响,对其进行分类,形成若干个相对独立的区域,并采用一定的方式进行分区(分散分区、集中水平分区或垂直分区),既保证区域内的各部分密切联系,方便使用,又避免相互干扰和影响,如图 3 - 40 所示。

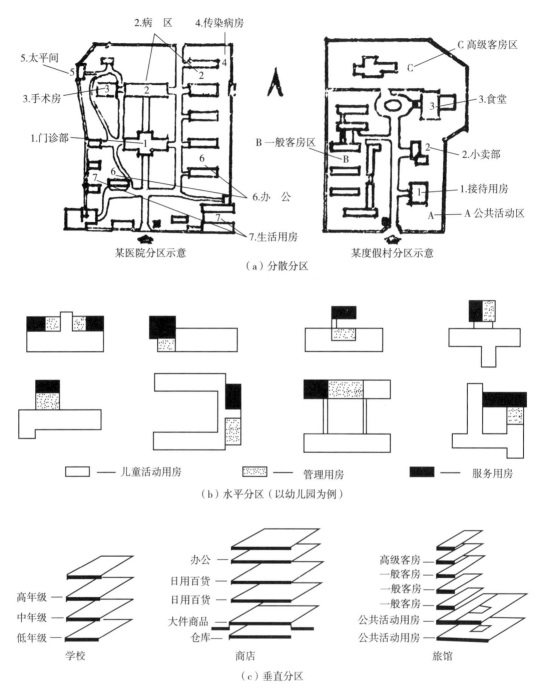

（a）分散分区

（b）水平分区（以幼儿园为例）

（c）垂直分区

图 3-40 建筑布局分区方式

要实现功能分区明确需要处理好以下几个问题：

① "主"与"辅"的关系

在进行平面组合设计时将主要使用房间布置在较好的位置,具有良好的朝向、采光、通风、景观及交通便捷的条件,而辅助房间则可以布置在较差的位置。图 3-41(a)为影剧院的功能分区；图 3-41(b)为教学楼的功能分区。

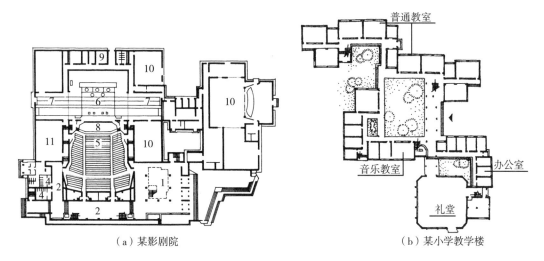

（a）某影剧院　　　　　　　　　　　　　（b）某小学教学楼

1—前厅;2—休息厅;3—存衣;4—厕所;5—观众厅;

6—主台;7—侧台;8—乐池;9—化妆;10—排练;11—贵宾。

图 3-41　"主"与"辅"的功能分区

② "内"与"外"的关系

建筑中各类房间,有的对外联系密切,有的对内联系密切。对外联系密切的房间布置在交通枢纽附近,位置明显,便于联系。如影剧院的售票室、观众厅等应布置在观众很容易看见的门厅附近,如图 3-41(a)所示;商店的营业厅应靠近外部,而行政办公室、仓库等则布置在隐蔽且内部工作人员使用方便的位置,如图 3-42 所示。

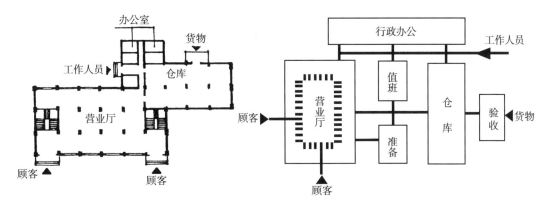

图 3-42　商店的"内"和"外"功能分区

③ "闹"与"静"的关系

建筑中供学习、工作或休息之用的房间需要安静的环境,要与嘈杂喧闹的房间适当分隔。如中小学教学楼中的普通教室、实验室属于"静区",而音乐教室属于"闹区",两部分区域应做适当的分隔又联系方便,如图 3-41(b)所示。

④ "清"与"污"的关系

某些房间在使用过程中会产生气味、烟尘及污物,为避免对其他房间的不良影响,应使两部分相互隔离。如旅馆中的厨房和餐厅,一般应将其布置在常年主导风向的下风向,且不在公共人流的主要交通线上,以降低对客房的影响,如图 3-43 所示。

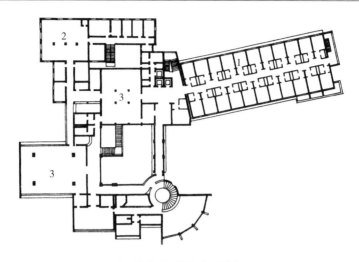

1—客房；2—厨房；3—餐厅。

图 3-43　旅馆的"清"与"污"分区

（2）符合使用秩序

明确的功能分区内各房间之间的安排需符合使用秩序（即生活规律或工艺流程）。

如餐厅的厨房设计，各房间的安排须符合"粗加工—洗涤—细加工—配菜—烹饪—备餐"的加工流程。因此，可将粗加工房间和库房靠近后院布置，便于食物进库，而备餐紧靠餐厅且与烹饪有直接联系，如图 3-44 所示。

（3）流线组织合理

流线组织合理主要指各种流线应明确、通畅，不迂回，互不干扰。如商店的顾客人流

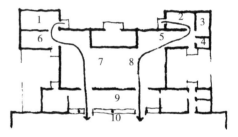

1—主食库；2—副食库；3—调味库；
4—冷库；5—副食粗加工；6—主食制作；
7—蒸煮；8—烹调；9—备餐；10—餐厅。

图 3-44　厨房的流程设计

与进货的货流等应各自方向明确，互不干扰。又如火车站人流与货流分开，并尽量缩短各种流线的长度，如图 3-45 所示。

2. 符合结构逻辑的要求

建筑平面组合在满足功能要求的前提下，还需符合结构逻辑的要求。如砌体结构要求房间的开间、进深尺寸不大且尽量统一，上下承重墙体对齐，门窗洞口不宜过大，适用于小空间且没有抗震设防要求的低、多层等民用建筑，如住宅、办公楼；框架结构平面布局灵活，窗洞口的大小不受限制，可适用于开间、进深较大的公共建筑和高层建筑，如商店、影剧院等；空间结构常见的有薄壳、悬索、网架等，适用于大跨度的公共建筑，如体育建筑和交通建筑等。

在平面组合设计时，若有少量房间面积或数量增减，尽量在一定的结构格网中进行调整，通过增减开间来实现，这样，仍保持原有的结构逻辑关系不变。对于建筑中某些跨度和高度都大于其他房间的大空间，如旅馆的多功能大厅、幼儿园的音体教室等，可将其脱开主体建筑而自成一体，也可设置在建筑的顶层，具体参见第 4 章相关内容。

3. 与建筑体型辩证统一的要求

建筑物不同的功能要求和平面组合,对应不同的建筑造型,同时建筑造型在某种程度上也影响到建筑物的平面组合。建筑的外部体型要充分反映出建筑的功能及性格,以达到形式与内容的辩证统一,具体参见第 5 章相关内容。

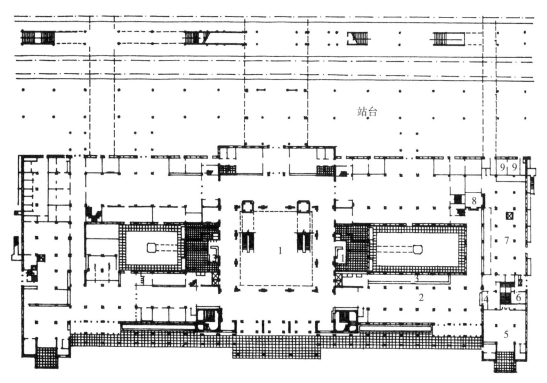

1—进站大厅;2—售票厅;3—团体旅客候车厅;4—国际列车候车厅;5—出站大厅;

6—站台;7—发送包库;8—到达行包仓库;9—行包提取厅。

图 3-45　某火车站平面

4. 满足生理卫生的要求

在建筑平面组合设计时,应根据自然气候条件,解决好朝向、采光与通风等问题以满足生理卫生方面的要求。

我国大部分地区气候夏热冬冷,较理想的建筑朝向是南向或南偏东、南偏西 15°。还有些地区冬季较长、夏季较短且气温不高,朝向以南向、东向、西向较为合适(但应避开冬季主导风向)。在平面组合设计时,将主要使用房间布置在好的朝向,而将次要的辅助房间及交通联系部分布置在朝向较差的一面,使主要使用房间具有充足的日照和良好的自然采光。

自然通风也与建筑的平面组合密切相关,合理地组织"穿堂风"是自然通风的关键。一般将主要使用房间面向主导风向布置,辅助房间尤其是有烟尘、异味的房间布置在下风向。图 3-46 列举了几种自然通风的组织与建筑平面组合的关系。

5. 注重基地环境的影响

除了日照、风向等自然气候条件外,基地的大小、形状及交通状况等也是影响建筑平面组合设计的主要因素。如图 3-47 所示两个中小学校教学楼设计,一个基地面积较大,形状方正;另一个基地面积狭小,形状不规则,所以产生了两个截然不同的平面组合形式。

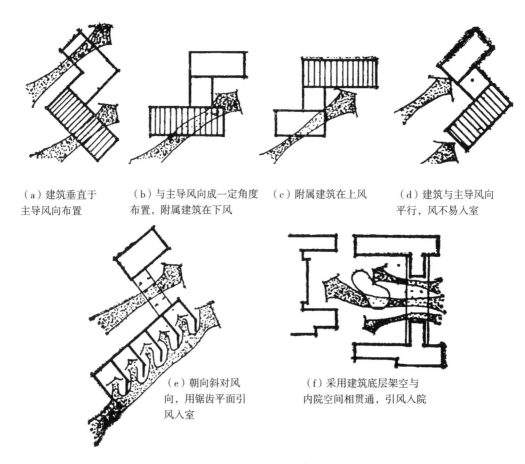

　　（a）建筑垂直于　　　（b）与主导风向成一定角度　　（c）附属建筑在上风　　　（d）建筑与主导风向
　　主导风向布置　　　　　布置，附属建筑在下风　　　　　　　　　　　　　　　平行，风不易入室

　　　　　　　　　　　（e）朝向斜对风　　　　　（f）采用建筑底层架空与
　　　　　　　　　　　向，用锯齿平面引　　　　　　内院空间相贯通，引风入院
　　　　　　　　　　　风入室

图 3－46　几种自然通风的组织与建筑平面组合的关系

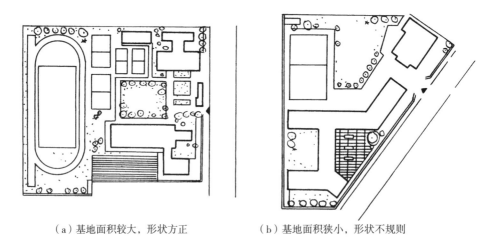

　　（a）基地面积较大，形状方正　　　　　　　（b）基地面积狭小，形状不规则

图 3－47　不同基地形状的中小学教学楼平面组合

3.5.2 建筑平面组合设计的形式

　　建筑物由于使用功能不同，房间之间的相互关系不同，形成不同的平面组合形式。

1. 走道式组合

走道式组合是指房间沿走道的一侧或两侧并列布置,房间的门开向走道,各房间通过走道相互联系。其优点是各房间有直接的天然采光和通风,结构整齐,施工方便。一般适用于教学楼、旅馆、办公楼、医院等民用建筑,如图 3-48 所示。

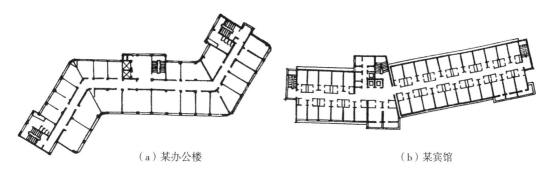

（a）某办公楼　　　　　　　　　　（b）某宾馆

图 3-48　走道式组合

2. 套间式组合

套间式组合是指无须走道,而把交通联系面积与房间使用面积结合起来,按照房间的使用程序将房间串联起来。其特点是联系便捷、平面紧凑、面积利用率较高,但各房间之间干扰较大,使用不够灵活。一般适用于博物馆、展览馆等建筑。

按房间的串联方式不同,又可分为单向串联和多项串联两种,如图 3-49 所示。

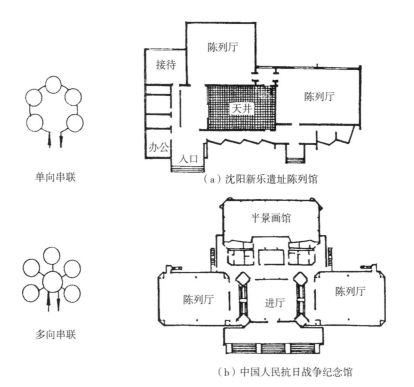

单向串联

多向串联

（a）沈阳新乐遗址陈列馆

（b）中国人民抗日战争纪念馆

图 3-49　套间式组合

3. 大厅式组合

大厅式组合是指主要使用房间多为面积、层高很大,使用人数较多的大厅,而辅助房间则面积、层高较小,使用人数较少,常常围绕大厅布置。其特点是人流导向明确,且安全疏散便捷,但大厅结构较复杂。一般适用于影剧院、会堂、体育馆、车站、商场等大型公共建筑,如图 3 - 50 所示。

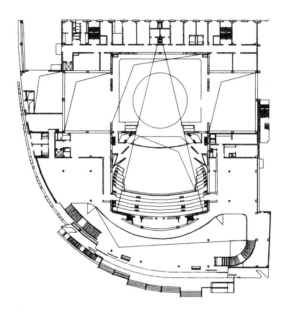

图 3 - 50　大厅式组合

4. 混合式组合

混合式组合是指在同一建筑中采用两种以上或多种组合形式。其特点是建筑的功能分区明确,布局合理。一般适用于功能关系复杂的大型旅馆、图书馆等公共建筑,如图 3 - 51 所示。

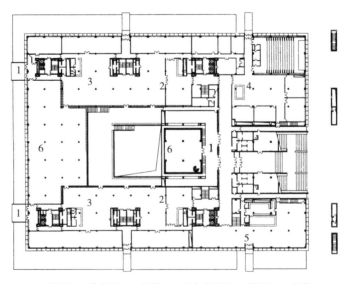

1—门厅;2—检索厅;3—阅览;4—学术交流区;5;餐厅;6—书库。

图 3 - 51　混合式组合

第 4 章　建筑剖面设计

　　建筑平面设计是从水平方向解决建筑物内部空间的问题,而剖面设计则主要解决建筑物竖向空间的问题。剖面设计和平面设计之间的关系是相辅相成、互相制约的。

　　剖面设计要解决的主要问题:

　　(1)在进行单个房间平面设计的同时,要确定房间的剖面形状、层高、采光和通风形式及各部分的标高等;

　　(2)进行剖面组合设计,选择主体结构及围护结构方案等。

4.1　房间的剖面形状

　　房间的剖面形状可分为矩形和非矩形两类。一般使用功能的房间剖面形状以矩形为多,而有特殊使用功能的房间剖面形状以非矩形为多。

　　影响房间剖面形状的因素有使用功能和活动特点、视线和音质的要求、采光和通风的要求、结构形式、建筑材料及施工技术等。

4.1.1　使用功能对房间剖面形状的影响

　　1. 矩形

　　民用建筑中,除少数公共建筑有特殊的功能要求(如影剧院的视、听要求等)外,绝大多数的民用建筑,如住宅、商店、学校、办公楼、医院等,在满足使用功能对平面尺寸、剖面高度的要求及对采光、通风等卫生要求的前提下,房间剖面形状以矩形最好。矩形剖面形式简单、规整,有利于竖向空间组合,体型简洁,结构简单,施工方便。

　　2. 非矩形

　　对于某些有特殊使用功能要求的房间往往采用非矩形的剖面形状。

　　(1)视线要求对房间剖面形状的影响

　　影剧院的观众厅、体育馆的比赛大厅、教学楼的合班大教室的使用人数多、面积大,除了平面设计需满足良好的视角和视距的要求外,剖面也需要进行视线设计,使室内地坪按一定坡度升起,以便使用时视线无遮挡。地面升起坡度与设计视点(按设计要求所能看到的极限位置)的选择、座位的排列方式(前、后排是对排或错位排列)、排距、视线升高值(后排与前排的视线升高差值)等因素有关。一般设计视点越低,则地面升起的坡度越大;反之,则升起坡度越小,如图 4 - 1 所示。

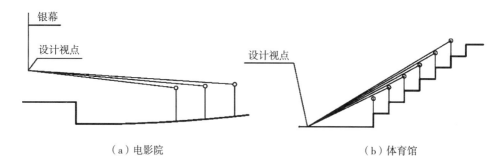

（a）电影院　　　　　　　　　　　　　（b）体育馆

图 4-1　设计视点与地面坡度的关系

（2）音质要求对房间剖面形状的影响

有些房间不但对视线要求高，而且对音质要求也很高，如影剧院的观众厅、会堂等。这些房间要求声场分布均匀，不能出现空白区、回声和声音聚焦等现象，因此剖面设计时，应对顶棚、墙面、地面进行处理，形成多种不规则的非矩形剖面，如图 4-2 所示。

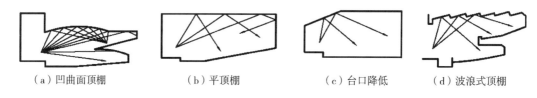

（a）凹曲面顶棚　　　　（b）平顶棚　　　　（c）台口降低　　　　（d）波浪式顶棚

图 4-2　观众厅的几种剖面形状示意

4.1.2　采光、通风方式对房间剖面形状的影响

1. 采光方式对房间剖面形状的影响

一般房间采用侧窗已经能够满足室内采光的要求时，其剖面形状多以矩形为主。当房间的进深较大，侧窗无法满足采光要求时，则需要设置天窗。靠天窗采光的房间，不同的天窗形式和位置，室内的照度分布不同，房间的剖面形状也不同，如图 4-3 所示。

图 4-3　采光方式对房间剖面形状的影响

2. 通风方式对房间剖面形状的影响

对于在操作时会产生大量蒸汽、油烟的房间，在剖面设计中，可利用屋顶排气窗排除室内有害气体。如厨房（大型）的设计，排气窗的形式、位置不同，形成了多种剖面形状，如图 4-4所示。

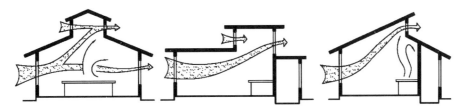

图 4 - 4　顶部设置排气窗的厨房剖面形状

4.1.3　结构类型、材料及施工技术对房间剖面形状的影响

　　一般采用框架、梁板结构的中、小型民用建筑的房间,其剖面形状多呈矩形;大型公共建筑,如体育馆的比赛大厅、大型展览馆、候机厅等,常采用空间结构,如悬索、钢筋混凝土薄壳、网架等结构类型。由于结构类型不同、建筑材料不同及施工技术不同,形成了各种非矩形的剖面形状,如图 4 - 5 所示。

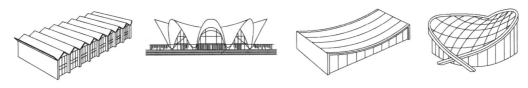

图 4 - 5　不同结构类型的剖面形状

4.2　建筑物各部分高度的确定

　　建筑剖面设计主要解决建筑物竖向空间布局,建筑物各部分高度需要在剖面设计中得以确定。

4.2.1　房间高度的确定

　　房间的高度一般通过净高或层高表示。净高是指从楼、地层面层(完成面)至吊顶或楼盖、屋盖底面之间的垂直距离;层高是建筑物各层之间以楼、地层面层(完成面)计算的垂直距离,顶层层高由顶层楼层面层(完成面)至平屋面的结构面层或至坡顶的结构面层与外墙外皮延长线的交点计算的垂直距离,如图 4 - 6 所示。

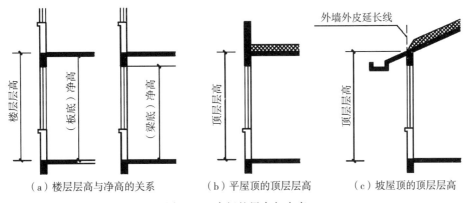

（a）楼层层高与净高的关系　　　（b）平屋顶的顶层层高　　　（c）坡屋顶的顶层层高

图 4 - 6　房间的层高与净高

房间的高度主要根据室内家具设备尺寸、人体活动尺寸、采光及通风等因素确定。

1. 人体活动范围的大小、家具设备的尺寸对房间高度的要求

为了保证人们在室内的正常活动不受影响,房间的最小净高以人们举手后不接触到顶棚底面为宜,这样的高度应大于等于2200mm,如图4-7所示。

一般民用建筑房间为满足不同使用功能的要求而取不同的高度,如住宅的居室,室内面积小,使用人数少,又无特殊要求,净高取2400～2800mm;普通教室面积较大,人数较多,应满足每小时换气2.5～6次的卫生要求,净高取3300～3600mm才能满足气容量的要求;商业建筑营业厅,由于面积大、人流多,净高应不小于3200mm,一般底层营业厅层高取4500～6000mm,楼层营业厅层高取4500～5400mm为宜;民用建筑的门厅,是交通枢纽,其面积较大,人流较多,一般中、小型民用建筑的门厅层高多取3600～4500mm,大型公共建筑的门厅层高大多在4500mm以上。

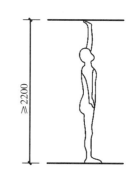

图4-7　房间的最小净高

有特殊设备的房间,其高度设计应结合设备尺寸和使用功能综合考虑,如学生宿舍,室内双层床高1500mm左右,上层床人的活动尺寸不小于1050mm,故学生宿舍的层高取3200～3300mm为宜,如图4-8(a)所示;有跳台的游泳馆,地面至顶棚的高度由跳台高度和使用高度(3200～5000mm)组成,如图4-8(b)所示;又如电视台的演播室,其层高由天幕高,灯具高,顶棚厚度(隔声、吸声层构造厚度和灯具承重结构高度),灯具检修高度,空调、消防等管线设备高度等组成,如图4-8(c)所示。

2. 采光、通风要求对房间高度的影响

房间的高度应有利于天然采光和自然通风。一般单侧窗上沿距地面的高度,应不小于房间进深的1/2;双侧窗采光的房间,其窗上沿距地面的高度不小于房间进深的1/4,如图4-9所示。

此外,在一些公共建筑中,由于人数多,必须保证正常的气容量,如中小学校教室的气容量为每生3～5m³,电影院的气容量为每人4～5m³。因此,房间必须有足够的高度和良好的通风才能满足卫生要求。

3. 结构高度及布置方式对房间高度的影响

房间层高等于净高和结构厚度之和,结构层厚度越大,则房间的层高越高,如图4-10(a)、图4-10(b)所示,图4-10(c)是某大型体育馆比赛大厅剖面图,其结构厚度是刚架高度、屋面层厚度及吊顶之和,所以体育馆比赛大厅的层高很大。

4. 其他因素对层高的影响

(1)经济条件和层高的关系

建筑物的层高与经济之间有着相互制约的关系。在满足正常使用和卫生要求的前提下,适当地降低建筑物的层高,可缩小前后排建筑物之间的间距,节约建筑用地,还可减轻房屋的自重,节省建筑材料,改善结构受力条件。

(2)室内空间比例艺术效果和层高的关系

高而窄的空间比例使人产生雄伟、向上和严肃的感觉,但过高则显得太庄严、不亲切;宽而低的空间比例使人感到宁静、开阔,但过矮又会使人感到压抑、沉闷,如图4-11所示。

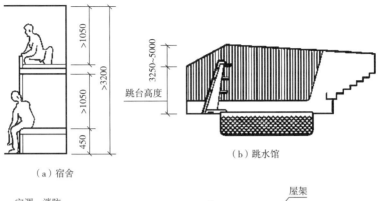

（a）宿舍　　　　（b）跳水馆

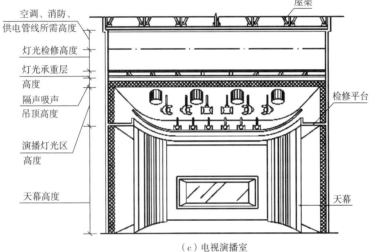

（c）电视演播室

图 4-8　家具、设备使用要求对层高的影响

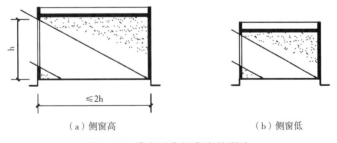

（a）侧窗高　　　　（b）侧窗低

图 4-9　采光对房间高度的影响

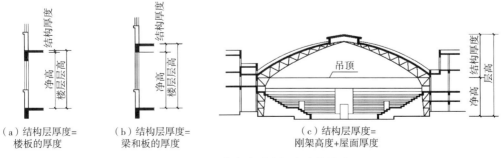

（a）结构层厚度=　　（b）结构层厚度=　　（c）结构层厚度=
楼板的厚度　　　　梁和板的厚度　　　　刚架高度+屋面厚度

图 4-10　结构高度对房间高度的影响

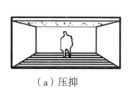 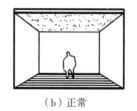 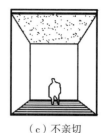

（a）压抑　　　　　　　　（b）正常　　　　　　　（c）不亲切

图 4-11　高宽比不同的房间效果

4.2.2　底层地坪标高的确定

建筑物在建成后都有一定的沉降量，一般底层室内地坪要高于室外地坪；同时，为防止雨水倒灌室内及墙身受潮，底层室内地坪也需高于室外地坪。一般中小型民用建筑的底层室内地坪高于室外地坪450mm左右；大型公共建筑，为显示建筑物的高大特点，室内地坪高于室外地坪更多一些。在建筑物的入口处，室内外（高差）通过室外台阶或坡道相互联系。

在建筑设计中，常把底层室内地坪标高设计为±0.000m。

4.2.3　其他高度的确定

1. 窗台高度

房间内工作、学习的桌面上必须有充足的光线，窗台不能过高，以免产生阴影。同时，窗台还需要满足安全防护要求，一般公共建筑窗台高度不低于800mm，住宅窗台不低于900mm，如图4-12（a）所示。

有特殊使用功能的房间，如展览馆的展厅、陈列室等，沿墙面布置展品时为了消除或减少眩光，窗台距离展品需满足14°保护角的要求，因此窗台的高度需达到2500mm以上，如图4-12（b）所示；浴室为满足视线遮挡的要求，窗台高度往往会提高到1800mm，如图4-12（c）所示；为保证幼儿的视线不被遮挡，避免产生封闭感，活动室、多功能厅的窗台高度一般不大于600mm，如图4-12（d）所示；而对于卧室窗，为了防止幼儿在床上爬高，一般达到900mm，如图4-12（e）所示。

当临空窗台高度低于规定的窗台高度（即公共建筑为800mm，住宅为900mm）时，必须采取防护措施，如采用护栏或在窗下部设置相当于栏杆高度的防护固定窗，且在防护高度设置横档窗框；当窗台高度低于或等于450mm，且有宽度大于或等于220mm的可踏面时，护栏或固定窗扇的高度从窗台算起；当窗台高度高于450mm时，护栏或固定窗扇的高度自地面算起，如图4-13所示。

2. 其他标高

一幢建筑物内各房间的标高应尽量一致，但当有特殊功能要求时，也可以有所区别。如某些需要经常冲洗的房间（厨房、卫生间等），门口处地面标高应略低于门口外地面20～30mm，以免积水外溢；开敞阳台的地面应低于相邻室内地面不小于50mm，以防止积水流入室内。

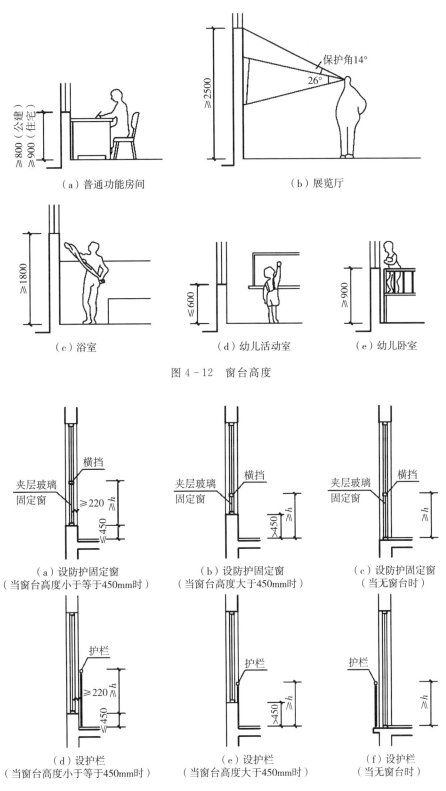

（a）普通功能房间　　　　　　　　　　（b）展览厅

（c）浴室　　　　　　　（d）幼儿活动室　　　　　　（e）幼儿卧室

图 4 - 12　窗台高度

（a）设防护固定窗
（当窗台高度小于等于450mm时）

（b）设防护固定窗
（当窗台高度大于450mm时）

（c）设防护固定窗
（当无窗台时）

（d）设护栏
（当窗台高度小于等于450mm时）

（e）设护栏
（当窗台高度大于450mm时）

（f）设护栏
（当无窗台时）

图 4 - 13　低窗台防护高度示意

4.3 建筑物层数的确定

影响建筑物层数的因素有使用功能、结构类型、建筑材料、施工技术条件、城乡规划的要求及防火要求等。

4.3.1 使用功能对建筑物层数的影响

大型公共建筑体量大,使用人数多,如影剧院、体育馆的观众厅,剖面设计时,除满足视线、音质的要求外,进出口交通流畅也是剖面设计的重点。为迅速而安全地疏散人流,这类建筑宜采用低层或单层单体建筑;考虑到儿童的生理特点、室内外活动场所安全和联系方便,托、幼建筑不宜超过 3 层;医院的门诊部,由于病人体弱,上下楼梯不太方便,层数不宜超过 3 层;对于大量性民用建筑,如住宅、办公楼、旅馆等,可采用多层或高层。

4.3.2 结构类型、建筑材料、施工技术条件对层数的影响

建筑物的结构类型、建筑材料、施工技术条件等均是影响建筑物层数的重要因素。如砌体结构的内外墙、柱多用砖、砌块砌成并用于承重,这种结构适用于 8 层以下的中小型民用建筑;常见的钢筋混凝土结构体系有框架结构、框架-抗震墙结构、抗震墙结构和简体结构,其各自适宜的最大高度见表 4-1 所列。

表 4-1 现浇钢筋混凝土房屋适用的最大高度 （单位:m）

结构类型		烈 度				
		6	7	8(0.2g)	8(0.3g)	9
框架		60	50	40	35	24
框架-抗震墙		130	120	100	80	50
抗震墙		140	120	100	80	60
部分框支抗震墙		120	100	80	50	不应采用
简体	框架-核心筒	150	130	100	90	70
	筒中筒	180	150	120	100	80
板柱-抗震墙		80	70	55	40	不应采用

建筑施工技术条件、起重设备、吊装能力等对建筑的层数也有影响,如吊装能力的大小对建筑构件的重量、建筑总高度都有一定的限制。

4.3.3 城乡规划的要求

在城乡总体规划或区域规划中,对某些地段或某些地区建筑物的层数(高度)有所限制。如城市航空港附近,从飞机的飞行安全考虑,对其附近房屋层数(高度)有所限制;在古建筑群附近,为了保持原古建筑环境的风貌,对其附近的房屋高度也有所限制等。确定建筑物层数时,既要节约用地,又要符合城乡规划的要求。

4.3.4　建筑防火要求

在《建筑设计防火规范》（GB 50016—2014）中，对不同耐火等级民用建筑的允许高度或层数提出了明确规定，见表 4-2 所列。

表 4-2　不同耐火等级民用建筑的允许高度或层数

名称	耐火等级	允许建筑高度或层数
高层民用建筑	一、二级	住宅建筑高度大于 27m 公共建筑高度大于 24m
单、多层民用建筑	一、二级	住宅建筑高度不大于 27m 单层公共建筑高度可大于 24m 多层公共建筑高度不大于 24m
	三级	5 层
	四级	2 层

综上，建筑层数的确定需要结合各方面的因素综合考虑，以便选择合适的层数。

4.4　建筑剖面组合设计及空间的利用

4.4.1　建筑剖面组合设计

1. 建筑剖面组合设计的原则

（1）满足使用功能要求，按使用性质和特点进行垂直分区，且分区明确，流线清晰。

（2）合理利用空间。

（3）结构合理。

（4）设备管道集中。

（5）对于不同高度的空间，采用不同的组合方式。

2. 建筑剖面组合设计

建筑剖面组合应根据空间或房间的功能类型、空间尺度和相互关系进行分析设计，一般有以下几种情况。

（1）重复小空间的组合

功能相同、高度相同或相近的房间应尽量组合在同一区或层内，以便于结构布置和施工，如办公楼的办公室、教学楼的普通教室等。若个别房间的功能相同、高度相近时，可以在不影响使用的条件下，适当调整房间高度，使同一层的房间高度尽量相同。

（2）个别大房间的组合

一幢建筑物内个别房间功能不同、高度较大时，可以放在建筑物底层一端、顶层或单独设置在建筑物旁边，如图 4-14 所示。如办公楼的大会议室，可以放在建筑物的一端、顶层或单独设于建筑物旁；教学楼的阶梯教室、多功能大厅，也可置于教学楼走廊的一端，或单独设置。

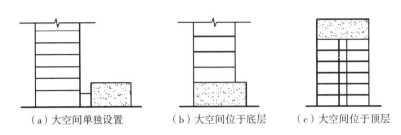

（a）大空间单独设置　　　（b）大空间位于底层　　　（c）大空间位于顶层

图 4 - 14　大小不同空间的组合

（3）层高不同空间的组合

当一幢建筑物内,房间功能不同、高度不同时,可把功能相近、高度相同的房间组合在一层或一区内,各层或区之间可通过上下台阶、走廊等错层组合。如教学楼的教学区内教室层高较大,而办公区内办公室、教研室层高较低,这两部分可垂直分层设置,也可分设在两端,中间用上下踏步和走廊连接,如图 4 - 15 所示。

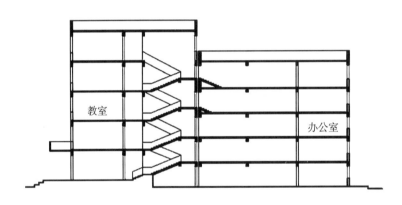

图 4 - 15　层高不同空间的组合

（4）主体大空间的组合

当一个面积大、高度大的主空间与其他一些面积小、层高小的房间组合时,可采用以大空间为主,周围穿插布置小房间的组合方式。如影剧院、体育馆,可以以观众厅、比赛大厅为中心,在周围布置小房间(门厅、休息廊、小卖部、卫生间等),如图 4 - 16 所示。

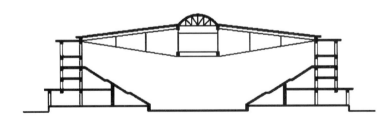

图 4 - 16　以高大空间为中心的组合方式

（5）单层多样空间的组合

对于功能不同、面积不同、层高不同的单层建筑物,可按其工艺程序进行组合设计。如饭店、餐厅等,其工艺程序是原料入库—加工—备餐—餐厅,其组合设计应按工艺流程布置空间,如图 4-17 所示。

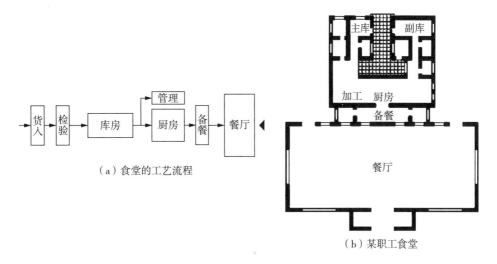

（a）食堂的工艺流程　　（b）某职工食堂

图 4-17　按工艺流程的组合设计

4.4.2　建筑空间的利用

在建筑设计中,结合平、剖面充分利用建筑物内可利用的空间,以增加使用面积,节约投资,同时也可以改善某些部位的空间比例关系和空间艺术效果。

1. 室内空间的利用

（1）在住宅中,可利用厨房、卫生间等次要房间门洞上部空间做成吊柜,增加贮藏空间,如图 4-18 所示。

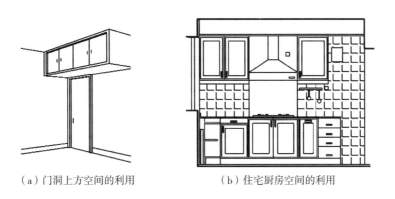

（a）门洞上方空间的利用　　　（b）住宅厨房空间的利用

图 4-18　住宅空间的利用

（2）在公共建筑中降低走廊净高,利用走廊吊顶棚的上部空间设置各种管道,既节约了空间,又改变了走廊高而窄的空间比例,改善了走廊的空间效果,如图 4-19 所示。

（3）有些公共建筑的门厅、大厅层高较大,可在大厅上部设夹层或回廊,既扩大了楼层的使用面积,也可丰富了大厅空间的艺术效果,如图 4-20 所示。

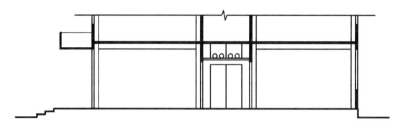

图 4-19　走道上部空间的利用

（4）一般中、小型民用建筑楼梯的底部和顶部空间，亦可做成贮藏空间，如图 4-21 所示。

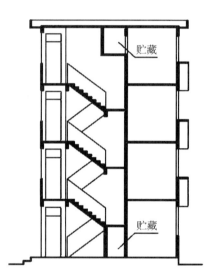

图 4-20　大厅上空的利用　　　　　　　　图 4-21　楼梯间空间的利用

2. 结构空间的利用

（1）坡屋面的屋架（或山墙）中间起坡的空间，可做成阁楼加以利用，如图 4-22 所示。

（2）厨房、卫生间的墙体可留洞做成壁龛，窗台下的墙体留洞可做成窗台柜，以增加贮藏空间，如图 4-23 所示。

（3）有些建筑利用上层结构悬挑部分扩大使用面积，也可丰富立面的艺术效果，如图 4-24 所示。

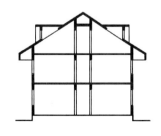  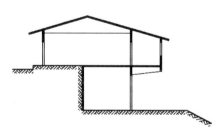

图 4-22　阁楼空间的利用　　　图 4-23　窗台下空间的利用　　　图 4-24　悬挑结构空间的利用

第 5 章　建筑体型与立面设计

建筑的外部形象设计包括体型设计和立面设计两个方面。建筑体型与立面设计是在平面功能及内部空间组合合理的基础上,遵循建筑与其所处环境协调统一的原则,在技术、经济条件的制约下,对建筑体型的空间形态和立面的细部等外部形象元素按照建筑美学规律加以处理,以求获得完美的建筑形象。

5.1　基本要求

5.1.1　建筑体型与立面特征反映环境及城市规划要求

建筑存在于环境中,无论是单体建筑还是建筑群,都是城市景观(人工景观和自然景观)的重要组成部分,其建筑体型、立面特征应在总体规划的框架下,充分反映建筑所处地区的地域文化特色和历史积淀,体现建筑所处时代的物质技术水平。

环境条件的内涵丰富,主要包括地理条件(气候、日照、风向、方位等)和地段条件(地形、地貌、基地大小、地质、周围的建筑、道路、交通等)两方面因素。首先应分析环境条件对建筑体型和立面细部可能产生的影响,明确建筑单体在地段和建筑群中的"角色"定位,是"主角"还是"配角"。通过对各环境因素的细致分析,力图使建筑的体型、立面设计与环境相互协调,形成有机统一的整体,如图 5-1 所示。

图 5-1　建筑与环境的关系

　　根据我国《城市规划法》的要求,在单体建筑设计之前,必须进行规划设计。其目的是确定建筑的体型、体量大小、建筑总高度以及建筑与周围道路、已建建筑、停车场、人流疏散等方面的关系。对于城市的重要区段或主要道路两侧的建筑体量、色彩、建筑风格,城市规划部门均有较严格的具体要求,如图 5-2 所示。

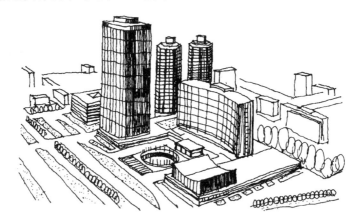

图 5-2　建筑与城市规划的关系

5.1.2　建筑体型与立面特征反映建筑功能和建筑性格特征要求

　　不同类型的建筑物由于使用功能不同,其内部空间形态及空间组合方式也各有差异,体现出不同的建筑体型和立面特征。另外,不同功能类型的建筑,建筑性格特征也存在较大差异。例如城市住宅,重复排列的阳台、尺度不大且间距较小的窗户营造出浓郁生活气息;办公类建筑的体型高低错落、虚实穿插,通过立面细部处理,追求简洁明快、大方雅致的建筑风格;幼儿园常采用各种卡通形象和鲜艳的色彩装饰,体现欢快活泼、天真童趣的性格特征;文化纪念性建筑则大多采用巨大的空间体量组合、强烈的虚实对比,强调建筑的雕塑感,营造大气庄严的建筑形象,如图 5-3 所示。

图 5-3　建筑功能与建筑造型的关系

另外,建筑体型和立面是"空间"要素的外在表现,彼此之间存在一定的逻辑关系。建筑体型和立面不仅反映内部空间的形状、比例、尺度、多个空间的层次关系,同时也反映外部空间的封闭、开敞及相互关系等,如图 5-4 所示。

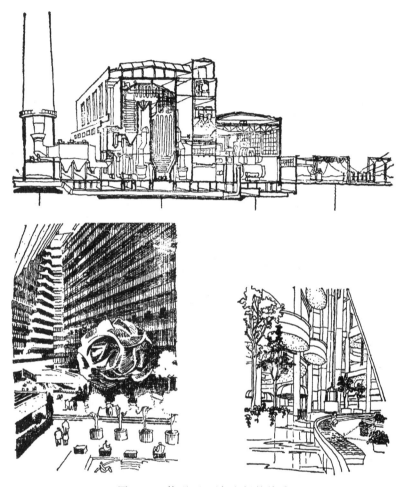

图 5-4　体型、立面与空间的关系

5.1.3　建筑体型与立面特征反映建筑结构、材料和施工方法

结构是建筑的骨架,不同的结构形式必然反映出不同的体型及立面细部特征。建筑不同于一般的艺术形式,其营建有赖于客观的材料性能、施工手段才能实现。材料的力学性能决定了建筑结构体系及受力特征,材料的色彩、质感可作为造型元素创造丰富的建筑形象。

(1)混合结构(又称砖混结构)。混合结构中墙体是承重构件,由于构件受力特点、抗震等因素的制约,建筑的体型较规整,不宜有较大的凹凸变化。窗间墙必须保证一定的宽度,门窗洞口不宜过大,且应上下对齐。立面处理多强调色彩、线条、材料质感的变化,协调门窗的比例并合理组织,创造出朴实、简洁、稳重的建筑形象,如图 5-5(a)所示。

(2)框架结构。框架结构建筑中,墙体只起围护作用,空间处理和外墙开窗都有较大的灵活性,建筑外墙上可形成水平带形窗、大面积的独立窗,也可外挂玻璃幕墙,底层甚至可以取消柱间的墙体形成完全通透的架空形式。因此,框架结构建筑具有简洁、明快、轻盈的外观形象。框架结构建筑不仅创造了更为充分的行为空间,同时也极大地丰富了建筑物的外部形象,表现出"结构美"的特征,如图 5-5(b)所示。

(3)大跨度空间结构。在现代城市中,体育馆、影剧院、展览馆等大跨度建筑日趋增多,大跨度建筑更多地采用了新结构、新材料、新技术,使建筑体型及立面设计拥有更大的灵活性和多样性,创造出千姿百态的建筑风貌,如图 5-5(c)所示。

(a)混合结构建筑　　　　　　　　　(b)框架结构建筑

(c)大跨度空间结构建筑

图 5-5　不同结构、材料、施工方法与建筑造型的关系

施工技术的工艺特点,也会影响建筑体型与立面特征。例如滑模施工工艺,要求建筑体型与立面以筒体或竖向线条为宜,如图 5-6(a)所示;升板施工工艺,楼板适当挑出对板的受力有利,因此建筑外形常以层层出挑的横向线条为主,如图 5-6(b)所示。大型板材、盒子建筑等,常注重表现构件本身的空间体型、材料色彩和质感的大面积对比,显示工业化建造体系的造型特征。

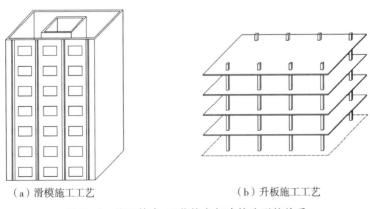

(a)滑模施工工艺　　　　　　　　(b)升板施工工艺

图 5-6　施工技术、工艺特点与建筑造型的关系

5.2　建筑形式美的规律

建筑艺术设计是形式与内容、主观与客观的统一。形式美是指构成事物的物质材料的自然属性(色彩、形状、线条、声音)及组合规律(对比、节奏、韵律)所呈现出来的审美特性。

建筑形式美的基本规律是"多样统一",又称和谐统一、有机统一,是一切艺术形式美的基本规律,是构图的总规律。在建筑构图中,多样统一是矛盾的统一体,既要多样变化又要统一规律。构图应丰富而不凌乱,统一而不死板。

建筑物包含了墙、门、窗、台基、屋顶等基本构成要素。这些构成要素具有一定的形状、大小、色彩和质感,而形状(及其大小)又可抽象为点、线、面、体(及其尺度),建筑形式美法则表述了点、线、面、体以及色彩、质感的普遍组合规律,主要包括"主从与重点""对比与呼应""韵律与节奏""均衡与稳定""比例与尺度""性格与联想"等。

5.2.1　主从与重点

建筑构图为了达到统一,从平面组合到立面处理,从内部空间到外部体型,从细部处理到群体组合,都应处理好主和从、重点和一般的关系。

在古典建筑中,多采用对称式布局,如印度莫卧儿王朝国王杰罕为爱妃蒙泰吉修建的陵墓——泰姬陵,严格对称的清真寺型制及布局,主体居中,四个朝拜塔衬托四角,层次分明,构图优美,如图 5-7 所示。

现代建筑则多采用非对称式的构图,通过体量高低穿插、线条变化等手法来衬托差异和关联,形成主从与重点和谐统一的视觉效果,如图 5-8 所示。

图 5-7　对称体型的主从关系

图 5-8　非对称体型的主从关系

5.2.2　对比与呼应

对比是指建筑要素之间的显著差异,如建筑体型中的方与圆、大与小、水平与垂直、虚与实,以及色彩、数量、材质等方面的对比关系。对比手法是构图中活跃的因素,运用得当可丰富视觉效果以突出建筑形象。若运用不当则可能显得杂乱无章,如图 5-9 所示。

呼应即协调,强调建筑各组成部分间的共同要素,促使各组成部分有机整合,形成整体。在体型和立面设计中常以相同或相似的形体、色彩、材料、立面符号及细部处理来取得呼应,如图 5-10 所示。

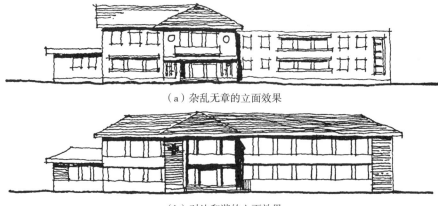

（a）杂乱无章的立面效果

（b）对比和谐的立面效果

图 5-9 立面设计比较

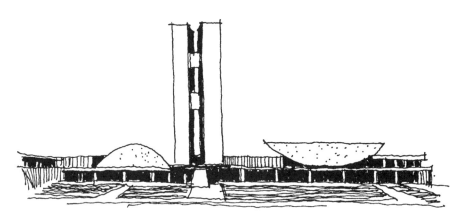

图 5-10 对比与呼应

5.2.3 韵律与节奏

建筑中某构图要素重复出现即形成韵律,节奏则是有规律地重复,两者紧密联系。节奏是韵律的特征,韵律是节奏的深化。

建筑构图中存在许多可重复的设计元素(如色彩、形体、空间、门窗等)是建筑造型形成规律性变化的内在成因。在体型与立面设计中,对于构图元素进行规律性的重复组织和艺术处理,可强化建筑形象,如图 5-11 所示。

5.2.4 均衡与稳定

均衡是指建筑物前后左右各部分之间形成的一种平衡、完整的关系,均衡分为对称均衡与非对称均衡。对称均衡突出中心轴线,加强端部处理,此手法常见于古典建筑中。现代建筑则广泛采用不对称均衡,在设计时强调质量中心,符合力的平衡原理,图 5-12 为均衡与稳定的视觉效果,前者严肃庄重,后者则轻松活泼。

图 5 - 11　韵律与节奏

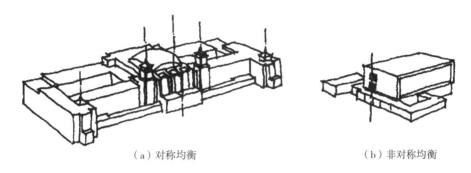

（a）对称均衡　　　　　　　　　　　（b）非对称均衡

图 5 - 12　均衡与稳定的视觉效果

　　稳定是指建筑物上下之间的轻重关系。上小下大的造型符合自然规律,稳定感较为强烈。随着建筑技术的进步和审美情趣的多样化,不少设计作品的造型上大下小,形成一种动态的均衡感,如图 5 - 13 所示。

图 5 - 13　稳定

5.2.5　比例与尺度

　　建筑体型中的比例关系一般包括两个方面的概念:一是建筑整体或其中某个细部的长、宽、高的比例关系,如整幢建筑或单个房间的长、宽、高之比;二是指建筑物整体与局部或局部与局部之间的比例关系,如立面中门窗与墙面、门窗本身的高宽比等。

尺度主要指建筑、建筑各部分与人体之间的大小关系。建筑中一些构件是人在使用过程中经常接触到的,人们熟悉这些构件的尺寸大小,如门扇高度一般为 2~2.1m,是以人高加心理安全高度而得到的尺寸;窗台、栏杆高度一般为 0.9~1.1m,是以人体重心为依据而确定的安全高度;踏步的尺寸则是根据人的步幅确定的,当使用者的行为能力存在差异时,会适当调整相应的尺寸。由此可见,构件是衡量建筑的一把尺子,人们习惯通过构件来衡量建筑物中各组成部分的大小,而这些可见的目测单位即为尺度标志,如图 5-14 所示。

图 5-14　人体与建筑构件的比例关系

建筑尺度可分为三类:自然尺度、夸张尺度和亲切尺度。自然尺度多用于日常性建筑,如住宅、商店等;夸张尺度常用于纪念性建筑、体育场馆等,以表现建筑物的雄伟、壮观;亲切尺度给人以亲切舒适的感受,小巧的园林建筑、幼儿建筑常采用亲切尺度,如图 5-15 所示。

（a）自然尺度　　　　　　　　　　　　（b）夸张尺度

（c）亲切尺度

图 5-15　不同尺度的建筑

5.2.6　性格与联想

建筑的性格是由建筑形象和内在空间关系相关联而形成的特征。联想是建立在性格之上的人的思维。特征使建筑具有可识别性,并赋予建筑性格。各类建筑的功能不同,服务对象和使用方式也不同,建筑性格也千差万别。有的庄重严谨,如政府办公建筑;有的肃穆雄伟,如法院建筑;有的开放流动,如交通建筑;有的典雅洒脱,如剧场建筑。因此,恰当准确地展现建筑的性格特征,是创作的要点之一。

象征注重将建筑的客观功能与人的审美情趣相融合,借助建筑的形式传神达意,抒发情怀。常用的象征手法有形的象征、数的象征、色彩的象征与物品的象征等。

例如著名的悉尼歌剧院,似帆、似蚌壳、似海鸟,引发人们多样的联想,如图 5-16(a)所示。又如美国环球航空公司候机楼,建筑造型犹如展翅的大鹏,有力地强化了候机楼的建筑风格,如图 5-16(b)所示。

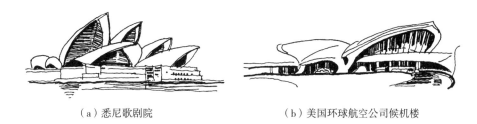

（a）悉尼歌剧院　　　　　　　　（b）美国环球航空公司候机楼

图 5-16　性格与联想

建筑体型与立面既不是内容的机械反映,也不是脱离于内容的一层表皮,任何构图手法的运用都离不开一个首要前提,即建筑的形式与内容应表里一致。

5.3　建筑体型与立面设计

建筑的屋顶、墙体等构件围合形成大小不同的空间体量和外形轮廓,即为建筑物的体型,体型组合直接影响立面设计。在设计过程中,从房屋建筑平面、空间组合设计开始,就应考虑到由此形成的建筑体型,并根据建筑功能的特点、环境条件和结构布置的可能性,力求体型组合主次分明、比例恰当、各部分形体交接明确,外形轮廓高低起伏,富有变化,整体布局又均衡稳定。总而言之,即统一中有变化,变化中求统一。

5.3.1　建筑体型设计

1. 单一体型

单一体型是指整幢建筑总体上是一个完整的、单纯的几何形体。平面多为矩形、正方形、三角形、圆形、Y形等。绝对单一的几何体型在建筑中并不多见,由于建筑地段、功能、技术等要求或鉴于建筑美观上的考虑,体型上会适当变化,或采用凹凸、起伏的处理,以丰富建筑的外形。如公寓式住宅,在阳台、凹廊、楼梯间等部位可加以凹凸、起伏处理,使简单的建筑体型富有韵律变化,如图 5-17 所示。

图 5-17　单一体型建筑

　　在教学楼、办公楼等公共建筑的体型设计中,往往会突出主要入口,设置突出的门廊,或将门厅、楼梯间及部分房间作为整体做凸出处理,以加强视觉重心,如图 5-18 所示。

图 5-18　单一体型建筑的门厅处理

2. 组合体型

　　当建筑规模较大或内部功能较复杂,不易组合为一个简单的体型时,可由若干简单几何体组合在一起,即组合体型,如图 5-19 所示。

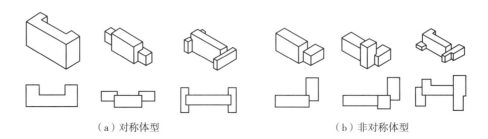

（a）对称体型　　　　　　　　　　　　　　（b）非对称体型

图 5-19　建筑的体型组合

(1)体型组合的方式

组合体型可分为对称体型和非对称体型两大类。对称体型具有庄严、稳重、完整的视觉感受,中外古典建筑多采用对称体型。在现代建筑中,纪念性建筑和行政办公建筑也常采用对称体型;非对称体型则具有轻巧、舒展的视觉感受,旅馆、别墅等建筑常采用非对称体型,如图 5-20 所示。

（a）对称体型　　　　　　　　　　　（b）非对称体型

图 5-20　建筑体型组合的方式

(2)体型组合原则

① 比例恰当,整体均衡

组合体各部分的比例是否恰当是决定建筑体型效果的前提条件,对于非对称体型,处理好整体均衡更为重要。

② 主次分明,交接明确

建筑体型的组合应突出主要形体,或强调各部分体量间的大小、高低、宽窄、形状的对比,或强调形体在空间上的前后关系,或强调入口以突出主体部分。而各部分之间的连接关系,主要是根据建筑功能、流线、环境条件等,选择恰当的连接方式,如直接连接、咬接、走廊或连接体连接等方式,使建筑各部分之间紧密衔接,形成一个有机整体。

5.3.2　建筑立面设计

建筑立面是建筑体型的外观形象,设计时应结合建筑空间、体型和技术经济条件等因素统一考虑。立面设计的重点是墙面、门窗、阳台、檐口、勒脚、台阶、外露构件及装饰线脚等部位,通过对其形状、色彩、尺度、比例、质感、组合方式等构图要素的调整,形成整体的视觉效果。

1. 立面设计中构图要素的尺度与比例

立面中各构件本身、构件与构件之间具有良好的比例尺度关系,是获得统一完整的立面效果的基本前提。在设计中,尺度的调整范围较大,但诸如台阶、栏杆、窗台等与人体行为关系密切的建筑构件尺寸,一般不会随着建筑尺度的变化而变化,是反映建筑真实尺度的重要参照物,如图 5-21 所示。

门窗也是立面设计中的活跃因素。门窗尺寸在一定程度上外化建筑功能及内部空间的

（a）无参照物，无法
反映真实尺度

（b）有参照物，能
反映真实尺度

（c）有参照物，能
反映真实尺度

图 5-21　建筑的尺度

组合方式。如普通旅馆空间小、层高低，且单一空间规律性重复排列，因此门窗尺度较小，并排列规则；体育馆的主体是单一的大空间，人流量大，常设置大面积通透的玻璃门窗。门窗自身的尺度、比例及其与建筑立面之间的比例关系是决定建筑立面设计的重要因素，应仔细推敲，在不断的调整中使之协调统一。

2. 立面设计的节奏感和虚实对比

节奏感和虚实对比是建筑立面设计的重要表现手法。通过将整片墙面做不同方向的划分，可以强调立面的节奏感。墙面划分主要有竖向划分、横向划分和混合划分三种形式。横向划分显得建筑轻巧、亲切，如图 5-22(a)所示；竖向划分显得建筑高耸、挺拔，如图 5-22(b)所示；混合划分使立面具有图案效果，并可在视觉上调整立面的比例关系，如图 5-22(c)所示。

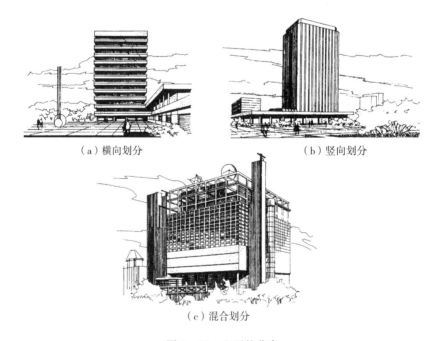
（a）横向划分　　　　　　　　　　　（b）竖向划分

（c）混合划分

图 5-22　立面的节奏

建筑立面的虚实对比，是指建筑表皮在光线的作用下所形成的明暗对比，以及因材料不同所形成的实与透的对比。例如墙面实体与门窗洞口、栏板与凹廊、柱墩与门廊之间的明暗对比,玻璃幕墙和石墙面之间实与透的对比等。在建筑立面中,虚与实一般不宜均等,应根据建筑功能及建筑性格突出某一方面。以虚为主,轻巧开敞;以实为主,厚重庄严,如图 5 - 23 所示。

（a）实的效果　　　　　　　　　　（b）虚的效果

图 5 - 23　立面的虚与实

3. 材料质感与色彩搭配

立面材料的质感与色彩搭配包含两层含义:一是恰当运用与环境协调的材料和色彩,体现建筑性格;二是运用不同材料及色彩的对比,加强建筑形象的表现力。

粗糙的混凝土或砖石显得较为厚重,平整光滑的面砖、金属、玻璃显得轻巧;浅色为主的色调显得清新明快,深色为主的色调显得端庄稳重;暖色热烈,冷色宁静等。材料自身的物理属性使其客观地具有某种视觉效果,在立面设计中,通过合理选择材料的色彩和质感,不仅突出建筑性格,还可与建筑所处地点的自然环境、人文环境协调共生,如图 5 - 24 所示。

图 5 - 24　材质与色彩的运用

4. 重点与细部处理

建筑立面设计应避免单调刻板,强调构图的主从关系以突出重点。如建筑的主入口、楼梯间、檐口及体型构图中心,易引起人们的视觉关注,应重点处理,如图 5 - 25 所示。

建筑立面的细部处理,不仅仅是孤立的装饰,而且是表现建筑特征的构图元素,进而深化建筑造型。另外,建筑立面的细部应结合构造节点设计,使建筑立面达到形式与内容的协调统一。诸如门窗、阳台、勒脚、雨篷、台阶、线脚、楼梯等构配件,均是细部处理的重点部位。充分推敲细节,有助于将建筑刻画得丰满细腻,同时还可进一步体现文化及地域特征。

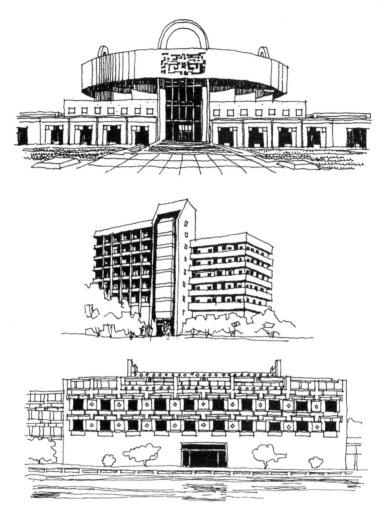

图 5 - 25　重点与细部的处理

第6章 建筑构造概论

建筑构造是研究建筑物及各组成部分组合原理和构造方法的科学。构造设计是根据建筑物的使用功能、经济条件、施工技术和艺术造型等因素,选择适用、坚固、经济、美观的构造措施。构造设计是建筑设计的重要环节,是建筑方案得以实施的保证。

6.1 建筑物的构造组成及其作用

建筑物的基本构造组成有以下六大部分:基础、墙或柱、楼板层及地坪、屋顶、楼梯和门窗。除上述部分之外,还有各种构配件,如阳台、雨篷、烟囱、散水、台阶坡道等,如图6-1所示。

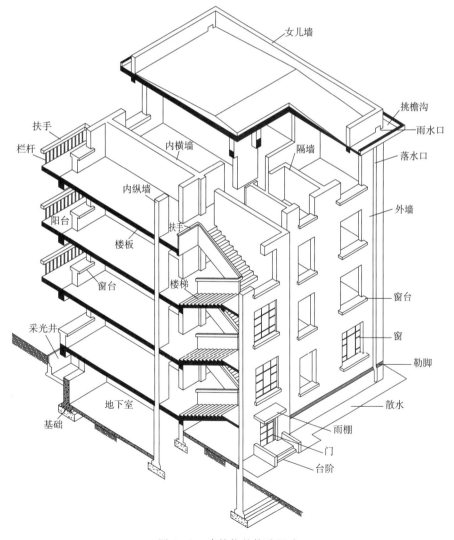

图6-1 建筑物的构造组成

1. 基础

基础是建筑物最下部与地基相接的承重构件,是墙或柱等上部结构在地下的延伸,它承受建筑物的全部荷载,并将这些荷载传给地基。因此,基础必须有足够的强度和稳定性,能抵御地下各种有害因素的侵蚀,保证建筑物的耐久性。

2. 墙或柱

(1)墙是建筑物的承重构件和围护构件。墙作为承重构件时,承受建筑物由屋顶及各楼层传来的荷载,并将这些荷载传给基础;墙作为围护构件时,外墙起着抵抗风、雨、雪及太阳辐射热的作用,内墙起着分隔空间、遮挡视线、隔声等作用。因此,墙体应具有足够的强度、稳定性、保温、隔热、防火、防水等性能,并满足经济性和耐久性等要求。

(2)柱作为承重构件时和承重墙一样,承受着屋顶和各楼层传来的荷载,并将这些荷载传给基础,柱截面较小,受力比较集中,应具有足够的强度和刚度。

3. 楼板层和地坪

(1)楼板是建筑物水平承重构件,承受着家具、设备和人体荷载及自重,将荷载传给竖向受力构件(墙或柱),同时对墙身起水平支撑作用,应具有足够的强度、刚度和良好的隔声、防水性能等。

(2)地坪是分隔底层房间与土层的水平构件,承受底层房间内的荷载。不同使用性质的地坪,要求具有耐磨、防潮、防水和保温等不同的性能。

4. 屋顶

屋顶是建筑物顶部的围护构件和承重构件,它既要抵御自然界风、雨、雪及太阳热辐射对顶层房间的影响,又要承受建筑物顶部荷载(包括自重、风荷载、雪荷载等),将荷载传给墙或柱。屋顶应具有足够的强度、刚度及防水、保温、隔热等性能。

5. 楼梯

楼梯是建筑中的垂直交通构件,供人上下楼层和紧急疏散之用,楼梯应具有足够的通行宽度和疏散能力,并满足坚固、安全、防火、防滑等要求。

6. 门和窗

门的主要作用是内外交通联系及分隔空间,窗为采光和通风之用,同时也有分隔空间和围护作用。外门窗是房屋围护结构的一部分,需具有保温、隔热、隔声、气密性、水密性等要求。

6.2　影响建筑构造的因素及构造设计原则

6.2.1　影响建筑构造的因素

进行构造设计时,充分考虑各种因素影响、选择合理的构造方式,提高建筑物对外界各种影响的抵御能力,满足其使用功能、延长使用寿命的关键。

1. 外力作用的影响

作用在建筑物上的外力称为荷载。荷载分为静荷载(如建筑物的自重)和动荷载(又称活荷载,如人流、风、雪以及地震荷载等)。荷载的大小是进行结构设计和构件设计的主要依据,而构件的尺寸、形状等又与构造密切相关,所以在确定建筑构造方案时,必须考虑外力的影响。

2. 自然气候的影响

自然界的风、霜、雨、雪等都是影响建筑物使用功能和构件质量的因素,如屋面材料因热胀冷缩而开裂,轻则出现渗、漏水,不保温隔热,重则遭到破坏;因室内过冷或过热而影响建筑物使用的舒适程度。因此,针对所受影响的性质与程度,对建筑物相关部位采取必要的防范措施,如防潮、防水、保温、隔热、设置变形缝等,以防患于未然。

3. 人为因素和其他因素的影响

影响建筑物正常使用和安全的人为因素,包括机械振动、化学腐蚀、辐射、爆炸、火灾、噪声等,在构造上采取隔振、防腐、防爆、防火、隔声等相应的措施,以免影响正常使用,或使建筑物遭受不应有的损失。

此外,鼠、虫等对建筑物构、配件的危害,也是影响建筑构造的一个因素。

6.2.2　建筑构造设计原则

1. 满足建筑使用功能

建筑物使用性质及所处环境不同,对建筑构造设计有不同要求。如北方地区要求建筑能冬季保温;南方地区要求建筑能通风隔热;大空间观演视听类建筑要求有良好的吸声及隔声处理;教学类建筑要求有良好的采光遮阳。因此,建筑构造设计必须满足建筑物的不同使用功能要求。

2. 有利于结构安全

建筑结构主要受力构件设计是根据荷载大小、结构要求确定形式及尺寸。此外,墙体的稳定性、门窗与墙体的连接可靠性、阳台及楼梯栏杆抗侧压、抗倾覆性等,都必须采取相应的构造措施,以确保使用安全。

3. 适应建筑工业化的需要

构造设计宜采用标准设计和定型构件,为构、配件生产工厂化、现场施工机械化创造有利条件,以适应建筑工业化的需要。

4. 关注建设的综合效益

在构造设计中关注建设中的综合效益,既要确保正常使用,又要减少材料消耗,降低建设、运行、维修和管理的费用,考虑其综合经济效益。

5. 重视美观的设计原则

构造设计是建筑方案设计的深化,涉及造型、尺度、质感、色彩等艺术和审美问题,是最终实现建筑造型及细部的关键。

第7章　基础与地下室

7.1　地基与基础概述

　　基础是建筑物最下部的承重构件。基础承受上部结构的全部荷载,并传给地基;地基是指基础底面以下,受到建筑物全部荷载作用影响范围内的岩土层。

7.1.1　地基与基础的设计要求

　　1. 地基应具有足够的承载力和均匀程度

　　建筑物应尽量选择建在地基承载力较高的地段,且地基质地均匀,否则会加大基础设计的难度。当基础处理不当时,建筑物会发生不均匀沉降,严重时影响建筑物的正常使用。

　　2. 基础应具有足够的强度和耐久性

　　基础是建筑物安全的重要保证,必须具有足够的强度。同时,基础属于隐蔽工程,结构破坏时检查和加固都十分困难。因此,基础的设计使用年限等同于建筑物主体结构的使用年限,应具有足够的耐久性。

　　3. 基础工程应经济合理

　　基础工程根据类型不同,占建筑总造价的 $10\%\sim40\%$,尤其是具备复杂功能的深基础工程。因此,合理控制基础工程造价是节约建筑总投资的有效方法。

7.1.2　基础的组成

　　常见的条式基础和独立基础一般由基础墙或柱、大放脚、垫层组成;无垫层的基础,如桩基础,由桩和承台组成。基础最下面与地基岩土层直接接触的底面称为基底。

7.1.3　基础埋深及影响因素

　　基础埋深(埋置深度)指从室外设计地面至基础底面的深度,基础的组成及埋置深度如图 7-1 所示。基础的埋深和基底宽度应根据设计计算得出。

　　基础按其埋置深度分为浅基础和深基础。基础埋置深度不超过 5m 时

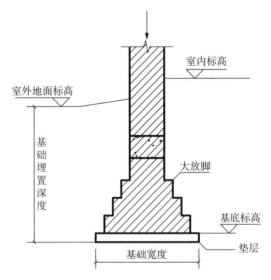

图 7-1　基础的组成及埋置深度

称为浅基础,基础埋置深度大于 5m 或大于基础宽度的基础称为深基础。

　　此外,在狭窄地块新建(或改建)房屋时为避免地基开挖对邻近建筑的影响、地面以下地基较差、施工周期紧张等情况下,将原地面经过夯实后铺筑薄层砂石并浇筑素混凝土,或浇

筑配筋筏板基础,将地坪与基础合二为一,这种基础称为不埋式基础,可以作为低层轻型结构的建筑基础类型。

基础埋深涉及结构安全性、施工难易程度及造价。影响基础埋深的因素有以下几个方面。

(1)与建筑物有关的影响:确定基础埋深时,首先考虑建筑物使用功能的要求,如建筑物有地下室、设备基础等,基础埋深应满足其使用要求;建筑物荷载大小和性质影响基础埋深,一般荷载较大时应加大埋深;建筑高度增加建筑基础埋深也应适当增大,满足抗拔、抗滑、抗倾覆等稳定性要求。

(2)工程地质条件的影响:基础应建造在坚实可靠的地基上,不能设置在承载力低、压缩性高的软弱土层上;在满足地基稳定性和变形的前提下,基础尽量浅埋,但通常不浅于500mm;如地基土由多层弱土组成或上部荷载很大时,应采用深基础方案。

(3)水文地质条件的影响:基础一般应埋置于设计最高地下水位以上不小于200mm处,当地下水位较高、基础不能满足埋置深度要求时,宜将基础埋置在最低地下水位以上不少于200mm处,如图7-2所示;在冻胀土上的建筑物基础应埋置在冻结深度以下,并采取相应的防冻害措施;在江河湖海等水体旁的建筑物基础,如可能受到冲刷影响,其基础底面应位于冲刷线以下。

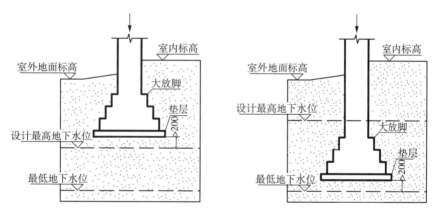

图 7-2　地下水位对基础埋深的影响

(4)相邻建筑物埋深的影响:新建建筑物基础埋深不宜大于相邻建筑物基础埋深,当埋深大于原有建筑物埋深时,基础间净距一般为相邻基础底面高差的1~2倍,如图7-3所示。如达不到净距要求,应采取有效的基坑支护措施确保相邻建筑物基础安全。

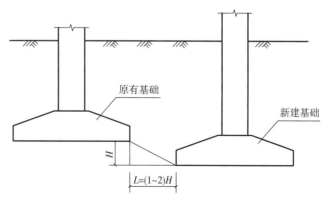

图 7-3　基础埋深与相邻建筑物基础的关系

7.2　基础的类型

7.2.1　按基础材料及受力性能分

1. 刚性基础

刚性基础是由砖、石、素混凝土等刚性材料制作的基础,其材料特点是极限抗压强度高,而极限抗拉及抗剪强度低。从受力角度看,上部结构通过基础将荷载传递给地基,为使地基有足够的承载力,必须逐步增大基底面积,才能适应地基变形的要求,所以基础一般以台阶等形状逐渐扩大其传力面积,称为大放脚。上部结构在基础中传递压力是沿一定角度分布的,称压力分布角或刚性角,以 α 表示。刚性基础基底放大范围不应超过刚性角控制的范围。通常砖、石基础的刚性角在 $26°\sim30°$ 之间较好,素混凝土基础的刚性角应控制在 $45°$ 以内,如图 7-4 所示。

2. 非刚性基础(柔性基础)

当建筑物上部荷载较大而地基承载能力有限时,使用刚性基础会增加基础底面宽度和埋深,对工期和造价都不利。此时可用钢筋

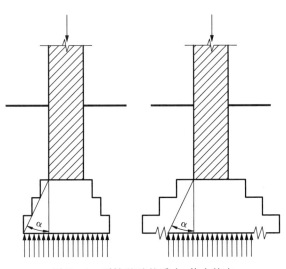

图 7-4　刚性基础的受力、传力特点

混凝土基础取代刚性基础。钢筋混凝土基础的底部配以钢筋承受拉力,使基础底部能承受较大弯矩。这时,基础宽度的加大不受刚性角的限制,故称钢筋混凝土基础为非刚性基础,也称柔性基础。在同样条件下,采用钢筋混凝土基础可节省混凝土材料和土方工作量,如图 7-5 所示。

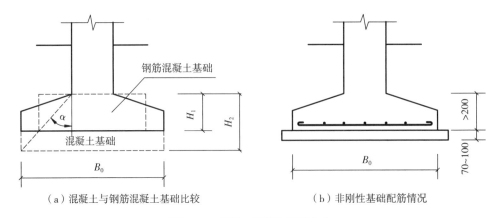

（a）混凝土与钢筋混凝土基础比较　　　　（b）非刚性基础配筋情况

图 7-5　刚性、非刚性基础比较

7.2.2　按基础的构造形式分类

1. 条形基础

当建筑物上部结构采用砖石墙承重时,基础沿墙身设置,呈长条形,这种基础称为条形基础或带形基础,如图 7 - 6 所示。

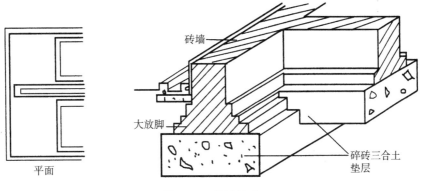

图 7 - 6　条形基础

2. 独立基础

建筑物上部结构采用框架结构或排架结构承重时,其基础常采用钢筋混凝土、素混凝土等方形或矩形的单独基础,这种基础称为独立基础或柱式基础,断面形式有踏步形、锥形、杯形等。当柱为预制时,将基础做成杯口形,然后将柱子插入,并嵌固在杯口内,这种基础称为杯形预制基础,如图 7 - 7 所示。

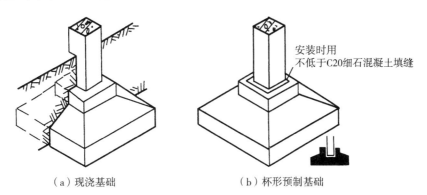

（a）现浇基础　　　　　　　（b）杯形预制基础

图 7 - 7　独立基础

3. 井格式基础

框架结构或排架结构的建筑物地基条件较差时,为防止柱子之间产生不均匀沉降,将柱下基础沿纵、横方向连接起来,形成十字交叉的井格基础,又称十字带形基础,如图 7 - 8 所示。

4. 筏式基础

建筑物上部荷载较大且不均匀,而地基承载能力又比较弱时,采用简单的条形基础或井格式基础已不能适应地基变形的需要,此时需将墙或柱下基础连成一片,使整个建筑物的荷载承受在一整块梁板上,这种满堂式的梁板式基础称筏式基础,按其结构布置形式分为梁板式和无梁式两种,如图 7 - 9 所示。

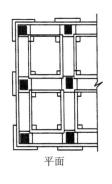
平面

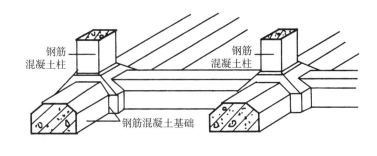

图 7-8　井格式基础

平面

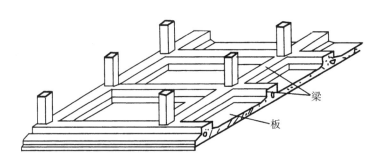

图 7-9　筏式基础(梁板式)

5. 箱形基础

对于上部荷载较大、对地基不均匀沉降要求严格的高层建筑、重型建筑以及软弱土地基上的多层建筑,用钢筋混凝土的底板、顶板和若干纵横墙组成空心箱形基础,共同承受上部荷载。箱形基础的刚度较大,抗震性能好,基础的中空部分常用作地下室、地下车库等,如图7-10所示。

6. 桩基础

当浅层地基不能满足建筑物对地基承载力和变形的要求,而又不适宜采取地基处理措施时,就可考虑采用下部坚实土层或岩层作为持力层的深基础,其中桩基应用最为广泛。

桩基础一般由设置于土中的桩身和承接上部结构的承台组成,如图7-11所示。桩基础的类型很多,按照桩的受力方式可分成端承桩和摩擦桩;按照桩的施工方式分成打入桩、振入桩、压入桩和钻孔灌注桩等;按照材料可分成钢筋混凝土桩、钢管桩等。

平面

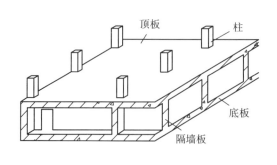

图 7-10　箱形基础

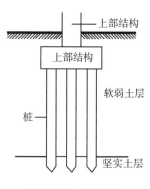

图 7-11　桩基础

7.3 地下室

7.3.1 地下室的分类

1. 地下室的定义

《建筑工程建筑面积计算规范》(GB/T 50353—2022)中将房间地平面低于室外地平面高度超过房间净高 1/2 的空间定义为地下室。地下室可用作设备间、储藏间、旅馆、餐厅、商场、车库以及战备人防工程。高层常利用深基础(如箱形基础)建造一层或多层地下室。

2. 地下室的分类

(1)按使用功能分:普通地下室和防空地下室。防空地下室是人防工事的一种,包括外墙、缓冲墙、防爆门、封闭墙、防护隔墙等部分,主要用于人民防空临时掩体、战时防空指挥中心、通信中心、隐蔽所等。通常,防空地下室都是与普通地下室形成平战结合的人防工程。

(2)按底板标高分:地下室(房间地平面低于室外地平面的高度超过该房间净高的 1/2)和半地下室(房间地平面低于室外地平面的高度超过该房间净高的 1/3 且不超过 1/2 者)。

(3)按结构材料分:砖混结构地下室和钢筋混凝土结构地下室。

图 7-12 为地下室组成示意图。

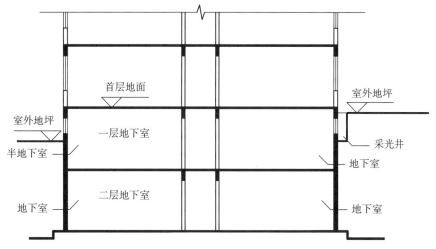

图 7-12 地下室组成示意图

7.3.2 地下室防水(防潮)

地下室的墙体和底板埋于地下,地下水如通过围护结构渗入室内不仅影响使用,而且当水中含有酸、碱等腐蚀性物质时,还会影响结构的耐久性。因此,防潮、防水是地下室构造处理的重要内容。

设计最高地下水位低于地下室底板时,地下水不能直接侵入地下室内,墙和底板仅受到土层中地潮的影响(地潮是指土层中的毛细管水和地面雨水下渗而造成的无压水);设计最高地下水位高于地下室地板时,地下室的外墙和地坪受到地下水压力影响,压力的大小以水头为标准(水头是指最高地下水位至地下室地面的垂直高度,以米计)。由于结构安全和防水的需要,地下室的墙体和底板多采用现浇钢筋混凝土结构,《建筑与市政工程防水通用规范》(GB 55030—2022)将建筑工程按其防水功能重要程度分类甲类、乙类和丙类,见表 7-1 所列;按其使用环境类别划分符合表 7-2 的规定。工程防水使用环境类别为Ⅱ类的明挖法地下工程,当该工程所在地年降水量大于 400mm 时,应按Ⅰ类防水使用环境选用。

表 7-1　建筑工程防水类别

工程类型		工程防水类别		
		甲类	乙类	丙类
建筑工程	地下工程	有人员活动的民用建筑地下室,对渗漏敏感的建筑地下工程	除甲类和丙类以外的建筑地下工程	对渗漏不敏感的物品、设备使用或贮存场所,不影响正常使用的建筑地下工程
	屋面工程	民用建筑和对渗漏敏感的工业建筑屋面	除甲类和丙类以外的建筑屋面	对渗漏不敏感的工业建筑屋面
	外墙工程	民用建筑和对渗漏敏感的工业建筑外墙	渗漏不影响正常使用的工业建筑外墙	
	室内工程	民用建筑和对渗漏敏感的工业建筑室内楼地面和墙面		

表 7-2　工程防水使用环境类别划分

工程类型		工程防水使用环境类别		
		Ⅰ类	Ⅱ类	Ⅲ类
建筑工程	地下工程	抗浮设防水位标高与地下结构板底标高高差 $H \geqslant 0$mm	抗浮设防水位标高与地下结构板底标高高差 $H < 0$m	
	屋面工程	年降水量 $P \geqslant 1300$mm	400mm$\leqslant$年降水量 $P < 1300$mm	年降水量 $P < 100$mm
	外墙工程	年降水量 $P \geqslant 1300$	400mm$\leqslant$年降水量 $P < 1300$mm	年降水量 $P < 400$mm
	室内工程	频繁遇水场合,或长期相对湿度 $RH \geqslant 90\%$	间歇遇水场合	偶发渗漏水可能造成明显损失的场合

工程防水等级应依据工程类别和工程防水使用环境类别分为一级、二级、三级:

(1)一级防水:Ⅰ类、Ⅱ类防水使用环境下的甲类工程;Ⅰ类防水使用环境下的乙类工程。

(2)二级防水:Ⅲ类防水使用环境下的甲类工程;Ⅱ类防水使用环境下的乙类工程;Ⅰ类防水使用环境下的丙类工程。

(3)三级防水:Ⅲ类防水使用环境下的乙类工程;Ⅱ类、Ⅲ类防水使用环境下的丙类工程。

明挖法地下工程现浇混凝土主体结构防水做法要符合表 7-3 的相关规定。

表 7-3　主体结构防水做法

防水等级	防水做法	防水混凝土	外设防水层		
			防水卷材	防水涂料	水泥基防水材料
一级	不应少于3道	为1道,应选	不少于2道:防水卷材或防水涂料不应少于1道		
二级	不应少于2道	为1道,应选	不少于1道:任选		
三级	不应少于1道	为1道,应选			

注:水泥基防水材料指防水砂浆、外涂型水泥基渗透结晶防水材料。

地下室根据刚柔相济、疏堵结合的防水原则进行防水组合设计,常见防水方式有以下几种。

1. 防水混凝土自防水(刚性防水)

地下室主体结构迎水面应采用防水混凝土自防水。防水混凝土既是承重、围护结构,又是可靠的防水层。防水混凝土分为集料级配防水混凝土和掺外加剂混凝土两类。

(1)集料级配防水混凝土:以调整混凝土配合比的方法,提高自身密实度和抗渗能力的混凝土。通过控制水灰比、水泥用量和含砂率来保证混凝土骨料之间的密实性而达到防水目的。

(2)掺外加剂混凝土:在混凝土中掺入加气剂或密实剂,水泥水化过程发生化学反应生成不溶于水的胶体和晶体,填充于混凝土的孔隙内,从而提高其密实性。

防水混凝土结构厚度不应小于 250mm,迎水面钢筋保护层厚度不应小于 50mm,如图 7-13所示。

2. 材料防水

材料防水是在结构主体表面敷设防水材料,阻止地下水的渗入。

常用防水材料有以下几种:

(1)防水卷材(柔性防水):按材料分为高聚物改性沥青类和合成高分子类卷材,采用与卷材相适应的胶结材料胶合形成防水层,铺设在地下室结构主体的迎水面。

合成高分子卷材有重量轻、抗拉强度高、延伸率大等特点,冷作业施工简便,但价格偏高,且不宜用于地下水含矿物油或有机溶液的地方。高聚物改性沥青卷材是经改进的传统防水材料,性价比较好,但属于热作业,易漆化,污染环境。

(2)防水涂料(柔性或刚性防水):将液态冷涂料在常温下以刷涂、刮涂、滚涂等方法涂敷于地下室结构表面的防水层,固化后的涂料薄膜能防止地下无压水及压力不大的有压水侵入。防水涂料包括无机和有机两大类。

无机防水涂料是刚性防水材料,如掺外加剂、掺合料的水泥基防水涂料、水泥基渗透结晶型涂料;有机防水涂料是柔性防水材料,有反应型(如聚氨酯类防水涂料)、水乳型(如丙烯

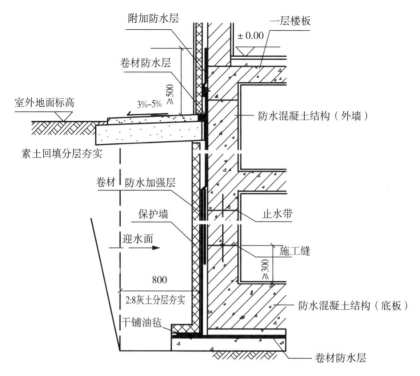

图 7 - 13 卷材外防水构造

酸酯胶乳类防水涂料)和聚合物水泥等防水涂料。无机防水涂料适用于结构主体的迎水面和背水面,有机防水涂料适用于结构主体的迎水面。

(3)防水砂浆(刚性防水):通过提高砂浆的密实性及改进抗裂性,分层形成的多防线整体防水层。常用的防水砂浆有刚性多层抹面的水泥砂浆、掺防水剂的防水砂浆和聚合物水泥防水砂浆三种。水泥防水砂浆以手工操作为主,质量难以控制,加之砂浆干缩性大,主要用于不会因结构沉降,温度、湿度变化以及受振动等产生有害裂缝的地下室防水工程。

此外,随着防水技术和工艺发展,涌现出很多新型防水材料。如膨润土防水垫,由级配的天然钠基膨润土颗粒和相应的外加剂混合均匀而成,经特殊的工艺把膨润土颗粒固定在两层土工布之间,膨润土粒子遇水膨胀形成均匀的胶体系统,在两层土工布限制下起到防水防渗作用,常用作水池壁防水;又如改性沥青类、橡胶类、塑料类的耐根穿刺防水卷材,可附加铜胎基作为阻根防水层,具有防水和阻止植物根穿透的双重功能,适用于地下室的种植顶板和种植屋面的防水层。

材料防水按敷设位置不同,分为外防水和内防水。

(1)外防水:将防水材料敷设于围护结构迎水面(即地下室外墙外侧和底板下面),防水效果好,但维修困难,渗漏点难于查找。卷材类、涂料类、砂浆类防水材料均常用于外防水,图 7 - 13 为卷材外防水的构造做法。

底板的防水处理:先将卷材满铺在混凝土垫层上,在其上浇筑细石混凝土或水泥砂浆保护层以便浇筑钢筋混凝土底板。卷材留出足够的长度与墙面垂直防水卷材错接。

墙体的防水处理:先在外墙外面抹20mm厚的1∶2.5水泥砂浆找平层,再粘贴防水卷材。卷材从底板上包上来,沿墙身由下而上连接密封粘贴,在设计水位以上 500～1000mm

处接头。防水层外设砖砌或聚苯板保护墙,以防回填土时伤及防水层。保护墙与防水层之间缝隙中灌以水泥砂浆。保护墙下干铺油毡一层,并沿其长度方向每隔 3～5m 设一通高竖向断缝,以保证保护墙能在水的压力下紧压防水层,使防水层均匀受压。

(2)内防水:将防水材料敷设于围护结构背水面(即地下室外墙内侧和底板上面),由于水压作用不利于防水层与结构层之间紧密黏结,防水效果欠佳,但施工简单,常以防水涂料或防水砂浆结合注浆技术,用于防水堵漏的修缮工程。

3. 降排水法

降排水法是采用人工降、排水的办法,消除地下水对地下室的侵蚀。降、排水法分为外排法和内排法两种。

(1)外排法:在地下室的四周埋置永久性降排水设施(盲沟)排水,盲沟是带孔的陶管,陶管的周围填充可用于滤水的卵石及粗砂等材料,以便水透入管中后排至城市排水管,使地下水位降低至地下室底板以下,变有压水为无压水,如图 7-14(a)所示。当城市排水管高于陶管时,可采用排水泵将积水排出。

(2)内排法:将渗入地下室的水,通过集水沟排至集水井,再用水泵排出。在构造上常将地下室地坪架空,或设隔水间层,以保持室内墙面和地坪干燥,如图 7-14(b)所示。

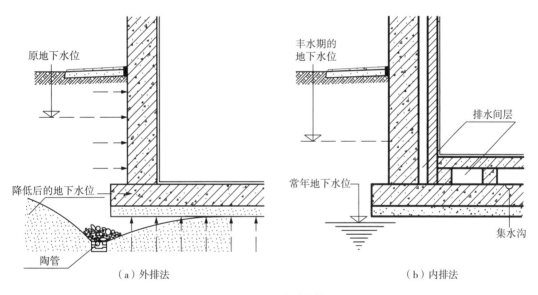

(a)外排法　　　　　　　　　(b)内排法

图 7-14　人工降排水措施

第8章　墙　体

墙体是建筑的重要组成部分,在一般民用建筑中墙体造价占工程总造价的 30%～40%,重量占总重量的 40%～65%。墙体类型和构造方法的选择,需全面考虑使用、结构、施工和经济等方面的因素。本章主要介绍砌体墙、轻质内隔墙的构造。幕墙和外挂板墙在第 17 章建筑工业化中介绍。

8.1　墙体概述

8.1.1　墙体的作用和设计要求

1. 墙体的作用

(1)承重作用:在墙体承重的建筑中,墙体承受自重及屋顶、楼板(梁)传来的荷载和风荷载。

(2)围护作用:墙体可遮挡风、雨、雪的侵袭,防止太阳辐射、噪声干扰,阻隔室内外热量传递,起保温、隔热、隔声、防水等作用。

(3)分隔作用:墙体可将房屋内部划分为不同的使用空间,满足使用和装饰的要求。

2. 墙体的设计要求

(1)具有足够的强度和稳定性

承重墙体的强度是指墙体的承载力,与所用材料及其强度等级、墙体截面积、构造和施工方式有关。

墙体的稳定性与墙的高度、长度、厚度及纵横向墙体间的距离有关,采用限制墙体高厚比、增加墙厚、提高砌筑砂浆强度等级、增加墙垛、构造柱和圈梁、墙内加筋等办法来提高墙体的稳定性。

(2)满足保温隔热等热工要求

有保温要求的墙体厚度应根据热工计算确定,可通过增加墙体厚度、选择导热系数小的墙体材料、在保温层高温侧设置隔气层等方法提高墙体保温性能和耐久性,同时应防止外墙内表面与保温材料内部出现凝结水现象,防止热桥的产生。

有隔热要求的地区,外墙应具有一定的隔热性能。可选择浅色而平滑的外饰面、遮阳设施、植被降温等措施提高墙体的隔热能力。

(3)满足隔声要求

选用容重大的外墙材料、加大墙厚、在墙中设空气间层等措施提高墙体的隔声能力,使建筑室内有一个良好的声学环境。

(4)满足防火要求

墙体材料应符合防火规范中相应的构件燃烧性能和耐火极限的规定。当建筑面积或长度较大时,还应按防火规范要求设置防火墙,防止火势蔓延。

(5)满足防水防潮要求

建筑外墙、室内有水的房间、地下室墙体等应满足防水防潮要求。通过墙体材料良好的防水性及相应的构造措施,确保室内有良好的卫生环境。

(6)满足工业化要求

建筑工业化的重要内容之一是墙体设计标准化、制作施工机械化,以便提高工效、降低劳动强度,推进建筑工业化的进程。

8.1.2　墙体的类型

1. 按位置分类

墙体按所处位置不同分为外墙和内墙,其中沿建筑物长轴方向布置的墙称为纵墙,沿建筑物短轴方向布置的墙称为横墙,外横墙又称山墙;另外,窗与窗、窗与门之间的墙称为窗间墙,窗洞口下部的墙称为窗下墙,高出屋面的矮墙称为女儿墙等,如图 8-1 所示。

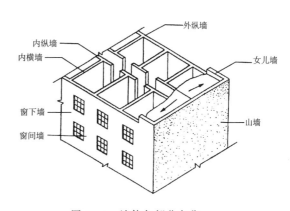

图 8-1　墙体各部分名称

2. 按受力情况分类

(1)承重墙:直接承受楼板(梁)、屋顶等传来荷载的墙体称为承重墙。

墙体有四种承重方式:

① 横墙承重

横墙承重是将楼板及屋面板等水平承重构件搁置在横墙上,如图 8-2(a)所示。这种承重方式的优点是建筑物的横向刚度较强,整体性好,有利于抵抗水平荷载(风荷载、地震作用等),而且纵墙只承担自身重量,在纵墙上开门窗洞口的限制较少;其缺点是横墙间距受到限制,建筑开间尺寸不够灵活,墙体所占的面积较大。

横墙承重方式适用于房间开间较小、尺寸大致相同的建筑,如宿舍、旅馆、住宅等。

② 纵墙承重

纵墙承重是将楼板及屋面板等水平承重构件搁置在纵墙上,横墙只起分隔空间和连接纵墙的作用,如图 8-2(b)所示。这种承重方式的优点是外纵墙厚度较大,对于北方地区保温有利,横墙间距大小相对灵活,能分隔出较大的使用空间;缺点是建筑纵向刚度强而横向刚度弱,水平荷载能力比横墙承重方式差,而且承重纵墙上门窗洞口尺寸受限。

纵墙承重方式适用于要求空间大小灵活的建筑,如办公楼、医院、教学楼等。

③ 纵横墙承重

纵横墙承重是由纵墙和横墙共同承受楼板及屋面板等水平构件的荷载,如图 8-2(c)所示。这种承重方式的优点是平面布置灵活,两个方向的抗侧力都较好。适用于房间开间、进深变化较多的建筑,如医院、教学楼等。

④ 局部框架体系

当建筑需要大空间时,采用内部框架承重,四周为墙承重,楼板自重及活荷载传给梁、柱或墙,常用于沿街底层为商店,或底层为公共活动的大空间,上面为住宅、办公用房或宿舍等建筑,如图 8-2(d)所示,此种承重方式不利于抗震设防,较少使用。

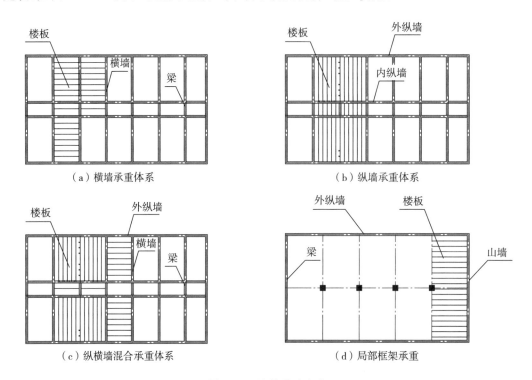

图 8-2　墙体承重方案

（2）非承重墙:不承受上部荷载的墙体称为非承重墙,非承重墙包括隔墙、填充墙和幕墙。仅起分隔空间作用,自身重量由楼板或梁承受的墙体称为隔墙;框架结构填充于柱间的隔墙也称为填充(内)墙;悬挂于建筑物外部骨架或楼板间的轻质外墙称为幕墙,幕墙有金属幕墙、玻璃幕墙、石材幕墙等。幕墙和外填充墙虽不承受楼板和屋顶的荷载,但承受风荷载和地震荷载,并将其传给承重结构。

3. 按材料种类分类

墙体按材料不同分为砖墙、石墙、土墙、砌块墙、现浇或预制的钢筋混凝土墙以及其他轻质材料墙体等。其中实心黏土砖因为破坏耕地已限制使用,石材和土墙多用作生土建筑在出产地使用。目前用混凝土、水泥、砂等硅酸质材料,掺加粉煤灰、煤矸石、炉渣等工业废料或建筑垃圾经过压制或烧结、蒸养、蒸压等制成的非黏土砖墙、砌块墙及板材墙成为墙体材料的主流。

4. 按构造形式分类

按构造形式不同,墙体可分为实体墙、空体墙和复合墙三种。实体墙是由砖及其他实体砌块砌筑而成,如图 8-3(a)所示;空体墙可用本身带孔的材料制成,也可由块材砌成内部带空腔的墙体,如图 8-3(b)所示;复合墙由两种以上材料组合而成,多为板材,是建筑工业化的墙板类型,具有轻质抗震、防火、保温、隔音、环保的优点。如预制混凝土复合保温夹心墙板由内叶墙、保温层及外叶墙一次浇筑成型,如图 8-3(c)所示。

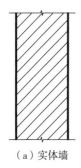　　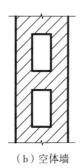　　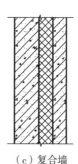

（a）实体墙　　　　　　　（b）空体墙　　　　　　　（c）复合墙

图 8-3　墙体构造形式

8.2　砌体墙

8.2.1　常用砌体墙材料及规格

1. 砌筑块材

砌筑块材分为砖和砌块两大类,多为刚性材料,抗压强度较高,抗弯、抗剪较差。

（1）砌筑块材的强度

用于承重结构的几种常见砌筑块材的强度等级表示如下。

烧结普通砖、烧结多孔砖:MU30、MU25、MU20、MU15 和 MU10;

蒸压灰砂普通砖、蒸压粉煤灰普通砖:MU25、MU20 和 MU15;

混凝土砌块、轻集料混凝土砌块:MU20、MU15、MU10、MU7.5 和 MU5;

用于自承重墙的空心砖、轻集料混凝土砌块的强度等级表示如下:

空心砖:MU10、MU7.5、MU5 和 MU3.5;

轻集料混凝土砌块:MU10、MU7.5、MU5 和 MU3.5。

（2）砌筑块材的规格

常用砌筑块材的规格尺寸包括以下几个方面:

普通砖:240mm×115mm×53mm;常用配砖 175mm×115mm×53mm;

空心砖(砌块):390mm、290mm、240mm、190mm、180mm、140mm、115mm、90mm;

多孔砌块:490mm、440mm、390mm、340mm、290mm、240mm、190mm、180mm、140mm、115mm、90mm。

2. 砌筑砂浆

砌筑砂浆是砌体的黏结材料,主要成分是水泥、黄沙和石灰膏,通过不同的材料组合和材料级配(重量比)加水拌和而成。其中,采用水泥和黄沙配合的叫水泥砂浆,其常用级配(水泥∶黄沙)为 1∶2、1∶3 等;在水泥砂浆中加入石灰膏就成为混合砂浆,其常用级配(水泥∶石灰∶黄沙)为 1∶1∶6,1∶1∶4 等。水泥砂浆的强度高于混合砂浆,但混合砂浆易于施工操作,质量均匀密实性及和易性优于水泥砂浆。此外,还有各类掺添加剂的专用砂浆,如防水砂浆、保温砂浆等。

砌筑砂浆的强度等级分为 M5、M7.5、M10、M15、M20、M25、M30 等七个级别。

8.2.2　砌体墙砌筑方式

砌体墙是由砌筑块材和砂浆按一定的组砌方式砌筑而成的砌体。

(1)实心砖组砌方式主要有一顺一丁式、多顺一丁式、十字式(也称梅花丁式)等。为了保证墙体的强度要求,砌筑时砂浆应饱满,厚薄均匀。砖缝上下错缝、内外搭接,避免形成竖向通缝,影响砖砌体的强度和稳定性,如图 8-4 所示。

一顺一丁式　　　　　　　多顺一丁式　　　　　　　十字式

图 8-4　砖墙的砌筑方式

(2)空心砌块两侧的壁厚只有 30mm 左右,上一皮砌块的重量易将下层砂浆挤入孔洞内,造成灰缝砂浆不饱满而开裂渗漏。因此,空心砌块适宜做配筋砌体,即在错缝后上下仍对齐的孔洞中插入钢筋,在每皮或隔皮砌块间的灰缝中置入钢筋网片,每砌筑若干皮砌块后在所有孔洞中灌入细石混凝土。这样的配筋砌体墙整体刚度优于普通的砌体墙,如图 8-5 所示。

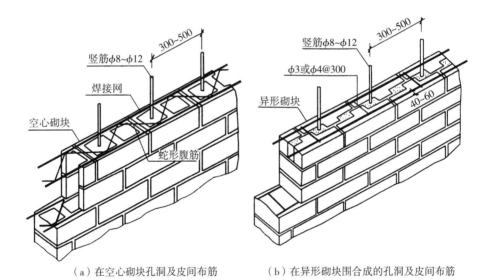

(a)在空心砌块孔洞及皮间布筋　　　　　(b)在异形砌块围合成的孔洞及皮间布筋

图 8-5　空心砌块配筋砌筑方式

8.2.3　砌体墙的厚度与长度

实心砖的规格为 240mm×115mm×53mm,通常以其构造尺寸为设计依据,即与砌筑砂浆的厚度加在一起综合考虑。以 10mm 为一道灰缝估算的话,墙身尺寸的比值关系"砖厚加灰缝/砖宽加灰缝/砖长"之间就形成了 1∶2∶4 的比值。通常一皮砖的厚度是 60mm,常见实心砖墙的厚度见表 8-1 所列。

表 8-1 实心砖墙的厚度 （单位：mm）

构造尺寸	115	178	240	365	490
标志尺寸	120	180	240	370	490
工程称谓	一二墙	一八墙	二四墙	三七墙	四九墙
习惯称谓	半砖墙	3/4 墙	一砖墙	一砖半墙	两砖墙

　　了解这种规律有利于在设计时选择合适的墙体尺寸,尤其是长度较小的墙段尽量避免施工时剁砖。砌体墙的墙段长度小于 1.5m 时,宜符合砖模数;墙段长度超过 1.5m 时,宜使用《建筑模数协调统一标准》的基本模数。

　　另外,墙段长度应满足结构需要的最小尺寸,以避免应力集中在较短墙段上而导致墙体破坏,尤其是转角处的墙段和承重窗间墙段。表 8-2 为《建筑抗震设计规范》(GB 50011—2016)中多层砌体房屋中砌体墙段的局部尺寸限值。

表 8-2 《建筑抗震设计规范》(GB 50011—2016)中砌体墙段的局部尺寸限值

（单位：m）

部　位	6 度	7 度	8 度	9 度
承重窗间墙最小宽度	1.0	1.0	1.2	1.5
承重外墙尽端至门窗洞边的最小距离	1.0	1.0	1.2	1.5
非承重外墙尽端至门窗洞边的最小距离	1.0	1.0	1.0	1.0
内墙阳角至门窗洞边的最小距离	1.0	1.0	1.5	2.0
无锚固女儿墙(非出入口处)的最大高度	0.5	0.5	0.5	0.0

　　注:(1)局部尺寸不足时,应采取局部加强措施弥补,且最小宽度不宜小于 1/4 层高和表列数据的 80%。

　　(2)出入口处的女儿墙应有锚固。

8.2.4　砌体填充墙的稳固构造

　　当砌体墙作为框架结构建筑的填充墙时,不承受主体结构荷载,只起围护和分隔作用,这时,砌体墙合适的高厚比、自重的支承及与周边构件的拉结等构造措施是其稳定性、安全性和抗震的重要保证。在构造措施上,通过构造柱与圈梁一起形成一个"小框架",加强房屋的整体性,其构造见 8.3 节块材隔墙。

8.2.5　砌体承重墙的抗震措施

　　砌体结构建筑的砌体墙为承重墙,由于承受上部集中荷载、开洞等因素或墙身的长度、高度超过一定限度时,为防止地震时墙体错动开裂造成建筑物倒塌,需对墙体进行抗震加固措施,主要构造如下。

　　1. 设置圈梁和构造柱

　　(1)圈梁

　　砌体结构的建筑需在屋盖及楼盖处,沿着全部外墙和部分内墙设置连续、封闭的圈梁,圈梁和楼板连成整体可增加墙体的稳定性,减少不均匀沉降引起的墙身开裂。圈梁与构造柱一起形成墙体的内骨架,提高建筑物的空间刚度及整体性。

多层砖砌体房屋钢筋混凝土圈梁的宽度同墙厚且不小于180mm,高度一般不小于120mm。纵向钢筋不少于4φ10,箍筋间距不大于250mm。多层小砌块房屋圈梁宽度不小于190mm,纵向钢筋不少于4φ12,箍筋间距不大于200mm。钢筋混凝土外墙圈梁顶一般与楼板等高,铺预制楼板的内承重墙的圈梁一般设在楼板之下。当遇有门窗洞口使圈梁局部截断时,应在洞口上部增设相应截面的附加圈梁。附加圈梁与圈梁搭接长度要符合图8-6中所示尺寸。

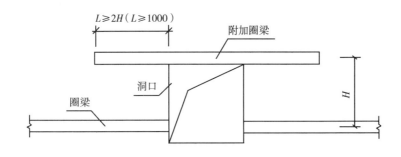

图8-6 附加圈梁

(2)构造柱与芯柱

构造柱一般设在砖墙转角处、内外墙交接处、较大洞口两侧及楼梯、电梯间四角等处。多层砖砌体房屋构造柱的最小截面尺寸为180mm×240mm,纵向钢筋宜采用4φ12,箍筋φ6,间距不宜大于250mm。构造柱下端应伸入基础梁内,无基础梁时应伸入底层地坪下500mm处。

构造柱处交接墙体宜砌成马牙槎,并应沿墙高每隔500mm设2φ6拉结钢筋,每边伸入墙内不少于1000mm,如图8-7(a)所示。构造柱应当通至女儿墙顶部,并与女儿墙的钢筋混凝土压顶相连,女儿墙内的构造柱间距应当加密。

当采用混凝土空心砌块时,应在房屋四角、外墙转角、楼梯间四角及较大的洞口边设芯柱。芯柱用C20细石混凝土填入砌块孔中,并在孔中插入通长钢筋。其竖向插筋应贯通墙身且与圈梁连接。墙体交接处或芯柱与墙体连接处应设拉结钢筋网片;沿墙高间距不大于600mm,如图8-7(b)所示。

框架结构建筑的框架梁柱,是先于填充墙完成的,而砌体结构建筑的墙体施工时,先放置构造柱钢筋骨架,后砌墙,随着墙体的升高逐段浇注构造柱,至圈梁处时,圈梁连同构造柱一起整浇。

2.设置壁柱和门垛

墙体的高厚比超过一定限度时,可在墙身适当位置增设壁柱。壁柱突出墙面的尺寸应符合砌块规格,一般为120mm×370mm、240mm×370mm、240mm×490mm或根据结构计算确定,如图8-8(a)所示。

在墙体转角处或在丁字墙交接处开设门窗洞口时,为了保证墙体稳定性,应设门垛;门垛凸出墙面不少于120mm,宽度同墙厚,如图8-8(b)所示。

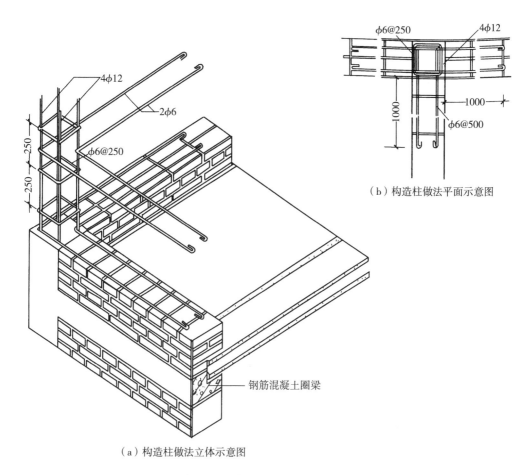

（b）构造柱做法平面示意图

（a）构造柱做法立体示意图

图 8-7　构造柱配筋及细部构造

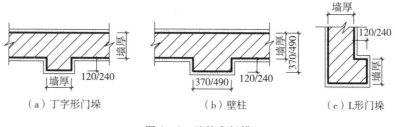

（a）丁字形门垛　　　　（b）壁柱　　　　（c）L形门垛

图 8-8　壁柱和门垛

8.2.6　砌体墙的墙身细部构造

1. 勒脚

　　勒脚一般指外墙面接近室外地面的部分,俗称墙脚、墙根。勒脚高度一般为室内地坪与室外地面的高差部分,也有工程将勒脚高度提高至底层窗台的高度。勒脚的作用是防止地表水及地潮对墙脚的侵蚀,增强建筑物立面美观。常见的勒脚构造做法有以下几种,如图8-9所示。

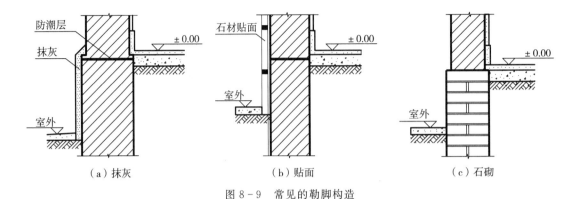

图 8-9　常见的勒脚构造

2. 墙身防潮层

为防止土壤中的水分沿基础墙上升或室外勒脚处地面水渗入墙内,需在勒脚墙身中设置防潮层。墙身防潮层按构造形式分为水平防潮层和垂直防潮层。

(1)水平防潮层

水平防潮层设在室内地面素混凝土结构层的范围之内,一般在-0.060m 标高处,如图8-10 所示。

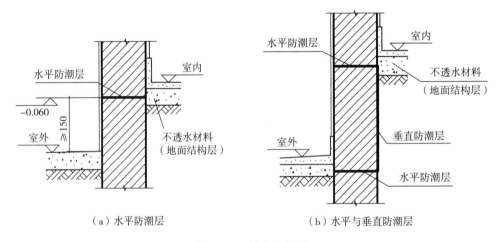

图 8-10　墙身防潮层

水平防潮层按所用材料不同分为卷材防潮层、防水砂浆防潮层、配筋细石混凝土防潮层等。

卷材防潮层:在防潮层位置先抹 20mm 厚水泥砂浆找平层,然后干铺防水卷材一层或用沥青胶粘贴防水卷材。优点是具有一定韧性、延伸性和良好的防潮性能。缺点是卷材会降低上下砖砌体间的黏结力,对抗震不利,如图 8-11(a)所示。

防水砂浆防潮层:在防潮层位置抹一层 20～30mm 厚掺防水剂配制成的防水砂浆,或用防水砂浆砌筑 3～5 皮砖。优点是抗震性能好。缺点是防水砂浆不饱满或开裂时会影响防潮效果,如图 8-11(b)所示。

配筋细石混凝土防潮层:在防潮层位置铺设 60mm 厚配筋细石混凝土。这种防潮做法的优点是钢筋混凝土密实性好,防潮防水性能好,并与砌体结合紧密,适用于整体刚度要求较高的建筑,如图 8-11(c)所示。

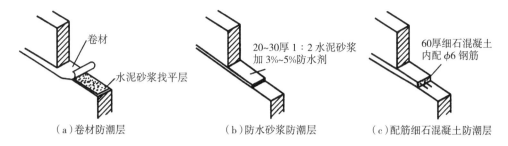

（a）卷材防潮层　　　　（b）防水砂浆防潮层　　　　（c）配筋细石混凝土防潮层

图 8 - 11　墙身水平防潮层构造

（2）垂直防潮层

建筑物室内地坪有高差或室内地坪低于室外地面的标高时，不仅要在不同标高墙身部位设水平防潮层，还要对有高差部分的垂直墙面做垂直防潮措施，以避免潮气侵入低地坪部分的墙身。垂直防潮层的做法是在设垂直防潮层的墙面（靠回填土一侧）做 20～25 厚 1：2 的防水砂浆，或者用 15 厚 1：3 的水泥砂浆找平后，再涂防水涂膜 2～3 道或贴防水卷材一道，如图 8 - 10（b）所示。

3．明沟与散水

为了防止屋顶落水或地表水侵入勒脚影响底层室内环境和基础，沿建筑外墙四周设置明沟或散水坡，将地表水及时排离。

（1）明沟是设置在外墙四周的排水沟，将水有组织地导入集水井，流入室外排水系统。明沟一般用素混凝土、砖石等，其常用尺寸为 180mm 宽、150mm 深。沟底有不小于 1％的坡度。明沟适用降雨量较大的南方地区，如图 8 - 12 所示。

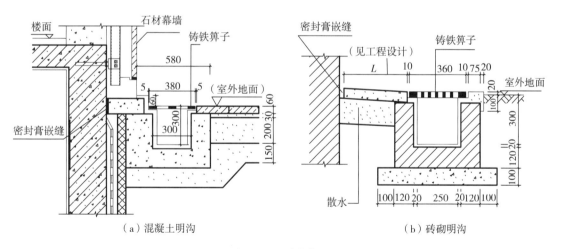

（a）混凝土明沟　　　　　　　　　　　（b）砖砌明沟

图 8 - 12　明沟构造

（2）散水又分为明散水和暗散水。明散水是沿建筑物外墙设置的倾斜坡面，坡度一般为 3％～5％，宽度为 600～1000mm。散水常用材料有混凝土、砖、块石等。为了防止建筑物沉降，在勒脚与散水交接处应留有缝隙，缝内填粗砂或碎石子，上嵌沥青胶盖缝，以防渗水。散水整体面层纵向距离每隔 6～12m 做一道伸缩缝，缝内构造处理同勒脚与散水相交处构造，如图 8 - 13（a）所示。散水坡适用于降雨量较小的地区。有冰冻地区的散水，需在垫层下加砂石、炉渣石灰土等非冻胀材料，厚度结合当地经验采用。

　　暗散水，就是埋在地表面以下的散水。如沿建筑外墙种植绿化，此时散水做法称为种植散水，也是暗散水的常见做法，如图 8－13(b)所示。

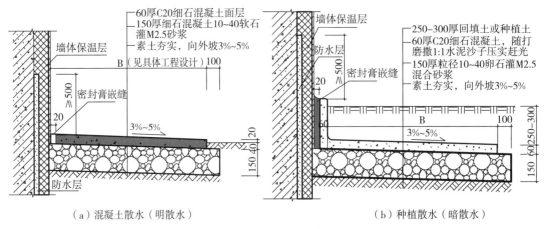

　　　（a）混凝土散水（明散水）　　　　　　　　　　（b）种植散水（暗散水）

图 8－13　散水构造

4.门窗过梁

　　过梁是用来支承门窗洞口上部砌体的荷载，并把这些荷载传给洞口两侧墙体的承重构件。过梁按其材料不同分为三种。

　　(1)钢筋混凝土过梁。钢筋混凝土过梁承载力强，一般跨度在 2m 以上，其截面和配筋根据荷载大小计算确定。过梁高度多为砖厚的倍数(120mm、180mm、240mm 等)，过梁宽一般与墙厚相同。钢筋混凝土过梁可现浇或预制，其断面有矩形、L 形等，如图 8－14(a)、(b)所示；在安装空调的房间，也可将空调室外机的搁板和过梁结合设置，如图 8－14(c)所示。

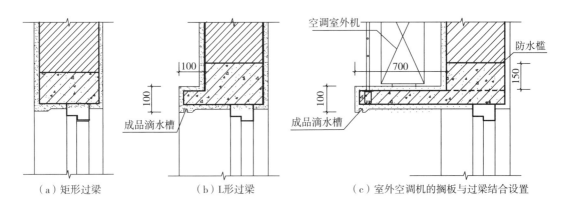

　　　（a）矩形过梁　　　　　　（b）L 形过梁　　　　　　（c）室外空调机的搁板与过梁结合设置

图 8－14　钢筋混凝土过梁形式

　　(2)砖拱过梁。砖拱过梁由竖砖砌筑而成，分为平拱、弧拱和半圆拱等，净跨度宜小于等于 1.2m，当过梁上有集中荷载或振动荷载时不宜采用，如图 8－15 所示。

　　(3)钢筋砖过梁。钢筋砖过梁是配置钢筋的平砌砖过梁。做法是将间距小于 120mm 的 $\phi 6$ 钢筋埋在过梁底厚度为 30mm 的 M5 级水泥砂浆层内，也可放置在窗上第一皮砖和第二皮砖之间，钢筋伸入洞口两侧墙内的长度不应小于 240mm，并在洞口上部用不低于 M5 的砂浆砌筑 5～7 皮砖。钢筋砖过梁净跨度不宜超过 2m，如图 8－16 所示。

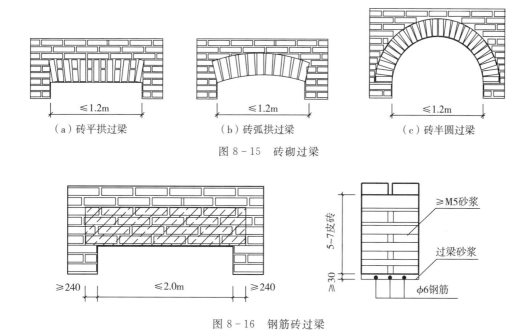

（a）砖平拱过梁　　　　（b）砖弧拱过梁　　　　（c）砖半圆过梁

图 8-15　砖砌过梁

图 8-16　钢筋砖过梁

5. 窗台

窗台构造做法分为外窗台和内窗台两个部分，如图 8-17 所示。

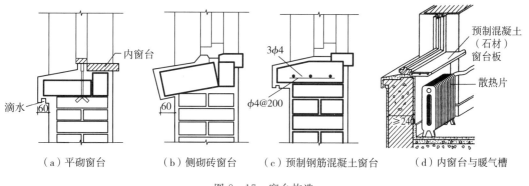

（a）平砌窗台　　（b）侧砌砖窗台　　（c）预制钢筋混凝土窗台　　（d）内窗台与暖气槽

图 8-17　窗台构造

（1）外窗台。外窗台是窗下的泻水构件，向外形成坡度以利于排水。外窗台有悬挑和不悬挑两种，悬挑窗台可用平砌砖或侧砌砖出挑 60mm，也可用钢筋混凝土窗台。悬挑窗台底部边缘处抹灰时应做宽度和深度均不小于 10mm 的滴水线或滴水槽，如图 8-17(a)、(b)、(c)所示。

（2）内窗台。内窗台通常结合室内装修做成木板或预制混凝土(石材)等多种形式。在寒冷地区常结合采暖，用预制水磨石板或预制钢筋混凝土窗台板形成内窗台，如图 8-17(d)所示。

6. 墙身防水槛

为防止墙身与水平结构构件之间积水产生渗漏，凸出外墙的阳台、雨篷、遮阳板、空调板、屋面平台等与外墙交接部位，增设一道高度不小于 200mm 的 C20 混凝土防水槛，厨房、卫生间、浴室等处采用轻骨料混凝土小型空心砌块、蒸压加气混凝土砌块砌筑墙体时,墙底部与楼板现浇混凝土防水槛,高度为 150～200mm。如图 8-14(c)为空调搁板防水槛,高 150mm。

8.3　轻质内隔墙

分隔室内空间的非承重墙称为隔墙,其自身重量由楼板或墙下梁承担。要求质量轻、厚度薄,便于安装和拆卸。同时,还要具备隔声、防水、防潮和防火等性能。

隔墙按构造方式不同分为块材隔墙、立筋式隔墙、条板隔墙和其他常用隔断。

8.3.1　块材隔墙

块材隔墙又称砌体填充墙,主要是用实心砖、空心砖、加气混凝土砌块、轻集料砌块等轻质块材砌筑而成,常用的有半砖隔墙、砌块隔墙。

(1)半砖隔墙(120mm)用实心砖顺砌,在构造上与主体墙或柱拉接,一般沿高度 0.5m 预埋 $\phi6$ 通长拉结钢筋两根,砌筑砂浆强度不小于 M5。顶部与楼板相连处用立砖斜砌,填塞墙与楼板间的空隙。为保证其稳定性,当隔墙高度大于 3m,长度超过 5m 时,还应加设构造柱及圈梁(水平系梁)等加固措施,如图 8-18 所示。

(2)砌块隔墙大多具有质轻、孔隙率大、隔热性能好的特点,但吸水性强,因此有防潮、防水的要求时,应在墙下设置 C20 混凝土条形防水槛。砌块隔墙也需要采取加强稳定性措施,其方法与半砖隔墙类似。

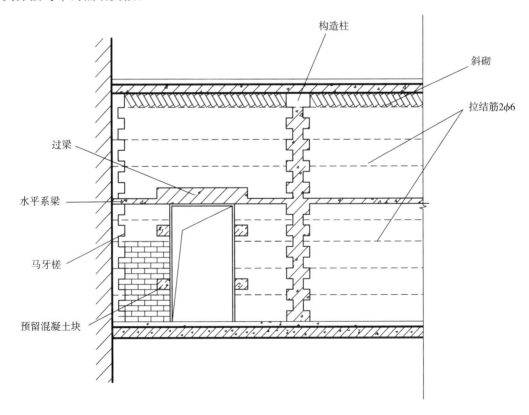

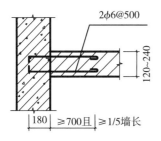

（a）填充墙与混凝土柱、墙间拉结筋构造

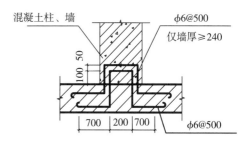

（b）框架平面外填充墙拉结筋构造

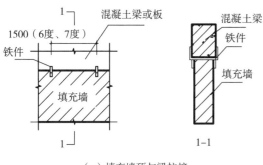

（c）填充墙顶与梁拉接

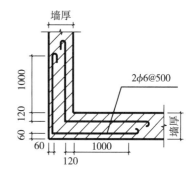

（d）墙体转角未设构造柱时拉筋构造

图 8-18 砌体填充墙构造

8.3.2 立筋式隔墙

立筋式隔墙是以木材、钢材等构成骨架，把面层材料钉结、粘贴在骨架上形成的隔墙。隔墙由骨架和面层两部分组成。

1.骨架

常用骨架有木骨架、轻钢骨架、铝合金骨架等。木骨架自重轻、便于拆装，但防水、防潮、防火、隔声性能较差；轻钢骨架和铝合金强度高、重量轻、整体性好、易于加工、防火防潮性能好，应用广泛。

骨架由上槛、下槛、墙筋、横撑或斜撑组成；墙筋的间距取决于面板的宽度尺寸，一般为 500mm 或600mm。骨架安装时先用射钉将上槛和下槛固定在楼板上，然后安装墙筋和横撑。图 8-19 是薄壁型轻钢骨架。

2.面板及面层

立筋式隔墙的面层为各种人造板材。根据不同的面板和骨架材料可分别采用钉子、自攻螺钉、膨胀

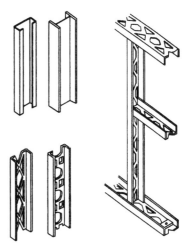

图 8-19 薄壁型轻钢骨架

铆钉或金属夹子等，将面板固定于立筋骨架上，然后再做各类装修性面层，如涂料、面砖面层等。常用的人造板面层有植物性板（胶合板、纤维板）和矿物性板（石膏板）等。图 8-20 为轻钢龙骨石膏板隔墙，图 8-21 为轻钢龙骨石膏板隔声隔墙。

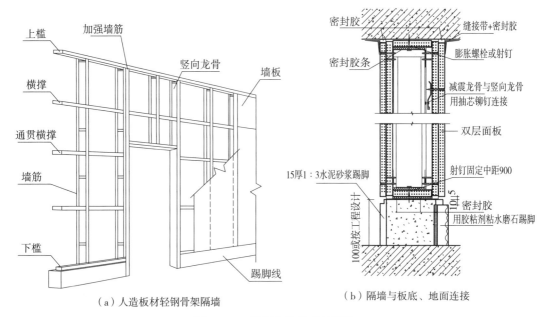

（a）人造板材轻钢骨架隔墙　　　　（b）隔墙与板底、地面连接

图 8 - 20　轻钢龙骨石膏板隔墙

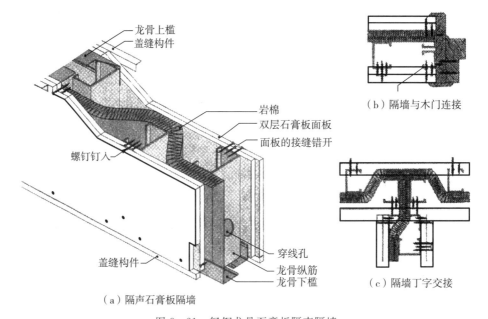

（a）隔声石膏板隔墙

（b）隔墙与木门连接

（c）隔墙丁字交接

图 8 - 21　轻钢龙骨石膏板隔声隔墙

8.3.3　条板隔墙

条板隔墙是指由轻质的大型板材用黏结剂拼合在一起形成的隔墙,如蒸压加气混凝土条板、石膏空心条板、水泥玻璃纤维板等。条板厚度多为 60～100mm,宽度为 600～1000mm,高度略小于房间净高。安装时,条板下部先用木楔顶紧,然后用细石混凝土堵严,板缝用黏结砂浆或黏结剂黏结,有防火要求的隔墙,在板缝处用防火材料封堵,并用胶泥刮缝,如图 8 - 22 所示。

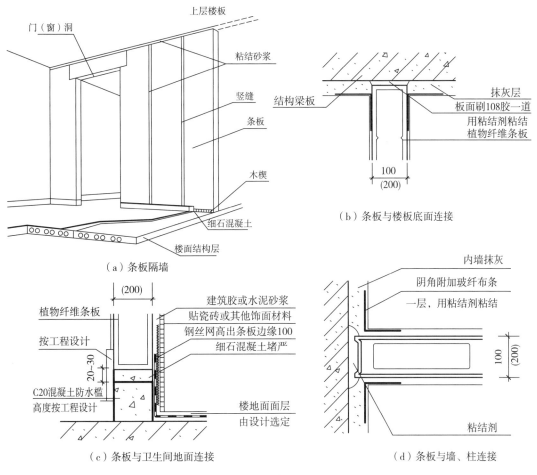

图 8-22 条板隔墙

板材隔墙自重轻、安装方便、施工速度快、工业化程度高。

8.3.4　其他常用隔断

对于一些公共建筑的大空间,为了灵活分割和美观通透的使用要求,常使用各类活动隔墙,如拼装式、折叠式、悬吊式等;各种隔断,如镂空屏风式、玻璃墙式等。

8.4　非承重外墙挂板及幕墙

详见第 17 章建筑工业化相关章节。

8.5　墙体保温与隔热

保证建筑室内热环境质量,合理设置建筑外围护结构的保温与隔热措施,是建筑热工设计的关键。

8.5.1　墙体保温与隔热材料

墙体保温与隔热材料需具有容重小、导热系数小、隔热、吸声及化学稳定性好等特点，从形式上可以分为板材、卷材和散料等。其中常用的板材类有酚醛泡沫板、聚氨酯保温板、聚苯乙烯保温板、硬质和半硬质的玻璃棉或岩棉保温板、发泡混凝土板等；卷材有玻璃棉毡和岩棉毡等；散料有胶粉聚苯颗粒、无机保温砂浆等。外温保温材料选用时，需满足《建筑设计防火规范》里材料耐火等级的相关要求，同时，也要满足憎水性和透气性的要求。憎水性好的保温材料可以避免因为保温层含湿量聚集而影响墙体保温性能，防止保温层鼓泡脱落造成安全事故。透气性强的保温材料能有效避免水蒸气迁移造成墙体内部结露现象。

8.5.2　墙体保温构造

根据保温层与基层墙体的相对位置，常用的外墙保温构造可分为外保温、内保温和中保温三种构造形式。

1. 外墙外保温构造

外墙外保温优点是不占用室内使用面积，整个外墙墙体处于保温层的保护之下，冬季不至于产生冻融破坏。但因为外墙直接受到阳光照射和雨雪的侵袭，整个外表面保温体系是连续的，不像内墙面那样可以被楼板隔开，所以外保温构造在对抗变形因素影响、防止材料脱落以及防火安全等方面的要求更高。

常用外墙外保温构造有以下几种：

（1）保温浆料外粉刷

先在外墙外表面做一道界面砂浆，然后粉刷保温砂浆，如聚苯颗粒保温浆料等。如果保温砂浆的厚度较大，应当钉入镀锌钢丝网防止开裂。保护层用聚合物砂浆加上耐碱玻纤布，再用柔性耐水腻子嵌平，涂饰面涂料（图8-23）。

（2）外贴保温板材

外墙外保温板材一般选用自防水及阻燃型材料，简化外墙构造层次，增加安全性能，如聚氨酯保温板。外墙保温板黏结时，应用机械锚固件辅助连接，以防脱落。外贴保温板材的基本做法是用黏结胶浆与辅助机械锚固件固定保温板材，保护层用聚合物砂浆加上耐碱玻纤布，饰面用柔性耐水腻

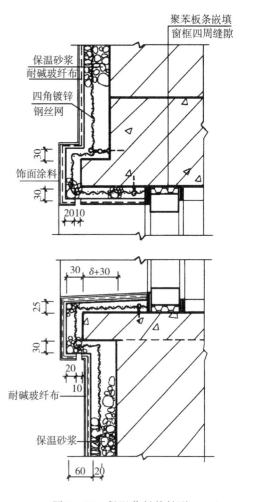

图8-23　保温浆料外粉刷

子,涂表面涂料,如图 8-24 所示。

此外,随着建筑工业化的发展,保温装饰一体化板也广泛运用,其由黏结层、保温装饰成品板、锚固件、密封材料等组成,其优势是将结构成分相近的各组成部分,通过相似相融的加工成型,配合带空气间层的固定体系,确保在各种外界环境中系统的稳定性。这种外墙保温装饰一体化系统施工方便,装饰性强,综合性价比高,不仅适用于新建筑,更适合既有建筑的节能和装饰改造。

对于外墙梁柱等热桥部位,可以利用砌块厚度与圈梁、构造柱的最小允许截面厚度尺寸之间的差,将梁、柱与外墙的某一侧做平,然后在其另一侧部位与墙面的凹陷处填入一道加强保温材料,厚度与墙面做平(图 8-25)。

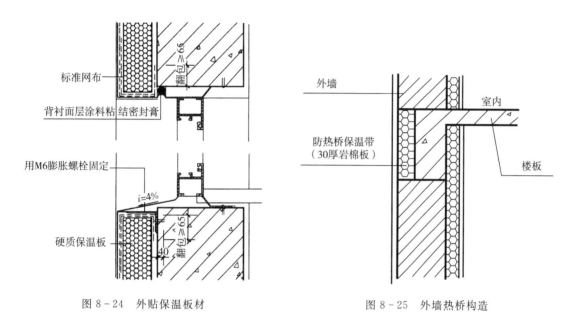

图 8-24　外贴保温板材　　　　　　　图 8-25　外墙热桥构造

2. 外墙内保温构造

外墙内保温构造将保温层做在墙体内侧,其优点是不因增加保温而影响外饰面及防水构造,但需要占据室内空间,会给用户装修造成一定的困难。

一般有以下几种构造方法:

(1)硬质保温制品内贴

在外墙内侧用胶粘剂粘贴增强石膏聚苯复合保温板等硬质建筑保温制品,然后粉刷石膏,压入玻纤网格布,用腻子嵌平后做涂料面层(图 8-26)。由于石膏的防水性能较差,因此在卫生间、厨房等较潮湿的房间内不宜使用。

(2)保温层挂装

在外墙内侧固定衬有保温材料的保温龙骨,在龙骨的间隙中填入岩棉等保温材料,然后在龙骨表面安装纸面石膏板(图 8-27)。

3. 外墙中保温构造

在多道外墙板、双层砌体外墙中放置保温材料或者封闭夹层空间形成空气间层,并在里面设置具有较强反射功能的铝箔等,起到保温作用(图 8-28)。

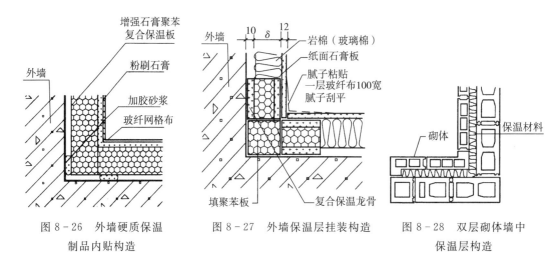

图 8-26　外墙硬质保温　　　图 8-27　外墙保温层挂装构造　　　图 8-28　双层砌体墙中
　　制品内贴构造　　　　　　　　　　　　　　　　　　　　　　　保温层构造

8.6　墙体装修饰面

　　墙体装修饰面能保护墙体避免风、雨、雪的直接作用,提高墙体的防潮、防水、抗风化的能力和耐久性能,改善墙体的热工、声学和光学等物理性能,增强建筑的艺术效果。

　　墙体装修饰面按装修部位不同,可分为外墙面装修和内墙面装修;按装修所用的材料和施工方法的不同,可分为抹灰类、贴面类、涂料类、裱糊类和钉挂类五类。墙面装修及适用部位(不含保温层)见表 8-3 所列。

表 8-3　墙面装修及适用部位(不含保温层)

类别	外墙面装修	内墙面装修
抹灰类	水泥砂浆、混合砂浆、聚合物水泥砂浆、拉毛、水刷石、干粘石、斩假石、拉假石、假面砖、喷涂、滚涂等	纸筋灰、麻刀灰粉面、石膏粉面、膨胀珍珠岩灰浆、混合砂浆、拉毛、拉条等
贴面类	外墙面砖、马赛克、玻璃马赛克、小型石板等	面砖、小型石板等
涂料类	石灰浆、水泥浆、溶剂型涂料、乳液涂料、彩色胶砂涂料、彩色弹涂等	大白浆、石灰浆、油漆、乳胶漆、水溶性涂料、弹涂等
裱糊类	—	塑料墙纸、金属面墙纸、木纹壁纸、花纹玻璃纤维布、纺织面墙纸及绵锻等
钉挂类	各种金属饰面板、石棉水泥板、玻璃	各种木夹板、木纤维板、石膏板及各种装饰面板等

8.6.1　抹灰类

　　抹灰又称粉刷,是传统的饰面做法。其优点是材料来源广、施工简便、造价低廉、通过改变工艺可获得不同的装饰效果;缺点是手工湿作业,工效低,劳动强度大。

　　抹灰由底层、中层和面层三个层次组成。普通抹灰分底层和面层;中级抹灰和高级抹灰,在底层和面层之间还要增加一层或数层中间层。各层抹灰不宜过厚,总厚度一般为外粉刷 20~25mm,内粉刷 15~20mm。

底层抹灰的作用是与基层墙面黏结和初步找平,厚度为 5～15mm。普通砖墙常用石灰砂浆和混合砂浆;混凝土墙应采用混合砂浆和水泥砂浆;对湿度较大的房间或有防水、防潮要求的墙体,应选用水泥砂浆或水泥混合砂浆;中层抹灰主要起找平作用,其所用材料与底层基本相同,厚度一般为 5～10mm;面层抹灰主要起装修作用,要求表面平整、均匀、无裂纹,厚度一般为 3～5mm,可以做成光滑或粗糙等不同质感的表面。常见墙面抹灰做法见表8-4 所列。

表 8 - 4 常见墙面抹灰做法

抹灰名称	做 法 说 明	适用范围
水泥砂浆墙面(1)	8 厚 1：2.5 水泥砂浆抹面 12 厚 1：3 水泥砂浆打底扫毛 刷界面处理剂一道(随刷随抹底灰)	混凝土基层的外墙
水刷石墙面	8 厚 1：1.5 水泥石子罩面,水刷露出石子刷素水泥浆一道 12 厚 1：3 水泥砂浆打底扫毛 刷界面处理剂一道(随刷随抹底灰)	混凝土基层的外墙
水磨石墙面	洒水磨光 10 厚 1：1.25 水泥石子抹平(米粒石内掺 30％石屑)刷素水泥浆一道 10 厚 1：3 水泥砂浆打底扫毛 清扫集灰适量洇水	砖基层的外墙
水泥砂浆墙面(2)	刷(喷)内墙涂料 5 厚 1：2.5 水泥砂浆抹面,压实赶光 12 厚 1：3 水泥砂浆打底	砖基层的内墙
纸筋(麻刀)灰墙面(1)	刷(喷)内墙涂料 2 厚纸筋(麻刀)灰抹面 6 厚 1：3 石灰膏砂浆 10 厚 1：1：6 混合砂浆打底	砖基层的内墙
纸筋(麻刀)灰墙面(2)	刷(喷)内墙涂料 2 厚纸筋(麻刀)灰抹面 9 厚 1：3 石灰膏砂浆 5 厚 1：3：9 水泥石灰膏砂浆打底划出纹理 刷加气混凝土界面处理剂一道	加气混凝土等轻型内墙

在室内抹灰中,对易受碰撞或有防水、防潮要求的墙身,常做高约 1.5m 的墙裙,做法是1：3 水泥砂浆打底,1：2 水泥砂浆或水磨石罩面,如图 8 - 29 所示;对于易被碰撞的内墙阳角,宜用 1：2 水泥砂浆做护角,高度不应小于 2m,每侧宽度不应小于 50mm,如图 8 - 30所示。

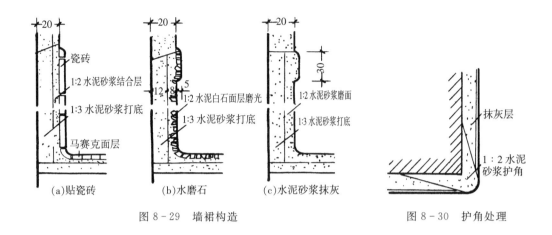

　　　(a)贴瓷砖　　　　(b)水磨石　　　(c)水泥砂浆抹灰

　　　　　　图 8-29　墙裙构造　　　　　　　　　　图 8-30　护角处理

　　外墙抹灰面积较大,为防止产生裂缝,常用抹灰面层做分格,称为引线条。做法是在底层埋放不同形式的木引条或塑料引条,面层抹灰完毕后及时取下引条,再用水泥砂浆勾缝,以提高抗渗能力,如图 8-31 所示。

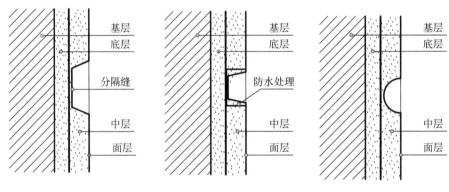

图 8-31　引线条做法

8.6.2　贴面类

　　用于墙体贴面的材料主要有各种面砖、马赛克、文化石等。其构造主要分为打底、敷设黏结层以及铺贴表层材料三个层次。打底采用 1∶3 水泥砂浆并扫毛,黏结层常用 1∶2.5 的水泥砂浆满刮于面砖背面,其厚度不小于 10mm,也可以用专用胶粘剂。

　　1. 面砖墙面

　　面砖多数是以陶土为原料,是压制成型煅烧而成的饰面块。面砖分挂釉和不挂釉、平滑和有一定纹理质感等不同类型。无釉面砖主要用于高级建筑外墙面装修,釉面砖主要用于建筑内外墙面及厨房、卫生间贴面。面砖常用规格有 200mm×60mm×7mm、145mm×45mm×7mm 等。

　　2. 陶瓷锦砖

　　陶瓷锦砖又称马赛克,是以优质陶土烧制而成的小块瓷砖,有挂釉和不挂釉之分。常用规格有 18.5mm×18.5mm×5mm、39mm×39mm×5mm 及其他不规则形,一般用于内墙面。

　　面砖安装前应先将墙面清洗干净,将面砖放入水中浸泡,贴前取出晾干或擦干。作为外墙面装修时,其构造多采用 10～15 厚 1:3 水泥砂浆打底找平,5 厚 1:1 水泥砂浆黏结层,然后粘贴各类面层制品。如果黏结层内掺入 10% 以下的 107 胶时,其黏结层厚度可适当减少。外墙面砖之间粘贴时留出约 13mm 缝隙,可以增加材料的透气性,如图 8-32(a)所示。面砖的排列方式和接缝大小对立面效果有一定影响,通常有横铺、竖铺、错开排列等几种方式。作为内墙面装修,其构造如图 8-32(b)所示。

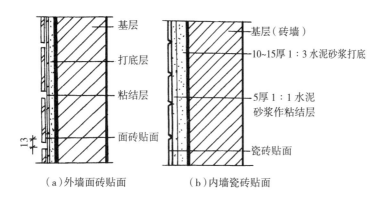

　　（a）外墙面砖贴面　　　　（b）内墙瓷砖贴面

图 8-32　瓷砖、面砖贴面

　　陶瓷锦砖一般按设计图纸要求反贴在标准尺寸为 325mm×325mm 的牛皮纸上,施工时将纸面朝外整块粘贴在 1:1 水泥细砂砂浆上,用木板压平,待砂浆硬结后,洗去牛皮纸即可。

　　选择贴面类外墙饰面砖应注意其抗冻性能,面砖吸水率不得大于 10%,否则会因其吸水率过大易造成冻裂脱落。

8.6.3　涂料类

　　涂料类装修饰面是将各种涂料敷在基层表面形成膜层,保护和装饰墙面。具有造价低及操作简单、维修方便等特点,在建筑上应用广泛。

　　1. 涂料种类

　　涂料按其成膜物不同分为无机涂料和有机涂料两大类。

　　(1)无机涂料有普通无机涂料和无机高分子涂料。普通无机涂料如石灰浆、大白浆等,多用于一般标准的室内装修;无机高分子涂料具有耐水、耐酸碱、耐冻融、装修效果好等特点,多用于外墙面装修和有耐擦洗要求的内墙面装修。

　　(2)有机涂料依其主要成膜物质与稀释剂不同,分为有溶剂型涂料、水溶性涂料和乳液涂料三类。溶剂型涂料有传统的油漆涂料、苯乙烯内墙涂料、聚乙烯醇缩丁醛内(外)墙涂料等;常见的水溶性涂料有 106 涂料、聚合物水泥砂浆饰面涂料、改性水玻璃内墙涂料等;乳液涂料又称乳胶漆,多用于内墙装修。

　　2. 构造做法

　　涂料的施工方法一般分为刷涂、滚涂和喷涂。

　　首先是将基层墙面不平和坑洼处用腻子刮平,再用砂纸打磨平整光滑,然后涂刷底漆封闭墙体,抗碱防腐,增加面漆的均匀吸收及附着力,最后涂刷面漆。施涂溶剂型和水溶性涂料时,后一遍涂料必须在前一遍涂料干燥后进行,避免皱皮、开裂等。

在湿度较大,特别是有明水部位的外墙和厨房、厕所、浴室等房间内施涂涂料时,选用耐洗刷性较好的涂料和耐水性能好的腻子材料,待腻子干燥后,打磨平整光滑并清理干净,再施面漆。

用于外墙的涂料,除要求具有良好的耐水性、耐酸碱性外,还应具有良好的耐洗刷性、耐冻融循环、耐久性和耐玷污性。例如外墙真石漆喷涂类涂料,是一种模仿天然石材的厚浆型喷涂涂料,装饰效果及性能类似石材,具有较强的硬度、防水、耐老化,但较石材构造简单,经济节约。其构造层次由三部分组成:抗碱封底漆、真石漆中间层和罩面漆。真石漆中间层是由石英砂和天然彩色石粉级配成的骨料、黏结剂、各种助剂和溶剂组成,罩面漆作用是增强真石漆涂层的防水性、耐沾污性和耐紫外线照射等性能,也便于日后的清洗。施工时,底漆和罩面漆可以喷涂或滚涂,真石漆中间层采用喷枪喷涂。喷涂前,根据设计的分格方式,贴格缝条纸,喷涂后,除去格缝条纸,显示石材的规格。

8.6.4 裱糊类

裱糊类墙装修饰面是将各种装饰性的墙纸、墙布、织锦等卷材裱糊在墙面上的一种做法。常用的材料有 PVC 塑料壁纸、复合壁纸、玻璃纤维墙布等。裱糊类面层具有装饰性强、造价较经济、施工简便、更新方便等优点。

裱糊面层的施工步骤:在清洁的基层上用胶皮刮板刮腻子数遍,打磨光滑后再用软布擦干净。对有防水或防潮要求的墙体,对基层做防潮处理,在基层涂刷均匀的防潮底漆。墙面统一对花拼缝,整幅裱糊。裱糊的顺序为先上后下、先高后低,用刮板或胶辊赶平压实。阴阳转角应垂直,棱角分明。

8.6.5 钉挂类

钉挂类装修饰面是将各种天然或人造薄板镶钉在墙面上的装修做法,其构造与骨架隔墙相似,由骨架和面板两部分组成。

骨架用材主要是铝合金、木材和型钢,也可用单个的金属连接件代替条状的骨架,采用木骨架时,其表面应涂刷防火涂料。骨架间及横档的距离一般根据面板的尺寸确定。为防止因墙面受潮而损坏骨架和面板,常在立筋前先于墙面抹一层 10mm 厚的混合砂浆,并涂刷防水涂料。常用面板有石材、木板、金属条板、塑料条板等。

钉挂类饰面的构造做法主要有:湿挂法、干挂法和钉挂法。

天然石板和人造石板主要有栓挂法和干挂法两种安装方式。

(1)栓挂法。在墙身或柱内预埋 $\phi 6$ 铁箍,在铁箍内立 $\phi 8 \sim \phi 10$ 竖筋和横筋,形成钢筋网,再用双股铜线或镀锌铁丝穿过石板上钻好的孔眼(人造石板也可在板中预埋安装环),将石板绑扎在钢筋网上。上下两块石板用不锈钢卡销固定。石板和墙面之间留 30mm 缝隙,上部用定位活动木楔临时固定,校正无误后,在板与墙之间分层浇筑 1:2.5 水泥砂浆,每次灌入高度不应超过 200mm。待砂浆初凝后,取掉定位活动木楔,继续上层石板的安装(图 8-33)。

栓挂法施工的石板墙面有基底透色、板缝砂浆污染等缺点,且当石材的规格和厚度较大

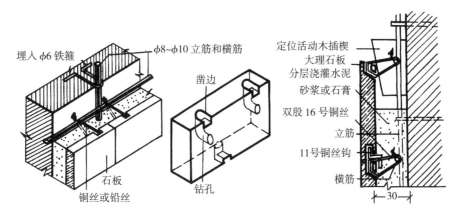

图 8-33 石板栓挂法构造

时,易脱落或坠落,目前已逐步被干挂法取代。

(2)干挂法。在主体结构上设受力金属龙骨,通过金属挂件将饰面石材吊挂于墙面或空挂于龙骨之上,不需再灌浆粘贴,石材与结构之间留出 40~50mm 的空腔。以吸收部分风力和地震力,而不致出现裂纹和脱落。干挂板材常用固定方式有开槽式和背栓式。

开槽式是通过专业的开槽设备,把石板棱边精确加工成一条凹槽,将挂件扣入槽中,通过连接件将石板固定在龙骨上(图 8-34)。

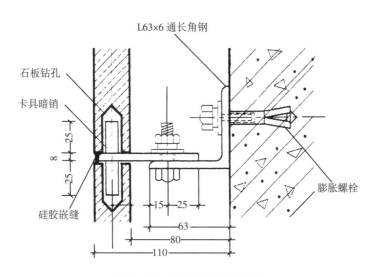

图 8-34 开槽式干挂法构造

背栓式是通过专业的开孔设备,在石板背面精确加工里面大、外面小的锥形圆孔,把锚栓植入孔中,拧入螺杆,使锚栓底部完全展开,与锥形孔相吻合,然后通过连接件将石板固定在龙骨上(图 8-35)。

(3)钉挂法。内外墙面饰面采用硬金属板、木条板、胶合板、纤维板、石膏板及各种吸声板时,常采用铺钉法;外墙面装修饰面多采用金属板,骨架多为金属骨架,在骨架和面板之间,应有胶合板做基层面板,以保证面层的平整,如图 8-36 所示。

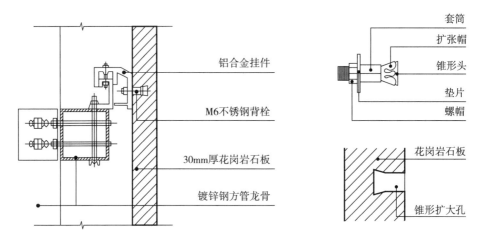

图 8-35　背栓式挂法构造

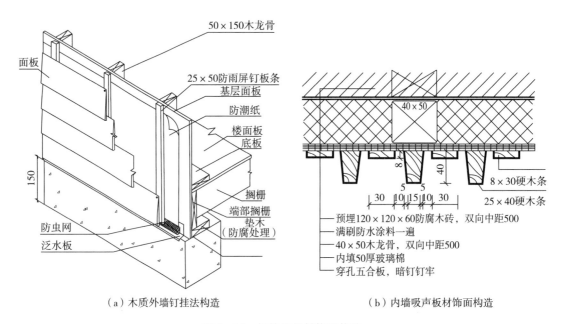

（a）木质外墙钉挂法构造　　　　　（b）内墙吸声板材饰面构造

图 8-36　钉挂法板材饰面构造

第 9 章　楼地层

9.1　楼地层的作用及设计要求

9.1.1　楼地层的作用及设计要求

1. 楼地层的作用

楼地层包括楼板层和地坪层,是分隔建筑空间的水平承重构件。楼地层一方面承受上部的恒载和活载,并将全部荷载有序地传递至墙或柱;另一方面对墙体起水平支撑作用,减少风、地震等水平力对建筑的影响,加强建筑的整体刚度。此外,楼地层还应具备一定的隔声、防火、防水、防潮等能力,并结合楼板层或吊顶考虑设备布线。

2. 楼地层的设计要求

楼地层既是结构受力构件,又是分隔空间的构件,其设计应结合以上两方面因素综合考虑。

(1)楼地层必须具备足够的强度和刚度。楼地层的强度是指其可承受各种荷载作用,以确保结构体系的安全。楼地层的刚度是指其在地震荷载作用下,弯曲挠度不会超过设计许可值,以确保结构体系的稳定。

(2)楼地层应满足防火、防水、隔声等要求。首先,楼地层应具备隔火、防火能力,阻隔火势蔓延,确保人身及财产安全;另外,建筑功能的差异、楼地层所处的位置不同,使楼地层具有不同的防水、隔声等物理性能要求,设计时各有侧重,应具体分析灵活对待。

(3)楼地层在设计时须考虑建筑设备管线的敷设及走向。

(4)楼地层设计应满足经济性的要求。楼地层占建筑造价的 20%～30%,在满足使用功能的前提下,尽量采用经济合理的建筑材料和便于工业化施工的结构布置方案。

9.1.2　楼地层的构造组成

楼板层和地坪层在空间中的位置不同,受环境因素的影响不同,两者的构造组成有一定的差别。

1. 楼板层的构造组成

楼板层主要包括面层、结构层、顶棚层和附加层,如图 9-1 所示。

(1)面层。面层又称楼面或地面,是楼板层最上部的构造层次。面层直接承受各种物理作用和化学作用,可保护楼板结构层,还可美化室内空间环境。

(2)结构层。结构层是楼板的承重部分,包括板和梁,承受并传递楼板上部(包括楼板自重)荷载。

(3)顶棚层。顶棚又称天花板,是楼板层最下部的构造层次。顶棚可分为直接顶棚和吊顶棚,直接顶棚的主要作用是保护楼板,吊顶棚在保护楼板的同时,兼顾隔音、隐藏管道、美化室内环境的作用。

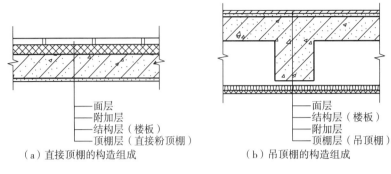

（a）直接顶棚的构造组成　　　　　　　（b）吊顶棚的构造组成

图 9-1　楼板层的构造组成

（4）附加层。为满足防水、隔声等功能要求，在楼板的面层与结构层之间或在吊顶棚内设置附加层，对于体育馆、影剧院等大型公共建筑类型，附加层是楼板层中的重要组成部分。

2. 地坪的构造组成

地坪是建筑底层与土壤相接触的水平结构构件，地坪承受其上部荷载，并均匀传递给地基。地坪由面层、垫层（结构层）、基层组成。对于有特殊要求的地面，可在面层与垫层之间增设附加层，如图 9-2 所示。

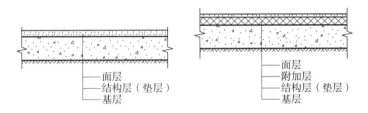

图 9-2　地坪的构造组成

（1）面层。其作用同楼地层的面层。

（2）垫层。垫层又称结构层，是承受并均匀传递上部荷载的受力层，可分为刚性垫层和柔性垫层两类。

刚性垫层具备足够的整体刚度，受力后变形很小，常采用强度等级不低于 C10 级的素混凝土或厚度为 80～100mm 的碎砖三合土（常用配比为石灰∶砂土∶碎砖＝1∶3∶6）；柔性垫层整体刚度较小，受力后易产生塑性变形，常用 50～100mm 的砂垫层或 80～100mm 的碎砖灌浆垫层等。

（3）基层。基层是指填土夯实层。对于较好的填土，只要夯实即可满足设计要求，如砂质黏土；若填土较差，可掺碎砖、石子等骨料夯实。

（4）附加层。地坪的附加层是为满足某些特殊功能要求而设置的层次，如结合层、保温层、防水层、防潮层等。

9.2　楼板结构层构造

楼板结构层按材料可分为钢筋混凝土楼板、钢楼板、木楼板等。钢楼板耗钢量大，造价高，且耐火性能差，应慎重选择；木楼板自重轻，构造简单，但耐火性能和耐久性能均较差，且对木材资源的消耗量较大，现已较少采用；钢筋混凝土楼板强度大，刚度大，耐久性和防火性好,并具有良好的可塑性,便于工业化生产和机械化施工,在现代建筑中应用广泛。

钢筋混凝土楼板的施工方法主要分为现浇整体式、预制装配式和装配整体式三大类。

9.2.1　现浇整体式钢筋混凝土楼板

现浇整体式钢筋混凝土楼板是在施工现场经支设模板、绑扎钢筋、浇筑混凝土、养护等工序而形成的楼板。现浇钢筋混凝土楼板的整体性强,抗震性能好,能适应各种形状的建筑平面,但模板用量大,工期长,施工过程受季节性因素影响较大。

现浇整体式钢筋混凝土楼板根据受力和传力情况不同,可分为板式楼板、梁板式楼板、井式楼板、无梁楼板和压型钢板组合楼板等类型。

1. 板式楼板

板式楼板是将板直接搁置在墙或梁上的一种小型楼板。板式楼板的结构层底部平整,可获得较大的空间净高。适用于跨度较小(小于等于 2.5m)的房间,特别是砖混结构的建筑,如住宅、旅馆、公建走道、厨房、卫生间等。

2. 梁板式楼板

梁板式楼板是由板、次梁、主梁共同组成的楼板,板下设梁的目的是减小板的跨度。梁板式楼板的结构布置关系:楼板搁置在次梁上,次梁搁置在主梁上,主梁搁置在墙或柱上,荷载的传递路径即为楼板→次梁→主梁→柱(墙),如图 9-3 所示。

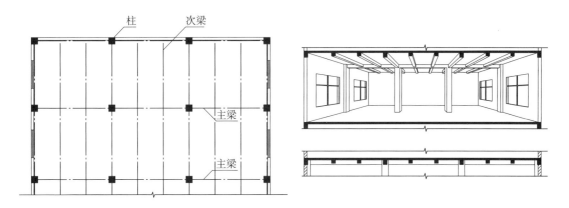

图 9-3　梁板式楼板

主梁应沿建筑的短跨方向布置,经济跨度一般为 5~9m,主梁断面高为跨度的 1/14~1/8,断面宽度为其高度的 1/3~1/2。主梁的间距一般以 4~6m 为宜。

次梁应与主梁垂直布置,次梁的跨度即为主梁的间距,次梁断面的高度为次梁跨度的 1/18~1/12,宽度为其高度的 1/3~1/2。次梁的间距一般以 1.5~3m 为宜。

板的跨度即为次梁的间距。板的厚度根据其功能特征、上部荷载大小等情况而有所不同,一般为 100~150mm。根据板的尺寸关系可分为单向板和双向板两类。当 $L_{长边}$:$L_{短边}$>2 时,板上部荷载主要沿单向传递,故为单向板;当 $L_{长边}$:$L_{短边}$ 小于等于 2 时,板上部荷载沿两个方向传递,故为双向板,主要用于大空间的公共建筑,如商场营业厅、大型餐厅等,如图 9-4 所示。

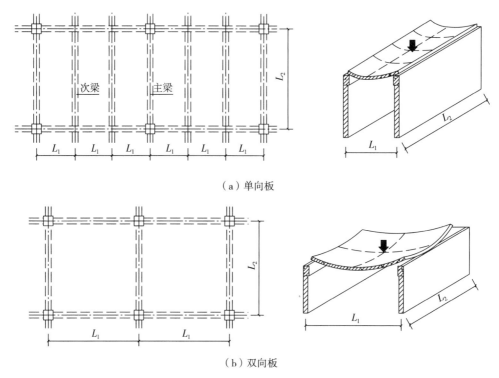

（a）单向板

（b）双向板

图 9-4 板的受力及传力方式

3. 井式楼板

井式楼板是梁板式楼板的一种特殊形式。当平面形状近似方形,跨度大于等于 6m 时,常常沿两个方向布置板跨相同、梁截面也相同的板梁体系,此时已无主梁、次梁之分,即为井式楼板,如图 9-5 所示。井式楼板适用于长宽比不大于 1.5 的矩形平面或方形平面,板的跨度可达 10~30m。

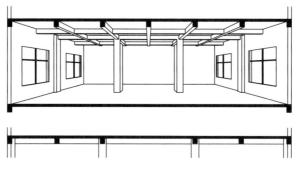

图 9-5 井式楼板

井式楼板的结构布置方式可获得较大的无柱空间,且楼板底部的井格整齐划一,富有韵律感,艺术效果好,常用于公共建筑的门厅、大厅、会议厅等空间。

4. 无梁楼板

无梁楼板是将楼板支承在柱上、不设梁的双向受力楼板。无梁楼板是双向板,板的跨度、厚度均较大。为减小板跨、提高柱的抗剪能力,常在柱顶加设柱帽和托板,如图 9-6 所示。

无梁楼板的柱网布置为 6m 跨度的方形较为经济,板厚一般不小于 120mm。无梁楼板的楼层净空较大,顶棚平整,多用于荷载较大的多层商店、多层仓库和展览馆等建筑类型。

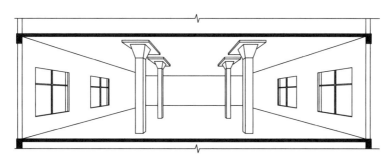

图 9 - 6　无梁楼板

5. 压型钢板组合楼板

压型钢板组合楼板是利用截面为凹凸相间的压型钢板做衬板,与混凝土一体化浇筑在支承的钢梁上。

压型钢板组合楼板主要由楼面层、组合板和钢梁三部分构成。其中,组合板包括一体浇筑的混凝土和钢衬板,此外还可根据需要加设吊顶棚。钢衬板与钢梁之间的连接,一般采用焊接、自攻螺钉连接、膨胀铆钉固接、压边咬接等方式。

混凝土和钢衬板作为整体共同受力,混凝土承受剪力和压力,钢衬板承受下部的压弯应力,并兼顾模板的作用。此类组合楼板受正弯矩作用处不需放置或绑扎受力钢筋,仅需设置构造钢筋即可。压型钢板组合楼板如图 9 - 7 所示。

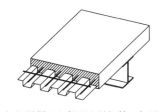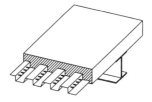

（a）混凝土上部配少量钢筋,加强　　（b）钢衬板上加肋条或压　　（c）钢梁上焊接抗剪螺钉,
　　混凝土面层的抗裂和抗剪强度　　　凹槽,形成抗剪连接　　　确保混凝土和钢梁协同作用

图 9 - 7　压型钢板组合楼板

另外,还可利用压型钢板肋间空隙敷设管线,也可在钢衬板底部焊接桥架悬吊管道、通风管、吊顶棚的吊筋等,充分利用楼板的结构空间。

压型钢板组合楼板的刚度好、跨度大、自重较小、节省模板、施工速度快,多用于高层建筑和大跨建筑中。

9.2.2　预制装配式钢筋混凝土楼板

预制装配式钢筋混凝土楼板是构件在工厂制作,运到工地在现场安装完成。预制装配式楼板的施工速度快,便于工业化生产;缺点是整体性和抗震能力较差,须增设构造加强处理。

1. 实心平板

实心平板的跨度一般在 2.5m 左右,板厚为 50～80mm,板的宽度多为 600mm、900mm。

预制实心平板的特点是尺寸不大、重量较轻、施工方便,但防水、隔声效果较差。由于其跨度较小,一般用作房屋的走道板、搁板等,如图9-8所示。

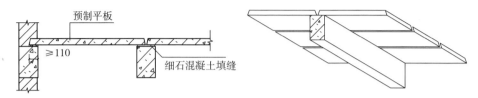

图9-8　实心平板

2.槽形板

槽形板是一种梁板结合的整体预制构件,其构造是在实心平板周边加设相当于小梁的纵、横肋,形成槽形截面。槽形板中肋、板共同受力,其经济跨度比实心平板大,一般为2.1~3.9m,大型板跨可达6m。槽形板的板宽多为600mm、900mm,肋高为120~300mm,板的厚度为30~35mm,可正置,也可倒置,如图9-9所示。槽形板的隔声性能较差,多用于工业建筑。

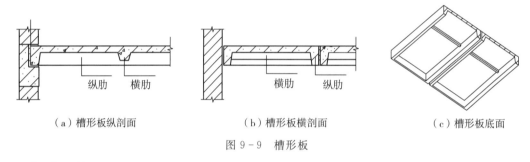

（a）槽形板纵剖面　　　　　　（b）槽形板横剖面　　　　　　（c）槽形板底面

图9-9　槽形板

3.空心板

钢筋混凝土空心板是根据工字形小梁加实心平板的受力情况进行强度设计的,是应用较为广泛的一种预制钢筋混凝土楼板,如图9-10所示。板跨一般为1.8~3.9m,板厚为90~130mm,板的宽度多为600mm、900mm、1200mm等。大型空心板的跨度可达6m、7.2m,板厚为150~250mm。

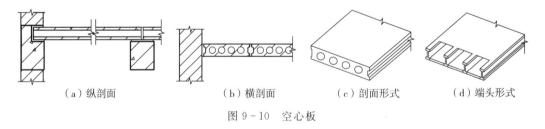

（a）纵剖面　　　　　（b）横剖面　　　　　（c）剖面形式　　　　　（d）端头形式

图9-10　空心板

9.2.3　装配整体式钢筋混凝土楼板

装配整体式钢筋混凝土楼板是将楼板中的部分构件在工厂预制,运至现场后再整体浇筑其余部分,形成楼板。装配整体式钢筋混凝土楼板具有现浇楼板和预制楼板的双重优越性,适用于有振动荷载、地震设防要求的建筑。

预制薄板叠合楼板是目前较常见的装配整体式钢筋混凝土楼板,其构造做法:在预制薄板安装后,再在上面浇筑不低于 C20 级、厚度为 70～120mm 的混凝土层。

叠合楼板的总厚度取决于板的跨度,板跨为 4～6m 时,板厚一般为 150～250mm。为保证预制薄板与叠合层有较好的连接,薄板上表面需做凹槽或露筋处理,如图 9 - 11 所示。

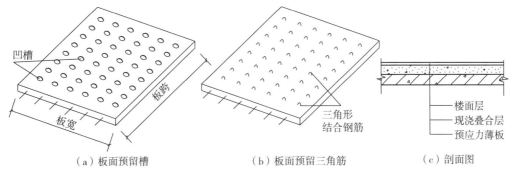

（a）板面预留槽　　　　　　（b）板面预留三角筋　　　　　（c）剖面图

图 9 - 11　预制薄板叠合楼板

9.3　顶棚层构造

9.3.1　顶棚的设计要求

顶棚又称天棚、天花板。顶棚是建筑屋顶、楼层下表面的装修层。

顶棚的构造设计应从功能、声学、照明、热工、设备安装、管线敷设、维护检修、防火安全以及舒适美观等多方面要求综合考虑。顶棚要求光洁、美观,对于某些特殊要求的房间,还要求顶棚具有隔声、防水、保温、隔热等性能。

9.3.2　顶棚构造

1. 直接式顶棚构造

直接式顶棚构造可分为直接抹灰类顶棚、喷刷类顶棚、裱糊类顶棚三类,如图 9 - 12 所示。

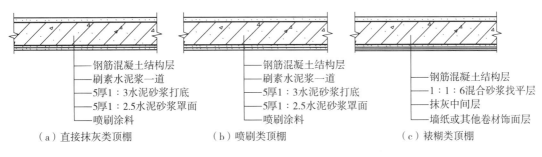

（a）直接抹灰类顶棚　　　　　（b）喷刷类顶棚　　　　　（c）裱糊类顶棚

图 9 - 12　直接式顶棚构造

2. 贴面类顶棚构造

贴面类顶棚是直接将装饰板粘贴在经抹灰找平处理的顶板上,其构造做法:楼板下直接铺设固定龙骨(龙骨间距根据装饰板规格确定),然后固定装饰板。常用的装饰板材有胶合板、石膏板等,主要用于装饰等级较高的建筑,如图 9 - 13 所示。

图 9-13　贴面类顶棚构造

3. 悬吊式顶棚构造

悬吊式顶棚在构造上包括吊筋、基层、面层。吊筋的作用是吊挂主龙骨、灯具等,承受并传递荷载,调整高度。基层承受荷载,固定面层及设备等。面层的作用是美观装饰,吸声、反射光线等。

(1) 吊筋(吊杆)

吊筋(吊杆)按材料分为钢筋、型钢、镀锌铅丝、方木等。钢筋吊筋的直径一般为 6~8mm,用于一般悬吊式顶棚;型钢吊杆用于重型悬吊式顶棚或整体刚度要求高的悬吊式顶棚;木吊杆用 40mm×40mm 或 50mm×50mm 的方木条制作,一般用于木龙骨悬吊式顶棚。

吊筋与楼板、屋面板连接的节点称为吊点,吊点应均匀布置,一般为 900~1200mm,主龙骨端部距第一个吊点不超过 300mm。固定吊筋一般用预留铁件或钢筋、膨胀螺栓、射钉、木楔等。吊筋布置如图 9-14 所示,现浇钢筋混凝土板与吊筋的连接方式如图 9-15 所示。

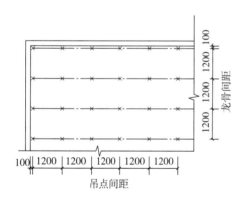

图 9-14　吊筋布置

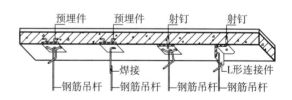

图 9-15　现浇钢筋混凝土板与吊筋的连接方式

(2) 基层(骨架层)构造

顶棚基层又称顶棚骨架层,是由龙骨形成的网格状骨架体系,其作用是承受饰面层的重量并通过吊筋将荷载传递给楼板、屋面板等承重构件。

龙骨按作用可分为主龙骨(大龙骨)、次龙骨(中龙骨或覆面龙骨)、小龙骨(横撑龙骨或间距龙骨)。

龙骨按材料可分为木龙骨和金属龙骨两类。金属龙骨有型钢龙骨、轻钢龙骨、铝合金龙骨等。轻钢龙骨一般用特制的型材,断面多为 U 形,故又称为 U 形轻钢龙骨系列;铝合金龙骨断面常用的有 T 形、U 形、LT 形及各种特制龙骨断面。T 形铝合金龙骨悬吊式顶棚构造如图 9-16 所示。

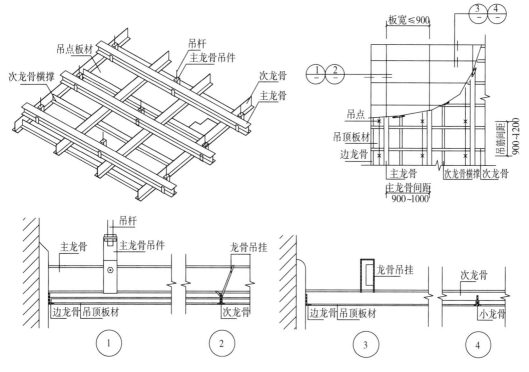

图 9-16　T 形铝合金龙骨悬吊式顶棚构造

（3）顶棚面层构造

顶棚面层的作用是装饰室内空间，根据功能要求还应兼具吸声、反射等性能。面层的构造设计通常结合灯具、风口等设备布置整体考虑。

顶棚面层一般分为抹灰类、板材类和格栅类三种，其中板材类最常用。

板材类顶棚面层的饰面板可与固定在基层上的龙骨用连接件、紧固件等连接，一般有卡、挂、搁等连接方式。

饰面板应注意拼缝处理，处理不当易影响顶棚面层的装饰效果，一般有对缝、凹缝、盖缝等处理方式，如图 9-17 所示。

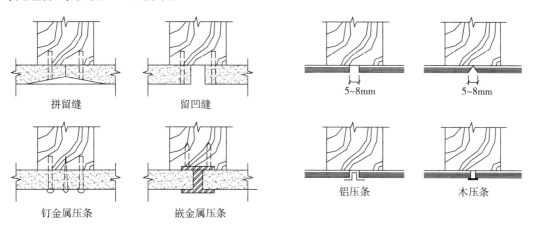

图 9-17　顶棚面层饰面板的拼缝构造

9.4　楼地面层构造

9.4.1　楼地面层的设计要求及类型

1. 设计要求

楼地面层包括楼层面层和地坪面层,两者可统称为地面,有时也将楼层的面层称为楼面。楼层面层和地坪面层的设计要求和构造做法基本相同。

人们在生产、生活中频繁地与楼地面发生直接接触,地面直接承受各种物理作用和化学作用,应满足以下设计要求。

(1)坚固耐久。地面在各种外力作用下不易破损,表面应光洁、平整,不起尘,易清洁。

(2)保温隔热要求。面层应尽量选用导热系数小的材料改善其热工性能。

(3)隔声要求。隔声要求主要针对楼层地面,为隔绝楼层撞击噪声的传播,可设置弹性垫层或多孔材料垫层。

(4)防水要求。在厕所、浴室等用水较多的房间重点关注地面防水问题。可选用密实的材料作面层,并做出相应的排水坡度以疏导水流。

(5)经济要求。在满足功能要求的前提下,应以质轻、高强、施工简便为原则,选择经济合理的构造方案。

(6)特殊要求。针对特殊功能要求应做出相应处理,如有火源的房间,地面应具备防火、耐酸的性能;有酸、碱腐蚀的房间,地面应具备防腐蚀的性能。

楼地面构造为满足以上设计要求,应选取合适材料、构造做法。一般是在土建结构施工完成后,在装修施工阶段完成。

2. 楼地面层的类型

按楼地面面层材料和施工做法的不同,可分为以下四类:

(1)整体地面。如水泥砂浆地面、水泥石屑地面、水磨石地面、细石混凝土地面等。

(2)块材地面。如砖铺地面、面砖、缸砖及陶瓷锦砖地面等。

(3)木地面。如条木地面、拼花木地面。

(4)塑料地面。如聚氯乙烯地面。

9.4.2　楼地面层构造

1. 整体类地面

(1)水泥砂浆地面

水泥砂浆地面构造简单、坚固、耐磨、防水、造价低廉,但导热系数大,冬天体感阴冷,易起灰,是一种广泛采用的低档地面。水泥砂浆地面构造做法是在混凝土垫层或结构层上抹水泥砂浆,通常有单层和双层两种构造做法。

单层做法只需抹一层 20～25mm 厚 1∶2 或 1∶2.5 水泥砂浆即可。

双层做法则在单层做法之上增加一层 10～20mm 厚 1∶3 水泥砂浆找平层,再抹 5～10mm 厚 1∶2 水泥砂浆抹平亚光,如图 9-18(a)所示。

另外,可将砂浆面层做成瓦垄状、锯齿状以利于防滑,还可在砂浆面层内掺一定量的氧化铁红或其他矿物颜料,形成彩色水泥地面。

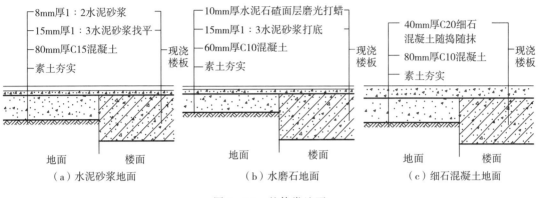

图 9 – 18　整体类地面

（2）水磨石地面

水磨石地面是将天然石料（大理石、方解石）的石碴做成水泥石屑面层,经磨光打蜡制成。其质地美观,表面光洁,不易起尘,易清洁,具有很好的耐磨性、耐久性、耐油耐碱、防火防水性能,通常用于公共建筑门厅、走道、主要房间地面、墙裙及住宅的浴室、厨房、厕所等。水磨石地面主要有普通水磨石、美术水磨石、冰裂水磨石等类型。

以普通水磨石为例,其构造做法:施工中先在结构层上做 15mm 厚 1：3 水泥砂浆找平层,再用 1：1 水泥砂浆固定围合方格图案的分隔条（常为玻璃、塑料、铜条或铝条,一般高 10mm）,再将拌和好的 10mm 厚水泥石碴（配比为 1：1.5～1：2）和水泥石屑（粒径为 8～10mm）铺入压实,经浇水养护、磨光（一般须粗磨、中磨、精磨）,然后用草酸水溶液洗净,最后打蜡抛光,如图 9 – 18(b)所示。

（3）细石混凝土地面

细石混凝土的构造做法:先在结构层上浇 30～40mm 厚 C20 级细石混凝土,木板压平,待水泥溢到表面时,撒少量干粉,最后铁板抹光,如图 9 – 18(c)所示。细石混凝土地面的特点是强度高、整体性好、不起砂、经济性好、应用广泛。

2. 块材类地面

常用块材类地面主要有缸砖地面、地面砖地面、陶瓷锦砖地面及天然石板地面。

（1）缸砖地面

缸砖是由陶土加矿物颜料烧制而成的一种无釉砖块,常用色彩有红棕色和深米黄色两种。缸砖质地细密坚硬,强度较高,耐磨、耐水、耐油、耐酸碱,不起灰易清洁,施工简单。缸砖广泛应用于卫生间、盥洗室、浴室、厨房、实验室及有腐蚀性液体的房间地面。

（2）地面砖地面

地面砖各项性能都优于缸砖,且色彩图案丰富,装饰效果好,多用于装修标准较高的地面。

地面砖和缸砖的构造做法一样,先用 20mm 厚 1：3 水泥砂浆找平,再用 30mm 厚水泥砂浆面撒水泥粉粘贴缸砖、地面砖,并用素水泥浆擦缝。

（3）陶瓷锦砖地面

陶瓷锦砖又称"马赛克",质地坚硬,经久耐用,色泽多样,耐磨、防水、耐腐蚀、易清洁,适用于有水、有腐蚀的地面。做法类似于缸砖,先用20mm厚1:3水泥砂浆找平,再用30mm厚水泥砂浆面撒水泥粉粘贴陶瓷锦砖,再用滚筒压平,将水泥胶挤入缝隙,用水洗去牛皮纸,最后用白水泥浆擦缝。

缸砖、地面砖及陶瓷锦砖类楼地面的构造如图9-19所示。

(4)天然石板地面

常用的天然石板主要指大理石板和花岗岩板,其质地坚硬,色彩丰富,纹理自然,属高档地面装饰材料,一般多用于高级宾馆、会堂、公共建筑的大厅、门厅等。

天然石板的构造做法:在基层上刷素水泥浆一道后,用20mm厚1:3干硬性水泥砂浆找平,面上撒2mm厚素水泥(撒适量清水),以粘贴石板,最后用水泥胶擦缝,如图9-20所示。

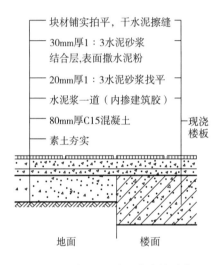

图9-19　缸砖、地面砖及陶瓷锦砖类地面

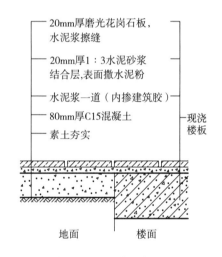

图9-20　天然石板地面

(5)木地面

木地面有弹性,不起灰、不返潮、易清洁、蓄热性能好、人体感受舒适,常用于住宅、宾馆、体育馆、健身房、剧院舞台等建筑类型中。木地面按用材规格可分为普通木地面、硬木条地面和拼花木地面,按构造方式可分为实铺式木地面和架空式木地面两大类。

① 实铺式木地面

实铺式木地面根据面层施工方法不同又可分为格栅式、粘贴式和拼装式三种,其构造如图9-21所示。

格栅式木地板是将木格栅直接放在结构层上,格栅截面一般为50mm×60mm的方木,中距400mm,并用U形铁件嵌固或镀锌铁丝扎牢。格栅上面即铺钉面板,面板多为长条形硬木板,板厚为20mm,长度有600mm、900mm、1200mm等规格,宽度多为50~75mm。板缝多为高低缝。面板磨光后,再刷油漆。

为了防腐、防潮,面板以下所有木构件均需满涂沥青或聚氨酯一道,且在格栅下部垫层面上刷冷底子油和热沥青各一遍。另外,应保证格栅层干燥通风,可在踢脚板处开设通风孔,如图9-22所示。另外,还有双层木地面,即在结构层上先铺一层松木或杉木毛地

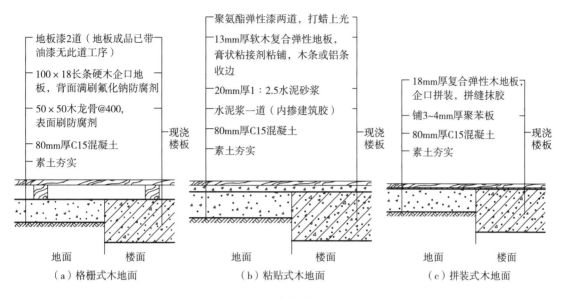

图 9-21　实铺式木地面

板，上铺一层沥青油纸，然后再铺面层木板。双层木地板的减震性与弹性比单层木地板更好。

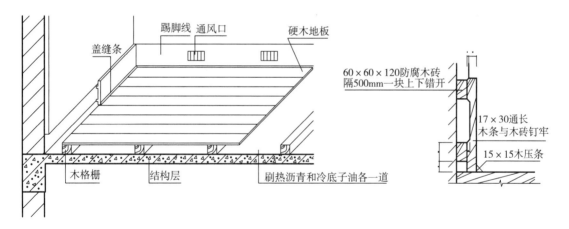

图 9-22　格栅式木地面

粘贴式木地板的构造做法：先在钢筋混凝土基层上用沥青砂浆找平，然后刷冷底子油一道、热沥青一道，再用 2mm 厚沥青、环氧树脂乳胶等，随涂随铺贴 20mm 厚硬木长条地板，板缝为平口缝或企口缝。木地面做好后应用油漆打蜡以保护地面，如图 9-23所示。

拼装式木地板是将木地板直接拼装在找平层上的地面形式。其构造做法：结构层找平干燥后，铺 3～4mm 厚泡沫塑料纸或聚苯板，再在表面拼装木地板（一般长约 1500mm，宽150mm，厚 18～20mm，板边有企口缝），拼装时拼缝抹胶，无须使用钉子，如图 9-24 所示。拼装式木地面耐磨、防火、易装易拆。

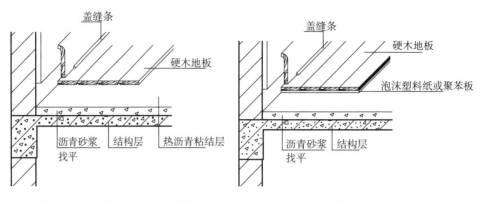

图 9 - 23　粘贴式木地面示意图　　　　　　图 9 - 24　拼装式木地面示意图

② 架空式木地面

架空式木地面常用于底层地面,或是用于舞台、运动场等有弹性要求的地面,如图 9 - 25 所示。

3. 粘贴式地面

(1)塑料地板

塑料地板是将成品板材或卷材用黏结剂粘贴在找平层上的一种地面。根据基料的不同,常见的塑料地板主要有聚氯乙烯地面和彩砂环氧树脂地面。

① 聚氯乙烯树脂地面

聚氯乙烯树脂地毡又称地板胶,是一种软质卷材,可直接干铺在基层上。聚氯乙烯地板质地较硬,常做成 300mm×300mm 的小块地板,用黏结剂拼花对缝粘贴,如图 9 - 26(a) 所示。

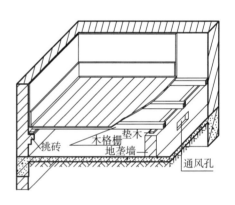

图 9 - 25　架空式木地面示意图

塑料地面步感舒适,其柔软面富有弹性,材料轻质、耐磨、防水、防潮、耐腐蚀、绝缘、隔声、阻燃,易清洁、施工方便,且色泽明亮、图案多样;其缺点是不耐高温、怕明火、易老化。塑料地面多用于住宅及公共建筑,以及工业建筑中洁净度要求较高的房间。

② 彩砂环氧树脂地面

彩砂环氧树脂地面是将彩色石英砂和环氧树脂合成为无缝一体化的新型复合地面,其构造做法如图 9 - 26(b)所示。

彩砂环氧树脂地面通过一种或多种不同颜色彩色石英砂的自由搭配,可形成丰富的装饰色彩及图案,具有较强的装饰性效果。彩色石英砂均为圆形、球形颗粒状,颗粒间可自由流动,砂粒间能够尽可能地紧密堆积,使环氧彩砂层充分密实。因此,彩砂环氧树脂地面具有耐磨损、抗重压、耐化学腐蚀、防滑、防水、防火等优点,广泛地适用于民用建筑和工业建筑。

(2)地毯地面

地毯作为饰面材料,具有吸声、隔声、弹性好、脚感舒适等优点,且施工方面,既可直接铺在找平层上,也可直接铺设在其他附加层上。多用于装修等级较高的宾馆、别墅等建筑中。

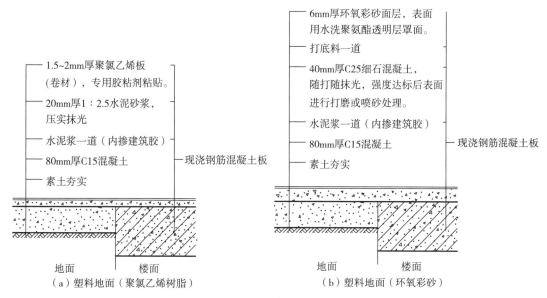

（a）塑料地面（聚氯乙烯树脂）　　　　　　（b）塑料地面（环氧彩砂）

图 9-26　塑料地板粘贴式地面

地毯的铺设可分为固定式和平铺式两种。固定式可采用黏结剂粘贴，如图 9-27 所示。

4. 涂料式地面

涂料式地面是在水泥砂浆或混凝土地面之上再用涂料喷涂处理的一种地面形式，主要有水乳型、水溶型和溶剂型三类。

以常见的环氧类涂料为例，涂层具有极强的附着力，因此地面的耐候性、耐水洗、耐久性均较好。环氧类涂料地面的施工工艺简单，不受场地环境限制，常温下可固化成膜，使用时随配随用即可。可广泛应用于计算机房、配电房、大型超市、工业厂房等建筑。

涂料地面要求水泥地面坚实、平整；涂料与面层黏结应牢固，不得有掉粉、脱皮、开裂等现象；涂层的色彩应均匀，表面要光滑、洁净，其构造做法如图 9-28 所示。

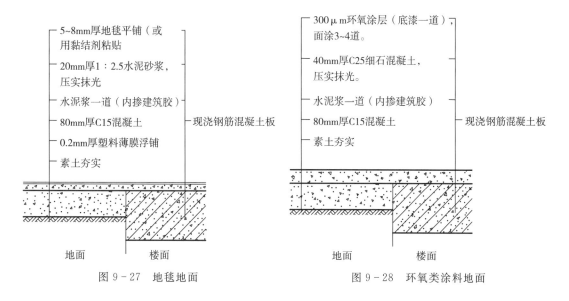

图 9-27　地毯地面　　　　　　　　　　　图 9-28　环氧类涂料地面

9.5　楼地附加构造

9.5.1　防水构造

　　楼地面防水一般可分为材料防水和构造防水两大类。材料防水是依靠建筑材料增强构件的抗渗透能力,进而阻断水的通路,以达到防水的目的,如卷材防水、涂膜防水等。构造防水是采取合适的构造形式,有组织地疏导水的通路,避免无序蔓延,以达到防水的目的,如止水带等。

9.5.2　构造措施

　　1. 厕所、外廊、阳台等

　　厕所、外廊、阳台等房间有水侵蚀的可能性,需对楼面采取有效的防水处理。

　　一是做好楼面排水,排水坡度为1%～1.5%,并设置地漏;二是在有水房间与无水房间的墙地交接处设置止水槛,避免水流向无水房间蔓延,如图9-29所示;三是对楼板和墙身做防水处理,同时楼板选择现浇钢筋混凝土楼板。

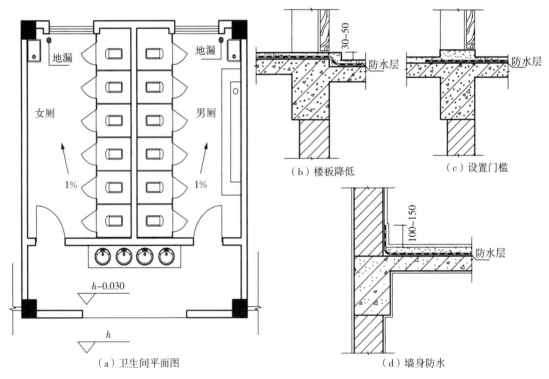

图9-29　卫生间防水设计

　　2. 淋浴间、厨房操作间等

　　淋浴间、厨房操作间等房间水量较大,可在房间内设置沟槽,并在楼地板面、沟槽中形成坡度,楼地面排水坡度为1%～1.5%,沟槽内排水坡度为0.5%～1%,并设置地漏,实现有组织地引导水流、疏散水流,如图9-30所示。

3. 立管穿楼板处

水电及热力管道穿楼板时,一般有两种构造做法:一是在楼板与管道交接的缝隙处做好防水密封处理,用 C20 级干硬性细石混凝土捣固密实,再用防水涂料作密封处理,如图 9-31 (a)所示;二是采取套管做法,暖气管、热水管等热力管线存在温度变化,易出现胀缩变形,导致管壁周围漏水,故在穿管位置预埋一个比管道直径稍大的套管,套管应比楼面高 30mm, 如图 9-31(b)所示。

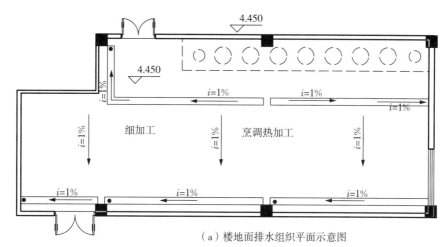

（a）楼地面排水组织平面示意图

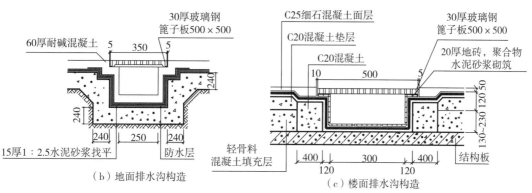

（b）地面排水沟构造　　　　（c）楼面排水沟构造

图 9-30　厨房操作间防水设计

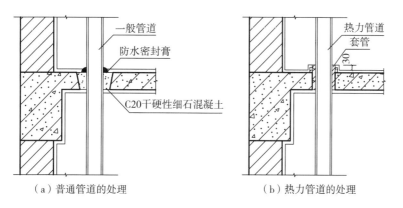

（a）普通管道的处理　　　　（b）热力管道的处理

图 9-31　立管穿楼板构造

9.5.3 保温构造

1. 定义

保温楼板采用多孔材料作为保温层,设置于楼板构造体系中,以减少楼板上下层空间的热量传递,保证室内具有相对稳定的热工环境。

保温材料一般有散料和板材两类。散料类保温材料主要为无机保温砂浆;板材类保温材料主要有微孔聚乙烯复合板、硬质聚氨酯泡沫板、XPS挤塑聚苯板、岩棉板等,另外也可结合其他功能需要选用 KMPS 防火保温板、憎水膨胀珍珠岩板等复合功能板材。楼板保温材料均应严格控制污染物质,避免造成对室内环境的污染,同时满足相应的防火要求。

2. 构造措施

保温楼板根据保温材料所在位置的不同,可分为顶棚保温和楼地面保温两大类。

顶棚保温是将保温材料设置于楼板以下的顶棚部位。一般多采用无机保温砂浆作为保温材料,其构造详如图9-32所示。楼面保温是将保温材料设置于楼板以上,即在楼地面部位设置保温层,其构造做法应有机结合楼地面层的做法做整体考虑。保温材料一般多孔,易吸潮,故其表面应覆以防潮膜,如图9-33所示。

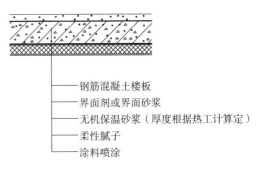

- 钢筋混凝土楼板
- 界面剂或界面砂浆
- 无机保温砂浆(厚度根据热工计算定)
- 柔性腻子
- 涂料喷涂

图9-32 顶棚保温构造

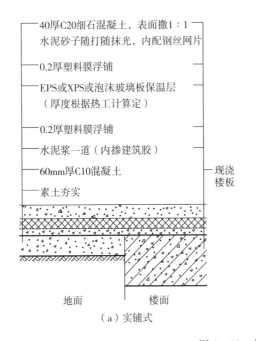

- 40厚C20细石混凝土,表面撒1:1水泥砂子随打随抹光,内配钢丝网片
- 0.2厚塑料膜浮铺
- EPS或XPS或泡沫玻璃板保温层(厚度根据热工计算定)
- 0.2厚塑料膜浮铺
- 水泥浆一道(内掺建筑胶)
- 60mm厚C10混凝土
- 素土夯实
- 现浇楼板

地面   楼面

(a)实铺式

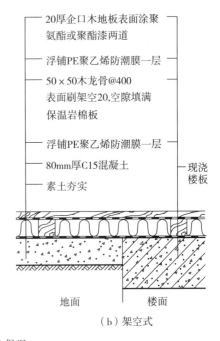

- 20厚企口木地板表面涂聚氨酯或聚酯漆两道
- 浮铺PE聚乙烯防潮膜一层
- 50×50木龙骨@400 表面刷架空20,空隙填满保温岩棉板
- 浮铺PE聚乙烯防潮膜一层
- 80mm厚C15混凝土
- 素土夯实
- 现浇楼板

地面   楼面

(b)架空式

图9-33 楼地保温

9.5.4　隔声构造

1. 定义

楼板,尤其是钢筋混凝土楼板,构件较厚重,对空气声的隔声效果较好,但对撞击声的隔声效果较差,对于隔声要求较高的房间(如影剧院、体育场馆等)应采取隔声措施。

楼板的隔声构造主要是采用弹性材料做面层,如地毯、地毡等,较厚的地毯(毡)对中高频率的撞击声改善较明显。

2. 构造措施

隔声构造一般设置于楼板层,主要有两种做法。一是在楼板的面层与基层之间加设弹性垫层,可有效吸收声波能量,如图9-34所示;二是设置弹性吊顶,不仅可利用厚重的吊顶隔声,还可借助吊顶与楼板之间的空气间层以衰减声波能量,具有很好的隔声效果。

隔声垫层的厚度增加,撞击声改善值也随之增大,但达到一定厚度后,隔声效果的提升就不明显了,因此隔声垫层的厚度不宜过大。另外,隔声垫层的接缝应严密,不要

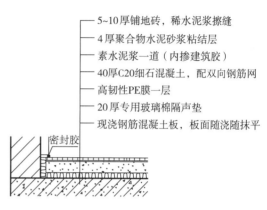

- 5~10厚铺地砖,稀水泥浆擦缝
- 4厚聚合物水泥砂浆粘结层
- 素水泥浆一道(内掺建筑胶)
- 40厚C20细石混凝土,配双向钢筋网
- 高韧性PE膜一层
- 20厚专用玻璃棉隔声垫
- 现浇钢筋混凝土板,板面随浇随抹平

密封胶

图 9-34　隔声构造

使其上层的水泥砂浆和基层连通形成声桥;隔声垫层以上的各层不可与墙体直接相接,应断开,防止产生声桥影响隔声效果。

9.6　阳台与雨篷

9.6.1　阳台

阳台是建筑中可供人活动的室外平台。阳台按其与外墙的相对位置可分为凸阳台、凹阳台和半凸半凹阳台,如图9-35所示。

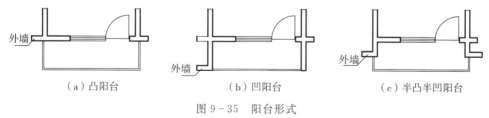

外墙

（a）凸阳台　　　　　外墙　　（b）凹阳台　　　　　外墙　　（c）半凸半凹阳台

图 9-35　阳台形式

1. 阳台的结构布置

阳台按结构形式可分为板式阳台和梁式阳台两类。

(1)板式阳台

板式阳台是室内楼板的悬挑延伸,从结构抗震的角度考虑,宜选用现浇钢筋混凝土。板式阳台的挑出长度应在1200mm以内为宜。

挑板式一般有两种做法。做法一是利用自室内向室外延伸的楼板,即可形成挑板式阳

台,其构造简单,施工方便,但对寒冷地区建筑的保温不利;做法二是将阳台板与梁、楼板整浇在一起,阳台底部平整,长度可调节,但须注意阳台板的稳定,如图9-36(a)所示。

（2）梁式阳台

当阳台挑出长度大于1200mm时,可采用梁式阳台。梁式阳台的板面荷载由悬挑梁承受,并在挑梁端头设置面梁,可遮挡挑梁的梁头。施工时可将阳台板、挑梁、面梁整体现浇,增加阳台的整体性,提高抗震能力,如图9-36(b)所示。

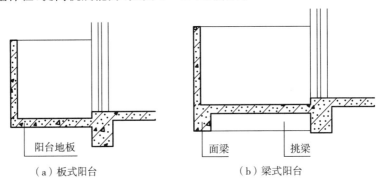

（a）板式阳台	（b）梁式阳台

图9-36　阳台结构布置

2. 阳台的细部构造

（1）阳台栏杆

阳台栏杆(栏板)是阳台外围的垂直构件,可起到安全、防护、立面装饰的作用。阳台栏杆形式多样,从外观上看,实体的称为栏板,镂空的称为栏杆,也可将两者规律性组合形成多样化的阳台立面效果,如图9-37所示。

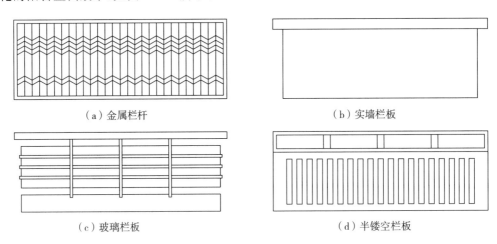

（a）金属栏杆	（b）实墙栏板
（c）玻璃栏板	（d）半镂空栏板

图9-37　阳台栏杆(栏板)形式

阳台栏杆在构造上要求坚固、美观,栏杆的高度应高于人体的重心,多层建筑栏杆在可踏面以上不应低于1050mm,高层建筑不应低于1100mm,但不宜超过1200mm。

（2）阳台扶手

阳台扶手常见的有金属扶手、木质扶手、钢筋混凝土扶手等,如图9-38所示。金属扶手一般为φ60钢筋与金属栏杆焊接。钢筋混凝土扶手应用最为广泛,形式也多样,一般直接用作栏杆压顶,宽度有80mm、120mm、160mm等。

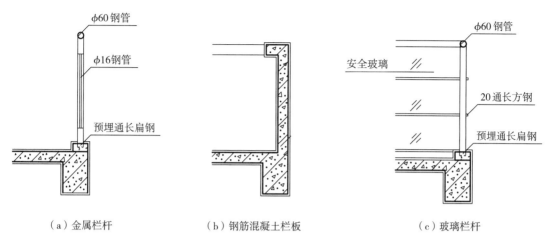

（a）金属栏杆　　　　　　（b）钢筋混凝土栏板　　　　　　（c）玻璃栏杆

图 9 - 38　栏杆（栏板）构造

（3）阳台排水

阳台地面一般应低于室内地面 30~50mm，并在排水口处设 0.5%~1% 的排水坡，以防雨水倒灌室内。

阳台排水分为有组织排水和自由落水。有组织排水常将阳台的地漏与水落管相连，将雨水直接排入地下管网，如图 9 - 39（a）所示。

在北方干燥少雨地区，可采用自由落水，即在阳台外侧设置泄水管（水舌）将水排出，外挑长度不少于 80mm，以防雨水滴溅到下层阳台，如图9 - 39（b）所示。

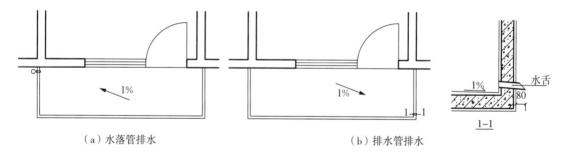

（a）水落管排水　　　　　　　　　（b）排水管排水

图 9 - 39　阳台排水组织及构造

9.6.2　雨篷

雨篷是建筑物入口处上方为挡雨和防高危坠物而设置的水平构件。根据建筑性质、出入口大小和位置、地区气候特点、立面造型等因素，雨篷可有多种形式，如钢筋混凝土、钢结构玻璃雨篷等。本节重点介绍和楼板主体结构相近的钢筋混凝土雨篷。

钢筋混凝土雨篷主要有板式和梁式两种。雨篷的排水方式有无组织排水和有组织排水两种。雨篷在构造上应注意两个问题：一是防倾覆；二是板面上要做好防排水措施，可沿板四周用现浇混凝土设凸檐挡水，板面用防水砂浆抹面，并向排水口做1%的坡度，防水砂浆应顺墙上抹至少300mm，如图9 - 40所示。

1. 板式雨篷

　　板式雨篷为小型雨篷,设于次要出入口。其结构布置是从过梁部位直接悬挑钢筋混凝土悬臂板形成雨棚板,板悬挑长度一般不宜过大,如图9-40(a)所示。

2. 梁式雨篷

　　雨篷挑出长度较大时,可做成梁式雨篷。雨篷挑梁应与门上圈梁、框架梁整浇以防倾覆。为使板底平整,可将挑梁上翻,形成上翻梁式雨篷,如图9-40(b)所示。雨篷外伸尺度较大,可设立柱支承,不仅可承受上部较大的荷载,还可突出建筑出入口以强调视觉中心。

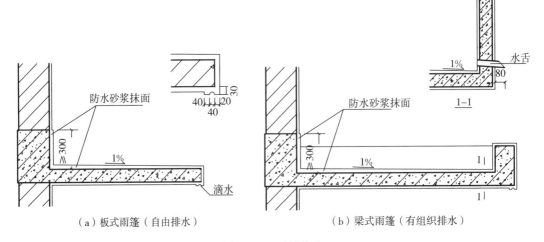

（a）板式雨篷（自由排水）　　　　　　　（b）梁式雨篷（有组织排水）

图9-40　雨篷构造

第 10 章 屋 顶

10.1 屋顶的作用、类型

10.1.1 屋顶的作用及设计要求

1. 屋顶的作用

屋顶是建筑的重要组成部分,主要有以下三方面作用:

(1)屋顶是主要的水平承重构件,承受和传递屋顶自重及上部各种荷载(如风、霜、雨、雪、上人荷载等),并对建筑物起到水平支撑作用,确保建筑物具有良好的刚度和稳定性。

(2)屋顶是位于建筑物最上层的围护构件,可抵御风、霜、雨、雪的侵袭及太阳辐射,确保建筑室内空间具有稳定、良好的环境条件。

(3)屋顶是建筑造型的重要元素,在色彩、体型等方面都具有丰富的多样性,有建筑物"第五立面"之称。

2. 屋顶的设计要求

(1)结构布置合理,坚固耐久,整体性好。

(2)排水组织合理,具有良好的防水、保温、隔热等性能。

(3)构造简单,自重轻,取材方便,经济合理。

(4)满足建筑造型的设计要求。

10.1.2 屋顶的类型

1. 按外形分类

屋顶按坡度的不同可分为平屋顶、坡屋顶及各种大跨度屋顶,如图 10 - 1 所示。

(1)平屋顶

坡度不大于 10% 的屋顶为平屋顶,一般做 2%～5% 的坡度(常用 2%～3%)。若为上人屋面,常用 2% 的坡度。

平屋顶构造相对简单,屋顶上方还可作为露台、花园,供人休闲娱乐,在现代建筑中应用广泛。

(2)坡屋顶

坡度大于 10% 的屋顶为坡屋顶。坡屋顶的类型主要有单坡、双坡、四坡、攒尖等。

(3)其他各类大跨屋顶

常见的大跨屋顶主要有薄壳、悬索、球壳、双面扁壳、折板、网架、膜结构等。

2. 按防水材料分类

屋顶根据屋面防水材料的不同可分为卷材防水屋面、涂膜防水屋面和复合防水屋面。

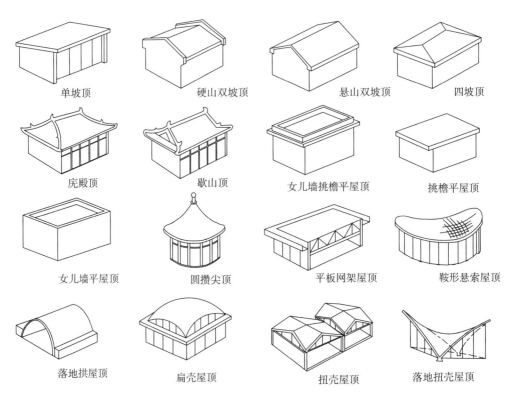

图 10 - 1 屋顶的类型

3. 按材料及结构体系分类

屋顶根据支撑结构体系和材料可分为木屋顶、钢筋混凝土屋顶、轻钢结构屋顶及复合结构屋顶。

4. 按保温性能分类

屋顶可分为保温层面、不保温层面。

5. 按使用功能分类

屋顶可分为上人屋面和不上人屋面。

10.1.3 屋顶坡度的表示方法

屋顶坡度表示有百分率、坡度值、高跨比等方法,如图 10 - 2 所示。

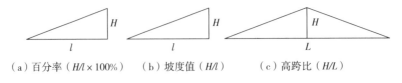

（a）百分率（$H/l \times 100\%$）   （b）坡度值（H/l）   （c）高跨比（H/L）

图 10 - 2 屋顶坡度的表示方法

平屋顶的坡度一般采用百分率（$H/l \times 100\%$）表示,如 2%、3%。坡屋顶的坡度一般采用坡度值表示法（H/l）和高跨比表示法（H/L）。

10.2 平屋顶

10.2.1 平屋顶的组成

平屋顶一般由面层、结构层、保温隔热层和顶棚等主要部分组成,还包括保护层、结合层、找平层、隔气层等。由于地区和屋顶功能的不同,屋面组成略有区别,如我国南方地区一般不设保温层,北方地区一般很少设隔热层;对上人屋顶则应设置有较好强度和整体性的屋面面层。在平屋顶防水层上铺以种植土种植植物,称为种植屋面,能起到防水、保温、隔热和生态环保作用,如图 10-3 所示。

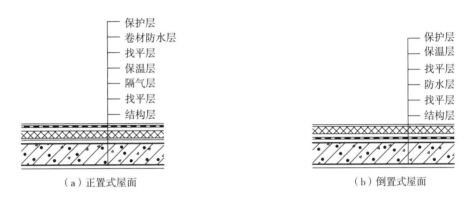

（a）正置式屋面　　　　　　　　（b）倒置式屋面

图 10-3　平屋顶构造示意图

10.2.2 平屋顶的排水

1. 平屋顶排水坡度的形成

屋顶坡度大小受屋面防水材料的类型、地区降水量的大小、屋顶结构形式、施工方法、建筑造型、经济条件等因素的影响。

在平屋顶中,屋面板也应形成适当坡度(2%～5%),以实现雨水的有效组织排放。形成屋顶排水坡度的方法主要有材料找坡和结构找坡两种。

(1)材料找坡

材料找坡又称建筑找坡。屋面结构板水平搁置,上部用质量轻、吸水率低、有一定强度的材料垫置屋面排水坡度,常见的垫坡材料有炉渣加水泥、轻质混凝土、发泡高分子块材等。材料找坡的坡度不宜太大,宜为 2%,以免增加材料用量和荷载。需设保温层的地区,可用保温材料兼做找坡。

材料找坡构造、施工简单方便,室内顶棚面平整,但会增加一定的屋面自重,适宜在跨度不大的平屋顶中使用,如图 10-4(a)所示。

(2)结构找坡

结构找坡根据屋面的设计排水坡度,将屋面板搁置成倾斜状,支撑在跨中部的墙或梁上,再铺设防水层。

结构找坡无须另设找坡层,因此荷载小,施工简便,造价低。但由于屋面板倾斜搁置,导致顶层房间的室内空间不规整,若房间装饰要求高时需做吊顶。结构找坡适用于屋面进深较大或屋顶排水坡度大于3‰的平屋面,如图10-4(b)所示。

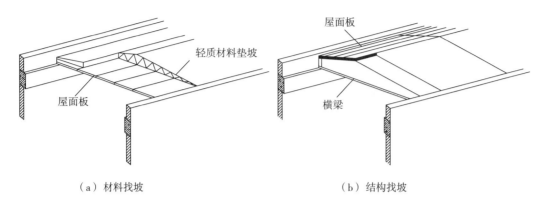

（a）材料找坡   （b）结构找坡

图10-4 平屋顶排水坡度的形成

2.平屋顶的排水方式

平屋顶的坡度较小,为了将雨水尽快排放出去,需组织屋面排水。屋面的排水方式有无组织排水和有组织排水两大类。

(1)无组织排水

无组织排水又称自由落水。屋面雨水经排水坡度流至檐口,再经屋檐直接、自由地滴落至室外地面。无组织排水方式的构造简单、造价低廉,但易溅湿、污染外墙面,影响外墙的坚固耐久性,并阻碍靠外墙一侧的行人交通。它一般适用于年降水量较少、檐口高度不大的建筑物,或是简易、临时性建筑物,现已较少采用。

(2)有组织排水

将屋面划分为若干排水分区,雨水按设计的坡度方向排至天沟,经雨水口、雨水管排放至室外地面或排水管网。

有组织排水可避免雨水对外墙面的溅湿和污染,但构造相对复杂,多应用于降雨量大的地区,及建筑物高度较大、临街建筑等情况,目前应用广泛。

3.平屋顶的有组织排水设计

有组织排水可分为外排水和内排水两种基本形式。

(1)有组织外排水。屋面雨水经坡度方向汇集后通过建筑外部的雨水管排放,主要有以下四种方式。

① 挑檐沟外排水。屋面雨水汇集到悬挑在墙外的檐沟内,檐沟内垫坡后引导雨水汇入水落管排下,如图10-5(a)、图10-5(b)所示。

② 女儿墙外排水。屋面雨水穿过女儿墙过水洞流入墙外的雨水斗,再流入雨水管排放,如图10-5(c)所示。

③ 女儿墙挑檐沟外排水。建筑物屋檐处既有女儿墙,又有挑檐沟,屋面雨水穿过女儿墙过水洞流入檐沟内,檐沟内垫坡后引导雨水汇入水落管排下,如图10-5(d)所示。

④ 暗管外排水。多将雨水管隐藏在外墙假柱中,雨水汇集方式同前述三种方式。

在一般民用建筑平屋顶排水设计中,多采用挑檐沟外排水和女儿墙外排水。

(2)有组织内排水。屋面雨水经坡度方向汇集后通过设在建筑内部的雨水管,排放至地

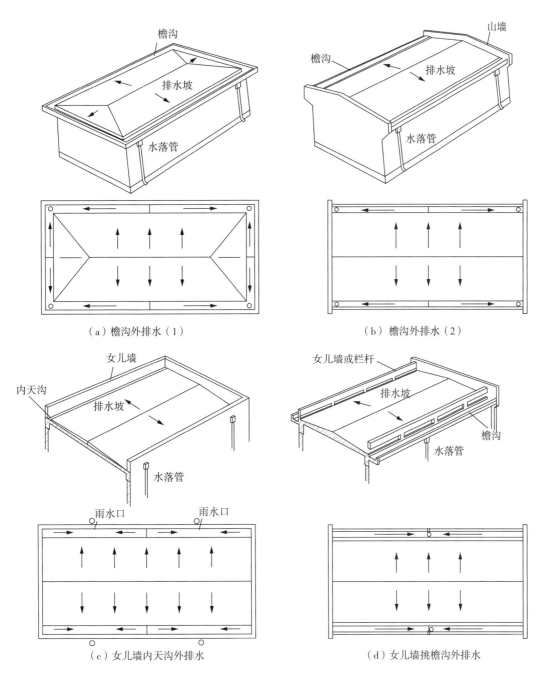

（a）檐沟外排水（1）　　　　　　　　　（b）檐沟外排水（2）

（c）女儿墙内天沟外排水　　　　　　　　（d）女儿墙挑檐沟外排水

图 10-5　平屋顶有组织外排水形式

下管网,直接汇入市政水管网,也可收集储存以便二次利用,如图 10-6 所示。

　　有组织内排水适用于高层建筑、大型公建、多跨厂房的中间跨及寒冷地区建筑。有组织内排水构造较复杂,易造成渗漏,水流噪声较大,应采用双层减噪构造设计的雨水管。

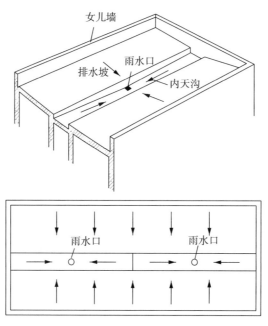

图 10-6　平屋顶有组织内排水

10.2.3　平屋顶的防水构造

平屋顶的防水构造主要有卷材防水、涂膜防水和复合防水屋面。根据《建筑与市政工程防水通用规范》(GB 55030—2022)中规定,建筑工程屋面工程的防水法做要符合表 10-1 的规定。

表 10-1　平面屋工程的防水做法

防水等级	防水做法	防水层	
		防水卷材	防水涂料
一级	不应少于 3 道	卷材防水层不应少于 1 道	
二级	不应少于 2 道	卷材防水层不应少于 1 道	
三级	不应少于 1 道	任选	

1. 卷材防水

卷材防水屋面是将柔性防水卷材粘贴在屋面基层上,形成连续致密的构造层以实现防水目的。由于防水卷材具有一定的延伸性和适应变形的能力,因此又称为柔性防水屋面。

(1)卷材防水屋面的材料

① 防水卷材

沥青油毡是传统的防水卷材,经济,防水性能好。但施工时需加热,高温施工劳动强度大,易污染环境。

近年来,随着材料科学的发展,研发出一系列新型屋面防水卷材,不仅具有弹性好、抗腐蚀、耐久性强的材料性能,且为冷施工,是较好的屋面防水材料。常见的新型防水卷材主要有三类:一是高聚物改性沥青卷材,其改良部分是将传统油毡中不耐拉伸的纸基改成人造纤维基,或将沥青与橡胶混溶后成为改性沥青,用来取代普通沥青,使材料适应变形的能力和耐久性都有较大幅度的提高,如 SBS 改性沥青卷材、APP 改性沥青卷材、SBR 改性沥青卷材等;二是合成高分子卷材,其在耐老化、耐低温、耐腐蚀等方面的性能更为优良,如三元乙丙橡胶类、聚氯乙烯类、氯化聚乙烯类、改性再生橡胶类等;三是沥青玻璃布油毡、沥青玻璃油毡等。

② 黏合剂

沥青类防水卷材常用冷底子油、沥青胶做黏合剂。高聚物改性沥青类和合成高分子防水卷材常用溶剂型胶粘剂做黏合剂。

(2)卷材防水屋面的构造层次及构造要点

柔性防水屋面的基本构造层次(由下而上)分别为结构层、找平层、防水层、保护层。辅助构造层次为隔蒸汽层、找坡层、保温层、隔热层等,如图 10 - 3(a)所示。

① 基层

卷材防水层需铺设在平整且具有一定硬度的整体性基层上,一般是在结构层或保温层上做 15～20mm 厚 1:2.5 水泥砂浆找平层作为卷材防水层的基层。

② 结合层

结合层是使用黏合剂将卷材粘合在基层上,常用的粘合方法有如下几种。

热粘法:采用热玛蹄脂进行卷材与基层、卷材与卷材黏结的方法。

冷粘法:不经加热,直接采用胶黏剂进行卷材与基层、卷材与卷材黏结的方法。

自粘法:采用带有自粘胶的防水卷材,不用热施工,也不需要涂胶结材料直接黏结的方法。

热熔法:采用火焰加热器熔化热熔型防水卷材底层的热熔胶进行黏结的方法。

焊接法:采用热空气焊枪进行防水卷材搭接粘合的方法。

当基层或保温层有一定湿度时,夏季高温使基层和保温层中的水汽受热膨胀,造成卷材鼓泡或褶皱,进而影响防水层的防水性能。常见的预防措施有两种:一是采用点状或条状结合层,给水蒸气预留出扩散通道;二是在屋面设排气孔。

③ 防水层

卷材防水根据防水设防等级及卷材性能,可以分为单层或多层敷设,由下至上一层一层向上铺贴。防水卷材平行于屋脊方向铺贴时,卷材的长边搭接缝应顺流水方向,短边搭接缝应顺主导风向。放屋面坡度较大时,油毡也可垂直于屋脊铺设。此时,长边搭接缝应顺主导风向,短边搭接缝应顺屋面的流水方向,如图 10 - 7 所示。

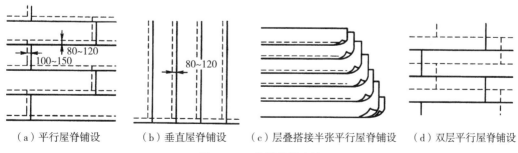

（a）平行屋脊铺设　　　（b）垂直屋脊铺设　　　（c）层叠搭接半张平行屋脊铺设　　　（d）双层平行屋脊铺设

图 10 - 7　卷材铺贴方法

目前常用的改性沥青或高分子卷材可用多层防水涂料粘贴一层卷材即可。

④ 保护层

为保护防水卷材免受高温、氧化等作用而老化,卷材表面需设保护层。不上人屋面可在最后一层黏合剂上趁热满贴一层 3～6mm 粒径的浅色或白色无棱石子,俗称绿豆砂保护层。上人屋面可在防水层上用 10mm 厚 1∶3 水泥砂浆粘贴 30～40mm 厚配筋细石混凝土板或地砖。也可采用向上一面自带反光锡铂的卷材,或采用浅色涂料做保护层。

采用块材、细石混凝土和水泥砂浆做保护层时,为了防止面积过大而出现裂缝,均要设置分格缝。其中块体材料分格缝纵横间距不宜大于 10m,缝宽宜为 20mm;细石混凝土分格缝纵横间距不应大于 6m,缝宽 10～20mm;水泥砂浆分格面积宜为 1m²,分格缝均应用密封材料嵌填。为防止保护层和防水层之间因为黏结力、机械咬合力、化学反应等不利影响,还需在保护层与卷材、涂膜防水层之间设置隔离层。隔离层常用材料为塑料膜、土工布、干铺卷材、低强度等级砂浆等。

(3)卷材防水屋面的檐口构造

① 无组织排水檐口:即自由落水檐口,现已不常用,如图 10-8(a)所示。

② 有组织排水檐口:常见的主要有挑檐沟外排水檐口、女儿墙内天沟外排水檐口、女儿墙外挑檐口三种,如图 10-8(b)、图 10-8(c)、图 10-8(d)所示。

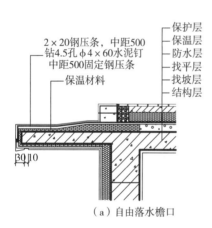

(a)自由落水檐口

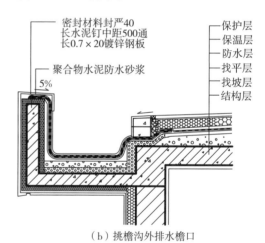

(b)挑檐沟外排水檐口

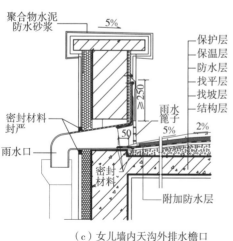

(c)女儿墙内天沟外排水檐口

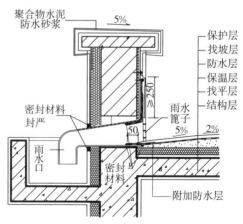

(d)女儿墙外檐沟外排水檐口

图 10-8 平屋顶檐口构造

（4）卷材防水屋面的泛水构造

泛水是指屋面与高出屋面的构件（如墙体、烟囱、管道等）交接处的防水处理，一般是用防水材料填堵容易渗漏的墙角、缝隙处形成整体保护。下面以女儿墙为例，介绍泛水的构造要点，如图 10 - 9 所示。

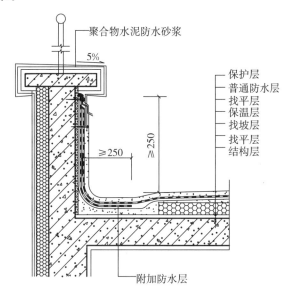

图 10 - 9　平屋顶柔性防水屋面泛水构造

① 屋面与垂直女儿墙面的交接缝处，砂浆找平层应做成圆弧形（半径为 80～100mm），或为 45°斜角面，上刷卷材胶粘剂，使卷材胶粘密实，避免卷材架空或折断，并加铺一层卷材，且卷材上翻高度应不小于 250mm。

② 防水层在交接处上翻至墙面 250mm 高后，做好收头，卷材应在墙面上钉牢，防止卷材沿垂直墙面下滑。一般做法是在垂直墙中凿出通长的凹槽，将卷材收头压入凹槽内，用防水压条钉压后，再用密封材料嵌入填缝并封严，外抹水泥砂浆保护。凹槽上部的墙体也应做防水处理。

③ 防水层收头处墙面上应挑出 1/4 砖盖住防水层，或用金属盖板盖缝。

另外，楼梯间出屋面、管道出屋面等处泛水构造如图 10 - 10 所示。

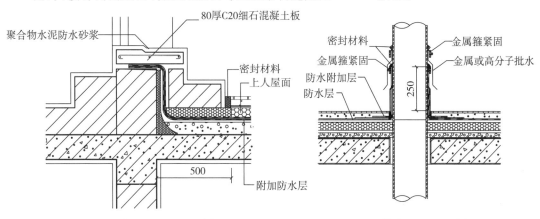

（a）楼梯间出屋面处泛水构造　　　　　　（b）管道出屋面处泛水构造

图 10 - 10　楼梯间出屋面、管道出屋面处泛水构造

2. 涂膜防水

涂膜防水选用可塑性、黏结力较强的防水材料,如合成高分子涂料、高聚物改性沥青防水涂料、沥青基防水涂料等,将不溶性物质堵塞混凝土表面的微孔,或将不透水的薄膜覆盖在基层上。涂膜防水延伸性强、耐腐蚀、无毒、施工简单方便,特别适用于建筑物表面形状复杂的情况。但涂膜防水的价格较高,一般用作多道防水层中的一层。

屋面防水涂料是直接涂在基层上的,如果基层是混凝土或水泥砂浆,其空鼓、缺陷处和表面裂缝应先用聚合物砂浆修补,还应保持干燥,一般含水率在 8%～9% 时方可施工;当涂膜防水层跨越分仓缝时,要加铺一层聚酯无纺布在其下,以增加变形适应能力。

在防水混凝土上再做涂膜防水时,为保护涂膜不受损坏,需在上面用细砂隔离层保护后,铺设预制混凝土块等硬质材料,方能上人。涂膜防水屋面泛水构造如图 10-11 所示。

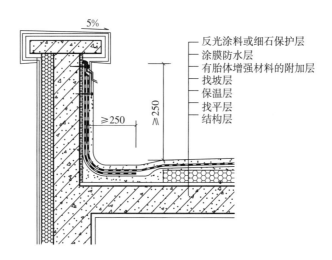

图 10-11　涂膜防水屋面泛水构造

涂膜防水屋面的女儿墙泛水构造与卷材防水相近。

3. 复合防水

复合防水做法由彼此相容的卷材和涂料组合而成的防水层。选用的防水卷材与防水涂料应相容;防水涂膜宜设置在防水卷材的下面;挥发固化型防水涂料不得作为防水卷材黏结材料使用;水乳型或合成高分子类防水涂膜上面,不得采用热熔型防水卷材。

10.2.4　平屋顶的保温构造

夏热冬冷地区、寒冷地区的民用建筑以及安装空调设备的建筑中,屋顶须做保温设计。保温屋顶是在屋面上设置能提高热阻的保温层,降低屋顶的热传导,增强屋顶的节能效果。

1. 屋面常用的保温材料

(1)松散保温材料:膨胀蛭石、膨胀珍珠岩、炉渣、矿棉等。由于施工污染大,不易成形,目前被逐步淘汰。

(2)板块保温材料。如加气混凝土板、挤塑聚苯板、膨胀珍珠岩板、膨胀蛭石板、矿棉板、岩棉板、木丝板、刨花板、甘蔗板等。挤塑聚苯板具有较强的耐水汽渗透能力和隔热保温能力,是倒置式屋面(保温层在防水层之上)的常用保温材料,也是单层金属类屋面的最佳选择。

(3)整体保温材料:喷涂硬泡聚氨酯,现浇泡沫混凝土等。

2. 屋面保温构造体系

屋面保温构造按保温层与屋面板的位置关系可分为三种体系,保温层厚度由热工计算确定。

(1)屋面外保温:保温层铺设在屋面结构层之上。

(2)屋面内保温:保温层铺设在屋面结构层之下。

(3)保温层与结构层组合的复合屋面板材,此种板材既是结构构件,又是保温构件。常见的有两种做法:一种是在屋面板内设置保温层,是装配化构件的一种,但成本偏高;另一种为保温材料与结构层融为一体,如加气配筋混凝土屋面板,其成本低,但板材的承载力较小,耐久性较差,适用于标准较低且不上人的屋面中。

3. 屋面保温构造层次

屋面保温构造按保温层与结构层、防水层的位置关系可分为正置式保温屋面、倒置式保温屋面和设有空气间层的保温屋面。其中正置式保温屋面和倒置式保温屋面应用最为广泛,其构造层次如图 10-3 所示。

(1)正置式保温屋面:保温层设在防水层之下、结构层之上,这是传统保温屋面的做法。大部分不具备自防水性能的保温材料都可采用此种构造做法。

正置式保温屋面施工方便,可利用保温材料做屋面找坡,保温效果较好,但要注意处理好保温层的通风散热,否则室内湿气进入屋面保温层会导致保温性能降低。同时,保温层中的水蒸气上升会导致其上的防水层鼓泡、开裂。可采用以下两种措施改善保温层的隔气、透气和排气。

① 在保温层下设置隔汽层。常用的做法有:冷底子油一道加热沥青一道、一毡二油、二毡三油等。

② 在保温层下设置透汽层排除基层和保温层之间的水蒸气。常用做法有三种:一是将黏结材料以点、条状方式粘贴一层防水卷材或粘贴一层带砂粒开洞防水卷材,以形成水蒸气通道,如图 10-12 所示;二是在保温层之上或之下,用石棉水泥波形板作为透气层;三是在

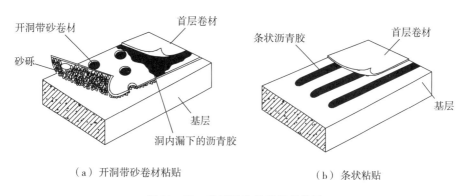

　　　(a) 开洞带砂卷材粘贴　　　　　　　　(b) 条状粘贴

图 10-12　基层油毡的蒸汽扩散层

找平层或保温层内,利用保温层材料本身具有的松散结构,做成透气孔道,通气孔道的排气口可设在屋脊处、檐口处,也可在其他部位每隔 6～8m(不超过 12m)设置排气风帽,如图 10-13 所示。

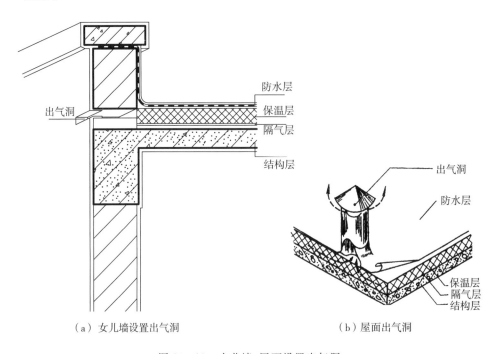

（a）女儿墙设置出气洞　　　　　　　　（b）屋面出气洞

图 10-13　女儿墙、屋面设置出气洞

(2)倒置式保温屋面:保温层设在防水层之上。其优点是防水层不受太阳辐射和剧烈气候变化的直接影响,提高了防水性能的可靠性。倒置式保温屋面须选用吸湿性低、耐气候性强的保温材料,如聚苯乙烯泡沫塑料板、聚氨酯泡沫塑料板等保温板材,或选用自带防水卷材面层的保温材料,简化施工。

10.2.5　平屋顶的隔热、通风构造

在我国南方地区,夏季天气炎热、太阳辐射强、屋顶温度较高,应设置隔热、通风构造。隔热屋顶主要是在屋顶铺设或粉刷各种保温绝热及反射材料来达到节能效果。通风屋顶是在屋顶设置通风的空气间层,利用间层内流动的空气带走热量,降低屋顶表面的温度。

1. 架空间层通风隔热屋顶

在屋面上砌筑 120mm×120mm 砖墩,上部设架空的预制混凝土小平板或大阶砖(或预制混凝土折板、槽板、圆拱等);架空层的高度一般不大于 360mm,最佳为 180～240mm,如图 10-14 所示。

2. 顶棚通风隔热屋顶

顶棚通风隔热屋顶即在结构层下做吊顶棚,利用顶棚与结构层之间的空气作为通风隔热层,并在檐墙上设一定数量的通风口来换气、散热,如图 10-15 所示。

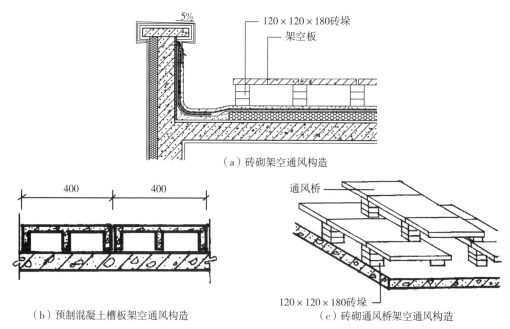

（a）砖砌架空通风构造

（b）预制混凝土槽板架空通风构造　　　　（c）砖砌通风桥架空通风构造

图 10-14 架空通风隔热屋顶

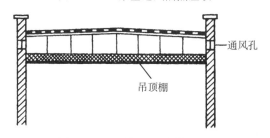

图 10-15 顶棚通风隔热屋面

10.2.6 复合功能型屋面构造

1. 种植屋面构造

种植屋面具备冬季保温、夏季隔热的能力，可净化空气、阻噪吸尘，如果将供水管及喷淋装置埋入屋面种植土中，用雾化水喷洒浇灌，既可节水，又减少屋面积水渗漏的可能。目前种植屋面常用作屋顶造景，营造舒适的休闲空间。

种植屋面的构造原理是根据屋顶的结构特点、荷载能力、环境条件，选择适宜的绿色植被或花草，种植或覆盖在屋面防水层上。种植屋面要兼顾雨水回用、蓄排的关系，在确保植物正常生长的同时，防止植物根系的穿透性破坏防水层，其构造要点如下：

（1）选择专用的轻质屋面种植土，以减小屋面荷载。

（2）在种植土下选用可以渗水但微小颗粒无法通过的聚酯无纺布或土工布作为过滤层，把土中水分滤出来，进入下一层的陶粒（卵石）或带有锥壳的塑料排蓄水层中，多余的水通过屋面排水系统排出。

（3）采用双层防水系统，上层为种植用耐根穿刺防水层，采用具有化学阻根或物理阻根的防水卷材，有效地解决植物根系刺穿防水层的问题，下层为普通防水层防水。

（4）种植土与女儿墙、出屋面结构、周边泛水及檐口、排水口等部位之间设卵石缓冲带，起缓冲、滤水、排水和隔离作用。

种植屋面的构造做法如图 10 - 16 所示。

2. 蓄水屋面构造

蓄水屋面即在屋面上蓄水，利用蒸发作用带走水中的蓄热，减少屋面的太阳辐射热，降低了屋面的传热量和屋面的温差。蓄水屋面是一种较好的隔热措施，适用于南方地区，北方寒冷易结冰地区、地震地区不宜采用。

蓄水屋面与普通平屋顶防水屋面相比，增加了"一壁三孔"。

所谓"一壁"是指为了便于检修及清扫屋面，将蓄水屋面划分成若干个蓄水区，区段之间用混凝土仓壁隔开。"三孔"是指溢水孔、泄水孔、过水孔。蓄水池内多余雨水可从溢水孔排出，通过檐沟再排至雨水管；蓄水池外壁根部的泄水孔，便于检修或清扫屋面时将水排干；在分仓壁的根部设过水孔，让每个蓄水区段的水体连通，遇到屋面有变形缝时，可根据变形区段设计成互不连通的蓄水池。

另外，蓄水屋面不仅有排水管，一般还应设给水管，以保证水源的稳定。所有的给排水管、溢水管、泄水管均应在做防水层之前安装好，并用油膏等防水材料妥善嵌填接缝。

蓄水屋面的构造做法如图 10 - 17 所示。

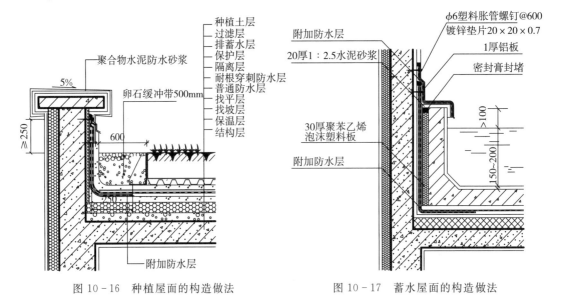

图 10 - 16　种植屋面的构造做法　　　　图 10 - 17　蓄水屋面的构造做法

10.3　坡屋顶

10.3.1　形式及构造组成

坡屋顶主要由屋面、承重结构、顶棚三部分组成。屋面是围护构件，具有防水、保温、隔热通风等性能，确保建筑具有良好的室内环境，提升建筑的耐久性；承重结构承受屋面荷载并将上部荷载传递到垂直受力构件上；顶棚层可美化室内环境，还可兼顾保温隔热。必要时，还可增加保温层、隔热层等附加构造层次。

坡屋顶有多种形式,如图 10 - 18 所示。坡屋顶的坡度一般大于 10%,排水快,易维修,屋面保温、隔热性能较好,在普通中小型民用建筑和工业建筑中应用较为广泛。

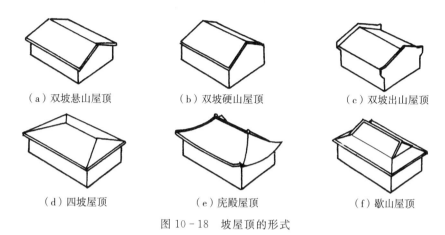

（a）双坡悬山屋顶　　　　　（b）双坡硬山屋顶　　　　　（c）双坡出山屋顶

（d）四坡屋顶　　　　　　　（e）庑殿屋顶　　　　　　　（f）歇山屋顶

图 10 - 18　坡屋顶的形式

10.3.2　承重结构

（1）按常用承重材料可分为木结构、钢筋混凝土结构和钢结构。

（2）按受力体系可分为无檩体系和有檩体系。无檩体系是将大型屋面板直接放在山墙、屋架(屋面梁)上,屋架(屋面梁)放在柱子(或者墙)上,如图 10 - 19(a)所示;有檩体系是以檩条为主要支承构件(其上可以由椽条或望板构成屋面基层),然后将各种小型屋面板放在檩条上,檩条支撑在屋架或者屋面梁上,屋架或者屋面梁放在柱子上,如图 10 - 19(b)所示。

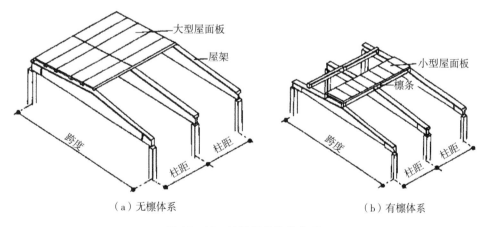

（a）无檩体系　　　　　　　　　　　　　　（b）有檩体系

图 10 - 19　坡屋面的结构体系

（3）按承重方式可分为山墙承重、屋架承重和梁板承重三种承重方式。

① 山墙承重。按坡屋顶的坡度,将横墙砌筑为三角形(山墙),上部搁置檩条承受屋面板荷载,如图 10 - 20(a)所示。

② 屋架承重。用屋架代替山墙搁置檩条并承受屋面板荷载(屋架支承在纵向外墙或柱上),如图 10 - 20(b)所示。

③ 梁板承重。用钢筋混凝土(或钢结构)梁板组成屋面系统,支承在柱子(或墙上),如图 10 - 20(c)所示。目前坡屋顶广泛采用梁板承重方式。

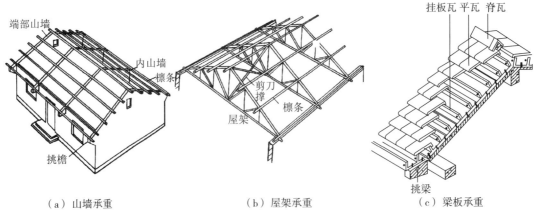

（a）山墙承重　　　　　　　　（b）屋架承重　　　　　　　（c）梁板承重

图 10-20　坡屋顶承重方式

10.3.3　屋面构造

1. 屋面基层形式

屋面基层可分为两类：一是板式，一般为现浇混凝土板或木板，其上用砂浆贴瓦、挂瓦条挂瓦、铺钉金属屋面板、沥青粘贴油毡瓦等，如图10-20(c)所示，还可另设附加的保温层；二是檩式，由檩条、屋面瓦或板等组成，目前常见的檩式结构多为钢结构，其构造形式工业化程度高，施工速度快，特别适用于大型工业厂房及大跨度建筑。

2. 屋面瓦(板)形式

（1）平瓦屋面

平瓦，又称机平瓦，是用黏土模压制成凹凸愣纹后焙烧而成的瓦片。瓦的上表面有沟槽以便排水，瓦的背面有挂钩。平瓦屋面一般适用于高跨比为 1/4～1/5 的坡屋顶中，如图10-20(c)所示。

（2）彩色沥青瓦、油毡瓦

沥青瓦是以有机原料、玻璃纤维为胎基，以沥青混合物为涂层，表面附着彩色矿物颗粒，切割成各种几何图案的瓦片。沥青瓦具有较好的适应性，适合各种坡度、各种形状的屋面。

沥青瓦防水、隔热、保温性能良好；且自重小，施工简便、综合成本低；色彩丰富，形式多样。缺点是易老化，且阻燃性差，在现浇钢筋混凝土上采用粘贴加钉子的固定方法时易被大风吹落。

（3）彩色压型钢板

彩色压型钢板主要有波形瓦、压型 V 型或 W 型瓦。一般用自攻螺丝钉、拉铆钉或专用连接件固定于各类檩条上。彩色压型钢板瓦防水性能好、构造简单、屋面轻。当采用复合钢板时，钢板中有夹心保温层，保温隔热性能好，是有发展前景的新型屋面材料，如图10-21所示。

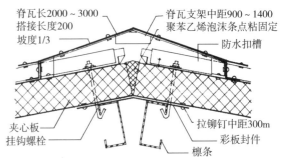

图 10-21　彩色压型钢板瓦屋面(屋脊)构造

10.3.4 坡屋顶的排水和防水

1. 坡屋顶的排水

坡屋顶的坡面交接形成屋脊、斜脊、斜沟,如图 10 - 22 所示。

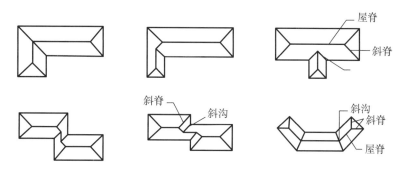

图 10 - 22 坡屋顶坡面组织示意图

坡屋顶屋面上的排水利用屋面坡度集中到檐口处,可以无组织自由排水,也可利用檐沟做有组织排水(内排水或外排水)。当采用有组织排水时,常采用钢筋混凝土檐沟或钢板檐沟,如图 10 - 23 所示。

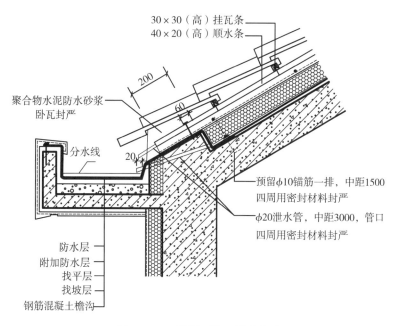

图 10 - 23 坡屋面檐口排水方式

2. 坡屋顶的防水(以卷材防水为例)

坡屋顶的防水层做法总体上与平屋顶的防水层做法相同,需重点注意细部的构造处理。

(1)山墙泛水

坡屋顶山墙主要有硬山、悬山和山墙平屋顶三种形式。硬山檐口泛水构造如图 10 - 24

所示,悬山、山墙平屋顶的檐口构造如图 10 - 25 所示。

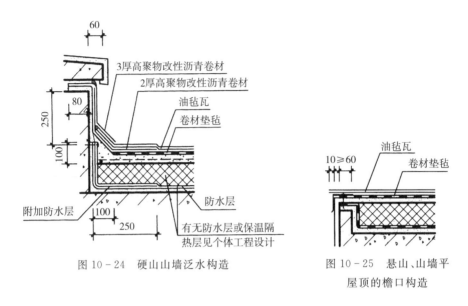

图 10 - 24　硬山山墙泛水构造　　　　　　图 10 - 25　悬山、山墙平
屋顶的檐口构造

（2）屋脊和斜天沟

坡屋顶的正脊、斜脊上一般采用脊瓦盖顶,如图 10 - 21、图 10 - 26 所示。斜天沟处在两斜板交接处中心线两侧 150mm 范围内不得下钉,避免积水渗漏,其细部构造如图 10 - 27 所示。

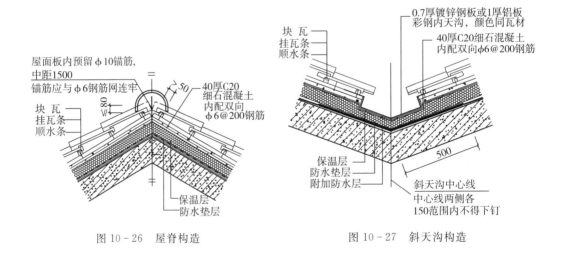

图 10 - 26　屋脊构造　　　　　　　　图 10 - 27　斜天沟构造

（3）屋面天窗

屋面天窗的构造重点在于斜板与侧墙交接处的泛水处理,图 10 - 28 为坡屋面老虎窗详图。

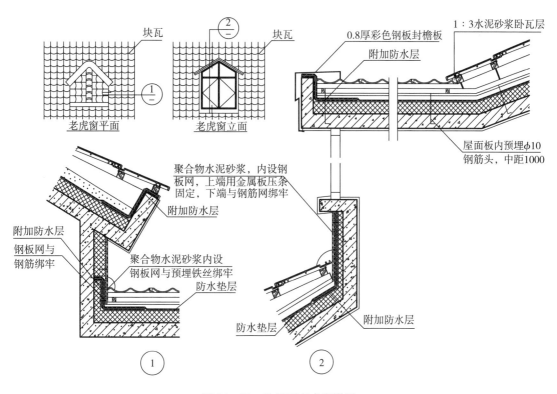

图 10-28 坡屋面老虎窗详图

（4）管道出屋面处泛水

管道穿过坡屋顶时，管道四周应做泛水构造，泛水高度不应小于 250mm，如图 10-29 所示。

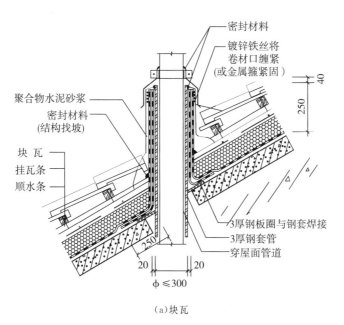

（a）块瓦

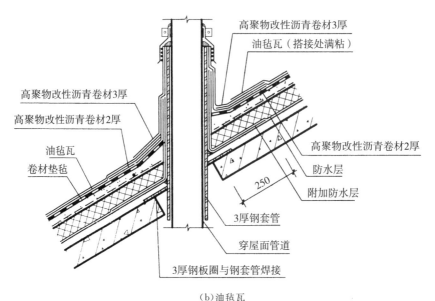

高聚物改性沥青卷材3厚
油毡瓦（搭接处满粘）

高聚物改性沥青卷材3厚
高聚物改性沥青卷材2厚
油毡瓦
卷材垫毡

高聚物改性沥青卷材2厚
防水层
附加防水层

250

3厚钢套管
穿屋面管道
3厚钢板圈与钢套管焊接

（b）油毡瓦

图10-29　管道出屋面处泛水构造

（5）檐口处防水防滑落处理

为防止坡屋面保温材料在檐口处受水侵蚀和滑落，檐口处有封檐挡水台措施，如图10-23所示。

10.3.5　保温与隔热

坡屋顶的保温隔热主要有以下三种做法：

（1）屋面板上粘贴保温隔热材料，如为板式屋面形式，可将泡沫塑料板粘贴在屋面板上作为保温隔热层，如图10-23～图10-29所示。

（2）在坡屋顶下结合室内装修做吊平顶，吊平顶上铺设保温材料以提高保温隔热效果，如图10-30所示。

（3）夹心彩板做屋面板时，板内有自熄性聚苯乙烯泡沫塑料或硬质聚氨酯泡沫做芯材，因此夹心彩板自身具有防寒、保温等特性，不需再做其他保温措施，如图10-21所示。

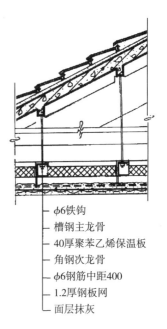

φ6铁钩
槽钢主龙骨
40厚聚苯乙烯保温板
角钢次龙骨
φ6钢筋中距400
1.2厚钢板网
面层抹灰

图10-30　坡屋顶室内
吊平顶保湿隔热构造

第11章 楼梯与电梯

解决建筑上下楼层垂直交通的措施有楼梯、电梯和自动扶梯,解决地面高度差的措施有坡道和台阶等。

11.1 楼 梯

11.1.1 楼梯的组成和形式

1. 楼梯的组成

楼梯一般由楼梯梯段、平台和栏杆(板)扶手三部分组成,如图11-1所示。

(1)楼梯梯段

楼梯梯段又称楼梯跑,由连续的踏步组成。一个楼梯梯段的踏步数不应超过18级,亦不应少于2级。两梯段之间的空隙称为梯井。

(2)平台

平台包括楼层平台和中间平台(休息平台)。楼层平台是指楼、地层与梯段端部相连的水平部分。中间平台(习惯称休息平台)是指每层楼梯中间的水平部分,以供行人间歇休息及转换方向。

(3)栏杆(板)扶手

在楼梯段的一边或两边缘应安装栏杆(板),栏杆(板)分实心与漏空两种,实心平板又称栏板。栏杆(板)上部供人用手倚扶的配件称为扶手。栏杆(板)设计应满足安全高度要求,并有足够的牢固度。

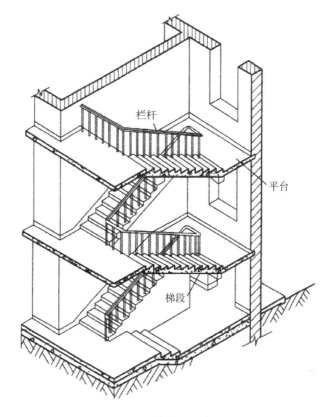

图11-1 楼梯的组成

2. 楼梯的形式

(1)按平面形式分类

楼梯按平面形式可分为直跑式、双跑式(属于平行式)、三跑式、转角式、双分式(合上双分式)、双合式(分上双合式)、剪刀式、弧形和螺旋式等,如图11-2所示。设计时可根据层高、平面尺寸、人流大小、使用功能、外观造型等因素具体选用。

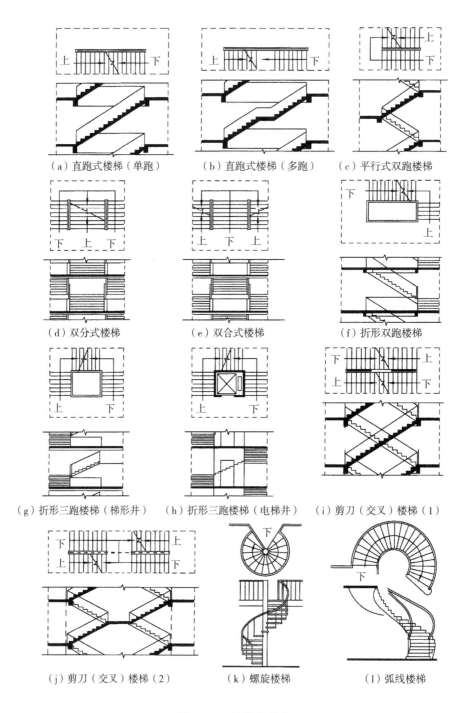

（a）直跑式楼梯（单跑）　　（b）直跑式楼梯（多跑）　　（c）平行式双跑楼梯

（d）双分式楼梯　　　　　　（e）双合式楼梯　　　　　　（f）折形双跑楼梯

（g）折形三跑楼梯（梯形井）　（h）折形三跑楼梯（电梯井）　（i）剪刀（交叉）楼梯（1）

（j）剪刀（交叉）楼梯（2）　　（k）螺旋楼梯　　　　　　　（l）弧线楼梯

图 11-2　楼梯的形式

① 直跑式（又称直上式）楼梯

指行人在楼梯段上下时不转换方向的楼梯，常用于层高较小的住宅或大型公共建筑的主要出入口处，如住宅的户内楼梯和大型体育馆的疏散楼梯。

② 双跑(又称平行双跑)楼梯

它由两个平行(在水平投影上)的楼梯段和一个中间平台组成,由于第二跑楼梯段转向
180°,故所占长度较小,但宽度较大。这种楼梯应用最广泛。

③ 三跑楼梯

由三个梯段和两个中间平台组成,一般用于楼梯间平面接近方形且层高相对较高的公
共建筑。由于它有较大的楼梯井而存在安全隐患,不宜用于中小学校、幼儿园等儿童经常使
用的建筑中。

④ 转角式(又称曲尺式)楼梯

这种楼梯的两个梯段,转换方向小于180°(常用90°),多用作住宅户内楼梯,两梯段可沿
墙设置,且楼梯下部空间可充分利用。某些公共建筑(如旅馆、影剧院等)的底层大厅也常用
这种楼梯。

⑤ 双分式楼梯、双合式楼梯和剪刀式楼梯

双分式和双合式楼梯相当于两个双跑楼梯并联在一起。剪刀式楼梯相当于两个双跑楼
梯在平台处对接。这三种楼梯多用于人流量较大的公共建筑。

⑥ 弧形和螺旋式楼梯

弧形楼梯的梯段呈弧形,踏步围绕着一个中心梯井布置,每个踏步内窄外宽呈扇形。与
弧形楼梯不同,螺旋式楼梯踏步则围绕一根中心柱布置。这两种楼梯均造型优美、流畅,可
起到丰富空间的效果,多用于宾馆等公共建筑和园林建筑,不宜用于疏散之用。

(2)按结构形式分类

可分为梁式、板式、悬挑式、悬挂式等,其中板式和梁式应用最为广泛,如图 11 - 3 所示。

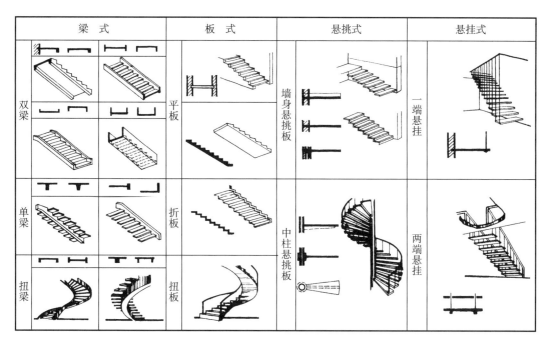

图 11 - 3　楼梯的结构类型

11.1.2 楼梯的尺寸

1. 楼梯段的宽度

楼梯段的宽度是指墙面至扶手中心线或扶手中心线之间的水平距离,除应符合防火规范的规定外,供日常主要交通用的楼梯梯段宽度按每股人流为 550+(0~150)mm 的人流股数确定,并应不少于两股人流,0~150mm 为人流在行进中人体的摆幅,公共建筑人流众多的场所应取上限值,一般梯段净宽为1400~2100mm。

供事故疏散用的楼梯,按防火规范规定,应保证两股人流通过,因而疏散楼梯段的最小净宽不应小于 1100mm。

住宅公共楼梯的梯段净宽不应小于 1100mm,6 层及 6 层以下的,一边设有栏杆的梯段净宽不应小于 1000mm。

单人行走楼梯梯段宽度需要适当加大,当两侧均是墙时,梯段净宽不小于 900mm;当只有单侧是墙,另一侧是栏杆(板)扶手时,梯段净宽不小于 750mm。

各类建筑楼梯的最小梯段净宽与休息平台净宽,见表 11-1 所列。

表 11-1　最小梯段净宽与休息平台净宽　　　　　　　　(单位:m)

建筑类型		梯段净宽	休息平台净宽
居住建筑	套内楼梯	一边临空≥0.75 两侧有墙≥0.90	—
	6 层及 6 层以下单元式住宅且一边设有栏杆的楼梯	≥1.00	≥1.20
	7 层及 7 层以上的住宅	≥1.10	≥1.20
	老年住宅	≥1.20	≥1.20
公共建筑	汽车库、修车库	≥1.10	≥1.10
	老年人建筑、宿舍、一般高层公建、体育建筑、幼年及儿童建筑	≥1.20	≥1.20(包括直跑楼梯中间的休息平台)
	电影院、剧院、商店、港口客运站、中小学校	≥1.40	≥1.40
	医院病房楼、医技楼、疗养院　次要楼梯	≥1.30	≥1.30
	医院病房楼、医技楼、疗养院　主要楼梯和疏散楼梯	≥1.65	≥2.00
	铁路旅客车站	≥1.60	≥1.60

2. 楼梯平台的宽度

当梯段改变方向时,平台(扶手转向端处)的最小宽度不应小于梯段净宽,并不得小于 1200mm,当有搬运大型物件需要时应适量加宽,如图 11-4 所示。

直跑楼梯的中间平台宽度不应小于 900mm。

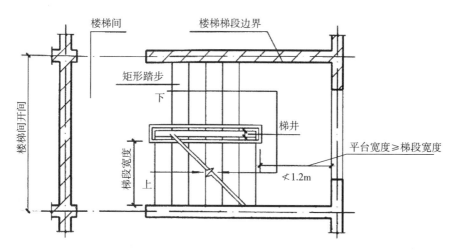

图 11 - 4　楼梯平台宽度

3. 楼梯梯段和平台的净高

楼梯梯段净高为自踏步前缘(包括最低和最高一级踏步前缘线以外 300mm 范围内)量至上方突出物下缘间的垂直高度。梯段净高一般应满足人在楼梯上伸直手臂向上时手指刚触及上方突出物下缘一点为限,为保证人在行进时不碰头和产生压抑感,梯段净高不宜小于 2200mm。楼梯平台上部及下部过道处的净高不应小于 2000mm,如图11 - 5所示。

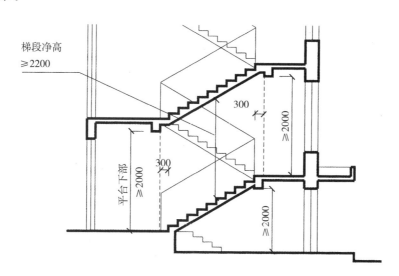

图 11 - 5　梯段和平台净高

当底层休息平台下设置出入口时,为了满足出入口处不小于 2000mm 的净高要求,常采用以下几种方法处理:

(1)采用长短跑梯段。增加第一梯段的踏步数量,使底层楼梯的两个梯段形成长短跑,以此抬高底层休息平台的标高,如图 11 - 6(a)所示。

(2)局部降低室内地面标高。通过台阶将楼梯间底层地面局部降低,以满足净高要求,此时,为防止雨水倒灌入楼梯间内,还应使室内最低点的标高高出室外地面不小于 100mm,

如图 11-6(b)所示。

(3)综合以上两种方式,在采用长短跑梯段的同时,又降低底层室内地面标高,如图 11-6(c)所示。

(4)底层采用直跑楼梯直接上二层。当底层层高较低时(一般不大于 3000mm),可将底层的双跑楼梯改为直跑楼梯,此时需注意梯段的连续踏步数量不应超过 18 级,如图 11-6(d)所示。

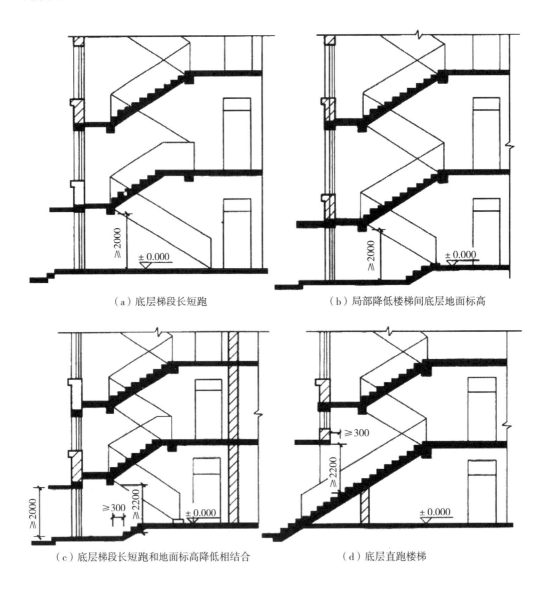

(a)底层梯段长短跑   (b)局部降低楼梯间底层地面标高

(c)底层梯段长短跑和地面标高降低相结合   (d)底层直跑楼梯

图 11-6 楼梯底层休息平台下作出入口的处理方法

4.楼梯的坡度

楼梯的坡度常用斜面与水平面的夹角表示,也可用斜面在垂直面上的投影高和在水平面上的投影长之比(踏步的高宽比)来表示。一般楼梯的坡度以 $26°30'\sim30°$ 为宜。对于公共建筑使用频繁、人流量大、面积较充裕的楼梯,其坡度宜平缓;对于使用人数较少或不常使用的辅助楼梯,其坡度可适当陡些,但不宜超过 38°,如图 11-7 所示。

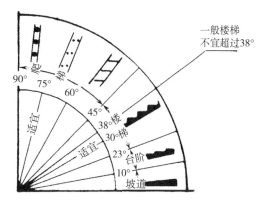

图 11-7　楼梯、爬梯、坡道的坡度

5. 楼梯踏步尺寸

踏步是梯段脚踏的部位,踏步的水平面叫踏面,垂直面叫踢面。踏步的尺寸是指踏步的宽度(踏面宽)和高度(踢面高),根据人体步幅的尺度来确定。

踏步宽以 b 表示,踏步高以 h 表示,b 和 h 应符合以下关系:

$$b+2h=600\sim620\text{mm}(600\sim620\text{mm 为妇女和儿童的平均跨步长度})$$

不同类型的建筑物,踏步尺寸要求也不相同,见表 11-2 所列。

表 11-2　楼梯踏步的最小宽度和最大高度　　　　　　　　　　(单位:mm)

楼梯类型		最小宽度	最大高度
住宅楼梯	住宅公共楼梯	0.260	0.175
	住宅套内楼梯	0.220	0.200
宿舍楼梯	小学宿舍楼梯	0.260	0.150
	其他宿舍楼梯	0.270	0.165
老年人建筑楼梯	住宅建筑楼梯	0.300	0.150
	公共建筑楼梯	0.320	0.130
托儿所、幼儿园楼梯		0.260	0.150
小学校楼梯		0.260	0.150
人员密集且竖向交通繁忙的建筑和大、中学校楼梯		0.280	0.165
其他建筑楼梯		0.260	0.175
超高层建筑核心筒内楼梯		0.250	0.180
检修及内部服务楼梯		0.220	0.200

6. 楼梯栏杆扶手的高度

楼梯扶手的高度为踏步前缘线至扶手顶部的垂直高度。一般建筑室内楼梯扶手高度不宜小于 900mm;靠梯井一侧水平栏杆超过 500mm 长时,其高度不应小于 1050mm;疏散用室外楼梯栏杆扶手高度不应小于 1100mm;幼儿建筑的楼梯除设成人扶手外,并应设幼儿扶手,其高度不应大于 600mm,如图 11-8 所示。

7. 梯井尺寸

梯井是由楼梯梯段和休息平台内侧围成的空间。梯井的宽度应根据楼梯开间的尺寸灵活

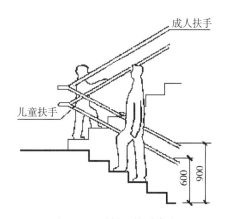

图 11-8　栏杆、扶手高度

确定。按照消防要求,公共建筑的梯井净宽不宜小于 150mm,住宅建筑楼梯间开间一般较小,梯井净宽不宜小于 60mm。

住宅梯井净宽大于 110mm 时,必须采用防止儿童攀滑的措施。托儿所、幼儿园、中小学及少年儿童专用活动场所的楼梯,梯井净宽大于 200mm 时,其扶手必须采用防止攀滑的措施和采用不易登踏的栏杆花饰。

梯井宽度小于 200mm 时,不宜采用实体栏板的做法。

11.1.3 楼梯设计

楼梯设计是根据有关建筑的已知条件,如楼梯间的层高、开间、进深、室内外高差等,选择楼梯的形式,确定楼梯各部分的尺寸,并正确绘出楼梯的底层、楼层、顶层平面图及楼梯剖面图,并注明相关尺寸和标高。

1. 确定梯段净宽度 B 及休息平台宽 D 的尺寸

设梯井宽为 C,梯段净宽 B 为

$$B = \frac{A-C}{2} \tag{11-1}$$

式中,B——梯段净宽度;

C——梯井尺寸,公共建筑不宜小于 150mm,住宅建筑不宜小于 60mm;

A——楼梯间开间净宽;

2——双跑楼梯的每层梯段数。

需注意,当 B 值按上式计算出来后,还必须满足各类建筑的疏散宽度要求,见表 11-1 所列。

由于休息平台宽度应不小于梯段净宽,故平台宽 D 大于等于 B。

2. 确定踏步宽、高尺寸

根据楼梯的使用性质和用途,对照楼梯踏步最小宽度与最大高度的控制尺寸表选择一个适宜的踏步高 h 及踏步宽 b,见表 11-2 所列。

3. 确定一个层高的踏步总数量 n

这是关键的一步。确定方法是用已知的楼层层高 H 除以上一步选择的踏步高 h,得出每层踏步总数量 n。如果 n 为整数,则选择的踏步高 h 成立;若 n 不为整数,则应将后面的小数取消或进位,得出一个整数(即踏步数),再去除层高 H,得出的数值若在规定的尺寸范围内,即为所要设计的楼梯踏步高 h 的真实值。

需注意,同一个梯段中踏面在水平面上投影的个数比踢面在垂直面上投影个数少 1,这是因为最上一个踏面和平台面重合。

4. 确定每个楼梯段的踏步数

为了确定每个楼梯段的踏步数,则应先确定每层楼梯的跑数(梯段数),即是单跑、双跑还是多跑等。对于平行双跑楼梯,一个层高内的两个梯段的踏步数可以相等(称等跑),也可以不相等(称不等跑)。若为等跑,则每个梯段的踏步数均为 $n/2$;若为不等跑,则两个梯段的踏步数之和应等于 n。

5. 确定梯段的水平投影长度 L

$$L = (n_0 - 1) \times b \tag{11-2}$$

式中，n_0——每个楼梯段的踏步个数（n_0-1 即为每个楼梯段的踏面数）。

6. 校核楼梯间进深尺寸（一般取最长一个梯段验算）

若楼梯间进深轴线尺寸－（墙厚＋梯段水平投影长度 $L+2\times$ 休息平台宽 D）≥0，则满足要求，此时，大于零的多余尺寸一般加在楼层平台的宽度上。但若小于零，说明楼梯间进深尺寸不够，则应调整上面步骤中的踏步宽或相关尺寸。

7. 绘图

根据以上步骤确定的数值，绘出平、剖面图，并标注尺寸及标高。其中楼层平面图若为标准层，踏步数及尺寸均相等，则只需画一个楼层平面图；否则，每层平面图都要画出。

若底层休息平台下要求过人时，须满足出入口处不小于 2000mm 的净高要求，可降低底层地面标高，以增加平台下的空间尺寸；也可将首层第一梯段加长，以提高休息平台高度，如图 11-6 所示。

【例题】某 4 层住宅楼，层高为 2900mm，楼梯间开间为 2700mm，进深为 5700mm，墙厚 240mm，室内外地面高差为 600mm。试设计一双跑板式钢筋混凝土楼梯，要求在底层休息平台下作出入口，并保证平台梁下净高大于等于 2000mm。（休息平台梁高取 250mm）

【解】（1）确定梯段的净宽度 B、平台的宽度 D

根据《住宅建筑规范》（GB 50368—2005），6 层及 6 层以下的，一边设有栏杆的梯段净宽不应小于 1000mm，因此，设计梯段净宽只要大于等于 1000mm 即能符合规范要求。梯井取 100mm，则梯段净宽为 $B=(2700-240-100)\div2=1180mm$。由于 1180mm 大于 1000mm，故满足要求。

根据休息平台净宽 D 大于等于梯段净宽 B 且不得小于 1200mm 的原则，D 可暂取 1200mm。

（2）合理选择踏步高宽尺寸

根据前表 11-2 住宅楼梯踏步的取值要求，依据经验，可暂选择踏步高 $h=160mm$，踏步宽 $b=280mm$。

（3）确定每层踏步数

由于层高均为 2900mm，所以各个楼层的踏步总数是相同的，具体计算为 $2900\div160=18.125$ 级，取消小数，踏步数取整为 18 级。使其被层高反除，求得踏步高度为 $2900\div18\approx161mm$（满足踏步高度取值要求）。双跑楼梯标准梯段，每个梯段为 $18\div2=9$ 级踏步。

（4）重点确定第一、二梯段的踏步数

由于本设计要求在首层休息平台下作出入口，并保证平台梁下净高大于等于 2m。若首层第一、二梯段也采用等跑梯段，则无法满足首层休息平台下净高的要求。所以可考虑将地面标高降低，且同时抬高中间平台标高（即适当增加第一梯段的踏步数，并相应减少相同数目的第二梯段的踏步数，形成不等跑的双跑楼梯）。

经验算，第一梯段取 11 级，第二梯段取 7 级可满足要求。验算方法是：首层休息平台下净高＝$161\times11+500$（底层楼梯地面降低高度）-250（休息平台梁高）$>2000mm$，满足要求。

需注意，首层休息平台面层标高若按 $161\times11=1771mm$ 计算，所得值并不符合楼梯休息平台的模数规定，故按 1770mm 取值（此时依然能满足首层休息平台下净高大于 2000mm 的要求）。

（5）确定楼梯水平投影长度

第一梯段长度 $L_1=(11-1)\times280=2800mm$；

第二梯段长度 $L_2=(7-1)\times280=1680mm$；

标准等跑梯段长度 $L=(9-1)\times280=2240$ mm。

(6)校核最长梯段(第一梯段)的进深尺寸

$5700-240-2800-1200\times2=260$ mm>0,满足要求。

多出的 260mm 加入休息平台宽度,即最终确定休息平台宽 $D=1200+260/2=1330$ mm。

(7)绘制楼梯平、剖面图

楼梯平、剖面图如图 11-9 所示。

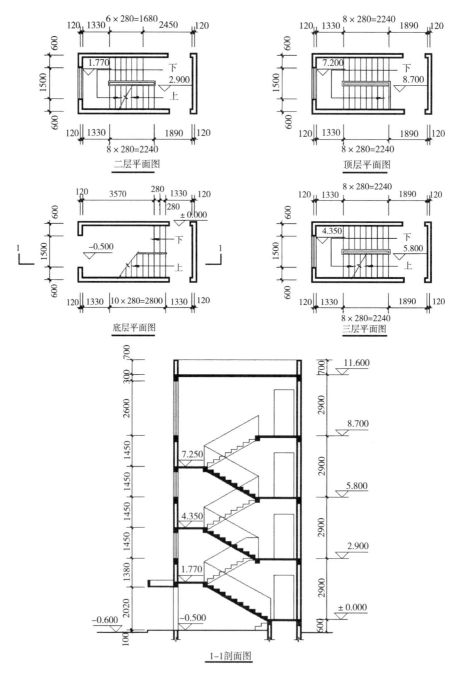

图 11-9　楼梯平、剖面图

11.1.4　钢筋混凝土楼梯

钢筋混凝土楼梯具有坚固、耐久、防火性能好等特点,在建筑中得到广泛应用。按施工方式不同,钢筋混凝土楼梯可分为现浇钢筋混凝土楼梯和预制装配式钢筋混凝土楼梯两种。

1. 现浇钢筋混凝土楼梯

现浇钢筋混凝土楼梯梯段和平台现浇为一个整体,具有整体性能好、刚度大、抗震性能好的优点,但其施工工序多。现浇钢筋混凝土楼梯,按照楼梯梯段的传力特点,分为板式楼梯和梁式楼梯。

(1)板式楼梯

板式楼梯是将楼梯作为一块倾斜板来考虑,板的两端支承在休息平台梁上,两平台梁之间的距离即为板的跨度;有时也可取消梯段板一端或两端的平台梁,使平台板与梯段板连为一体,形成折线形板,如图 11-10 所示。

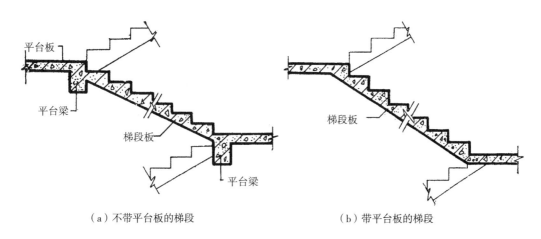

(a)不带平台板的梯段　　　　　　　　(b)带平台板的梯段

图 11-10　现浇钢筋混凝土板式楼梯

板式楼梯的结构简单,板底平整,施工方便,常用于荷载较小、层高较低的中小型民用建筑。

还有一种悬臂板式楼梯,其梯段与平台均无支承,完全靠上下楼梯段与平台组成的空间板式结构与上下层楼板共同受力,如图 11-11 所示。

(2)梁式楼梯

梁式楼梯是踏步板支承在斜梁上,斜架支承在上、下平台梁上,如图 11-12 所示。与板式楼梯相比,梁式楼梯踏步板的跨度小,受力较好。

梁式楼梯的斜梁可以在踏步板的下面(板下的中间或两边)或上面。斜梁在踏步下边时,称之为正梁式(或明步式),它受力明确,但板底不平整;斜梁从踏步板两侧上翻时,称之为反梁式(或暗步式),反梁可以阻止垃圾或灰尘从梯井落下,而且板底平整,缺点是梁占据了梯段的部分宽度。

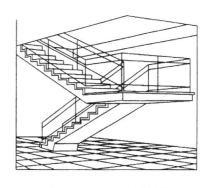

图 11-11　悬臂板式楼梯

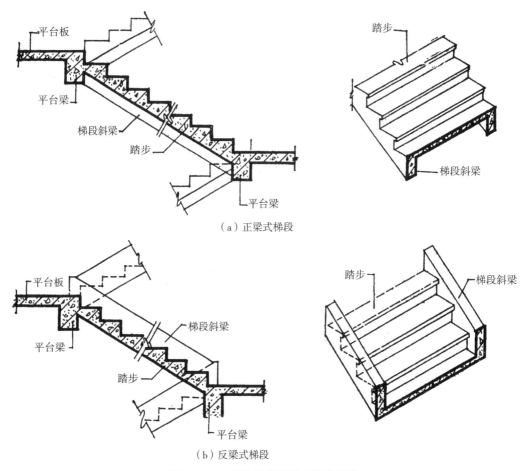

（a）正梁式梯段

（b）反梁式梯段

图 11-12 现浇钢筋混凝土梁式楼梯

2. 预制装配式钢筋混凝土楼梯

预制装配式钢筋混凝土楼梯将楼梯分成多种小构件，如平台板、斜梁和踏步块等，在预制厂或施工现场进行预制，然后将预制构件进行装配、焊接成一个完整楼梯。装配式钢筋混凝土楼梯的构造形式很多，按构件尺寸大小不同，可分为小型、中型和大型装配式钢筋混凝土楼梯。其选用主要根据构件生产、运输、吊装设备能力等条件决定。常见的中小型预制梁式楼梯构造，如图 11-13 所示。

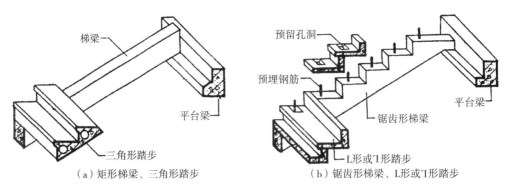

（a）矩形梯梁、三角形踏步　　　　　（b）锯齿形梯梁、L形或T形踏步

图 11-13 常见的中小型预制梁式楼梯构造

11.1.5　楼梯踏步、栏杆及扶手构造

1. 踏步构造

（1）踏步面层

踏步面层应耐磨，便于行走和清扫，一般可用水泥砂浆抹面、水磨石、地板砖、大理石、人造石材等作踏步面层。

（2）踏步面层的防滑

踏步表面应采取防滑措施，即在踏面边缘设置防滑条。防滑条材料应比踏步面层材料更耐磨，表面较粗糙或有凹凸线条，或者踏步面层贴面板材直接设凹凸槽防滑带，如图 11 - 14 所示。

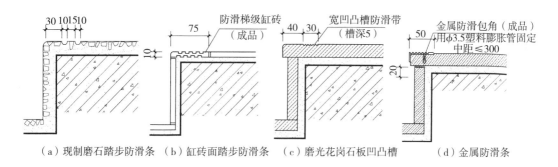

（a）现制磨石踏步防滑条　（b）缸砖面踏步防滑条　（c）磨光花岗石板凹凸槽　（d）金属防滑条

图 11 - 14　楼梯踏步防滑条构造

2. 栏杆（板）构造

栏杆（板）是楼梯的安全围护设施，设在楼梯段或平台边缘，栏杆（板）上部为扶手。栏杆（板）与扶手组合后应有一定的强度，能承受一定的侧向冲击力，而且具有装饰作用。栏杆（板）做法有空花栏杆、实心栏板和组合式栏杆三种，如图 11 - 15 所示。

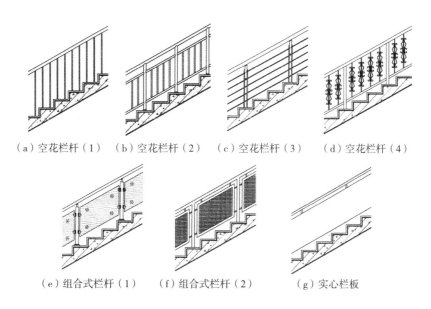

（a）空花栏杆（1）　（b）空花栏杆（2）　（c）空花栏杆（3）　（d）空花栏杆（4）

（e）组合式栏杆（1）　　（f）组合式栏杆（2）　　（g）实心栏板

图 11 - 15　楼梯栏杆的形式

（1）空花栏杆

多采用扁钢、圆钢、方钢等型材制成，其杆件形成的空花尺寸不宜过大，有儿童经常使用的楼梯，垂直栏杆净距不应大于110mm。

栏杆与踏步的连接方式主要由三种，第一种是栏杆与踏步内的预埋件焊接，如图11-16（a）、（b）所示；第二种是将栏杆底板用膨胀螺栓固定在踏步中，如图11-16（c）、（d）所示；第三种是将栏杆插入踏步内的预留孔洞中，再用水泥砂浆或细石混凝土填实，如图11-16（e）、（f）所示。

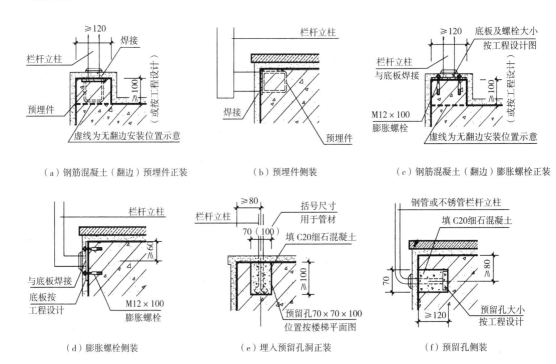

图11-16　栏杆与踏步的连接

（2）实心栏板

栏板多采用钢筋混凝土板、钢丝网水泥板或砖砌栏板，目前不常使用。

钢筋混凝土栏板一般与梯段一起现浇而成，如图11-17（a）所示。

钢丝网水泥栏板是在钢筋骨架的侧面先铺设钢丝网，然后抹水泥砂浆而成，如图11-17（b）所示。

砖砌栏板是用砖砌筑60mm厚，为增强栏板的稳定性，通常在栏板中增设钢筋网，并与现浇的钢筋混凝土扶手连接，如图11-17（c）所示。

（3）组合式栏杆

将空花栏杆与栏板结合，其中空花栏杆多采用金属材料制作，栏板可采用钢筋混凝土板、金属板、钢化玻璃等材料制成。

3.扶手构造

楼梯扶手按材料不同有木扶手、金属扶手和塑料扶手等；按构造形式划分有栏杆扶手、栏板扶手和靠墙扶手等。

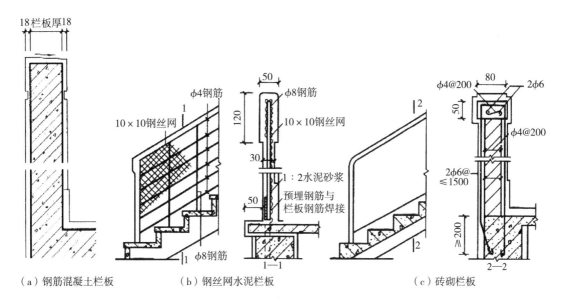

图 11-17　实心栏板构造

　　木扶手和塑料扶手用木螺丝固定在栏杆顶部的通长扁钢上；金属扶手通过焊接与栏杆相连；靠墙扶手可先在墙上预留洞，然后插入扶手的连接杆件，再用细石混凝土将预留洞填实，也可先在墙内预埋铁件，再与扶手的连接杆件焊接，还可用膨胀螺栓连接，如图11-18 所示。栏板扶手多采用水泥砂浆、水磨石粉面或镶贴大理石、人造石材等处理方式。

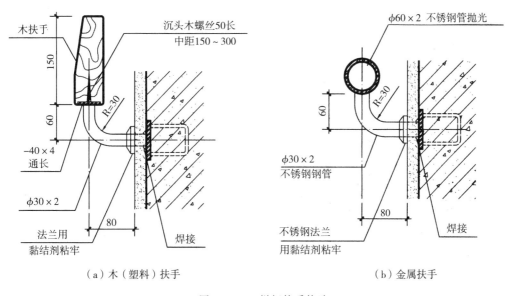

图 11-18　栏杆扶手构造

4. 栏杆扶手的转弯处理

在梯段的平台转折处,由于上下行梯段踏口处存在高差,为了保持各梯段的扶手高度一致,需根据不同情况进行处理,如图 11 - 19 所示。

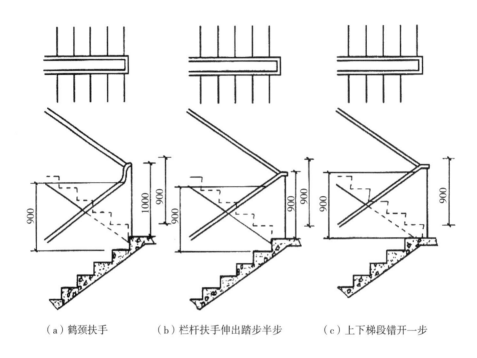

（a）鹤颈扶手　　　　（b）栏杆扶手伸出踏步半步　　　　（c）上下梯段错开一步

图 11 - 19　转折处扶手高度处理

11.2　台阶与坡道

台阶和坡道主要用来解决室内外局部高差,其中坡道也是无障碍设施之一。

11.2.1　台阶

1. 设计要求

台阶是联系室内外地坪或不同标高处的构件。室外台阶的坡度较楼梯缓,一般台阶宽度取值 300～400mm,台阶高度取值 100～150mm。在底层台阶与出入口之间应设置平台作缓冲之用,平台宽不宜小于 900mm,而且略向外倾斜,以免雨水流向室内。室内台阶踏步数不应少于 2 级,当高差不足 2 级时,应按坡道设置。人流密集的场所台阶高度超过 700mm 并侧面临空时,应有防护设施。

2. 台阶构造

台阶构造与地坪构造相似,由面层、结构层和垫层组成。结构层材料应采用抗冻、抗水性能好、质地坚硬的材料,常用混凝土。面层应采用耐磨、抗冻材料,常用水泥砂浆、水磨石、地砖或天然石材等,如图 11 - 20 所示。

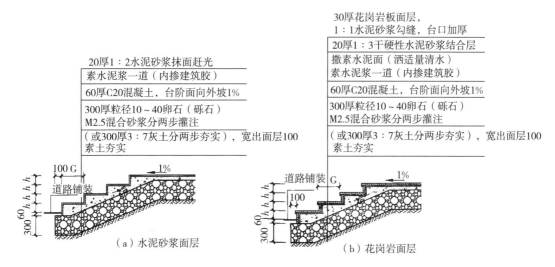

图 11-20　台阶构造

11.2.2　坡道

1. 设计要求

在车辆经常出入或不适宜作台阶的部位,可采用坡道作为室内外的联系,如医院、疗养院出入口以及人流量较大的公共建筑(剧场、电影院等)的安全疏散口外设置坡道。也可将台阶与坡道同时设置,以便人员和车辆各行其道。室内坡道坡度不宜大于1:8,室外坡道坡度不宜大于1:10,供轮椅使用的无障碍坡道坡度不宜大于1:12。坡道应做防滑地面。不同位置的坡道坡度和宽度见表11-3所列。

表 11-3　不同位置的坡道坡度和宽度

坡道位置		最大坡度	最小宽度/m
建筑入口	有台阶的	1:12	≥1.20
	只有坡道的	1:20	≥1.20
室内坡道		1:8	≥1.00
室外坡道		1:10	≥1.50
自行车推行坡道		1:5(1:4)	≥1.80
设备房、锅炉房、小型库房等入口处坡道		1:5~1:6	根据入口大小定

注:(1)无障碍坡道尺寸按专门要求确定。

　　(2)括号内数字为推荐数据。

2. 坡道构造

坡道的材料应采用抗冻性能好和表面结实的材料,面层常用水泥砂浆、混凝土、水磨石、石材或地砖等,如图11-21所示。当坡道较陡或采用较光滑面层时,其表面应做倒锯齿或加设防滑条。

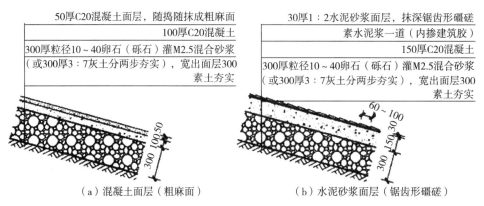

（a）混凝土面层（粗麻面）　　　（b）水泥砂浆面层（锯齿形礓磋）

图 11-21　坡道构造

3. 无障碍出入口及坡道

在坡度、宽度、高度以及地面材质、扶手形式等方面方便行动障碍者通行的出入口称为无障碍出入口,包括三种类别,即平坡出入口、同时设置台阶和轮椅坡道的出入口以及同时设置台阶和升降平台的出入口,其中同时设置台阶和升降平台的出入口宜只应用于受场地限制无法改造坡道的工程。

平坡出入口的地面坡度不应大于 1:20,当场地条件比较好时,不宜大于 1:30。

轮椅坡道宜设计成直线形、直角形或折返形,不宜设计成圆形或弧形,如图 11-22 所示。坡面应平整、防滑、无反光,坡道起点、终点和中间休息平台的水平长度不应小于1500mm,如图 11-23 所示。轮椅坡道的净宽度不应小于 1000mm,无障碍出入口的轮椅坡道净宽度不应小于 1200mm,坡度可按上升的最大高度来选用,选用时最大高度和水平长度应符合表 11-4 的规定。

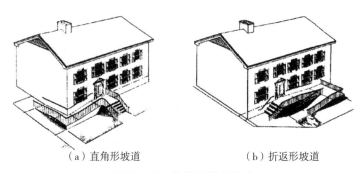

（a）直角形坡道　　　　　（b）折返形坡道

图 11-22　轮椅坡道的形式

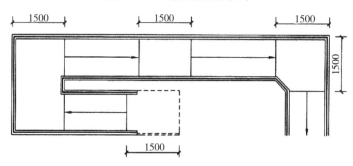

图 11-23　轮椅坡道的平面尺寸

表 11-4　轮椅坡道的最大高度和水平长度

坡度	1：20	1：16	1：12	1：10	1：8
最大高度（m）	1.20	0.90	0.75	0.60	0.30
水平长度（m）	24.00	14.40	9.00	6.00	2.40

轮椅坡道的高度超过 300mm 且坡度大于 1：20 时,应在两侧设置扶手,坡道与休息平台的扶手应保持连贯,无障碍单层扶手的高度应为 850～900mm,无障碍双层扶手的上层扶手高度应为 850～900mm,下层扶手高度应为 650～700mm,扶手起点与终点处延伸应大于或等于 300mm,如图 11-24 所示。扶手末端应向内拐到墙面或向下延伸不小于 100mm,栏杆式扶手应向下成弧形或延伸到地面上固定,如图 11-25 所示。扶手内侧与墙面的距离不应小于 40mm。

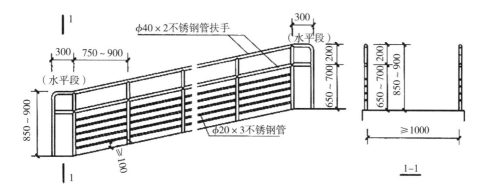

图 11-24　轮椅坡道扶手尺寸

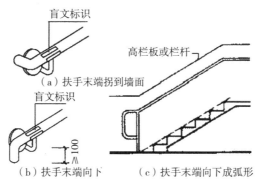

（a）扶手末端拐到墙面

（b）扶手末端向下　　（c）扶手末端向下成弧形

图 11-25　扶手末端拐到墙面或向下

11.3　电梯与自动扶梯

11.3.1　电梯

电梯是建筑物的垂直交通设备。一般用于 7 层及以上的住宅或住户入口层楼面距室外设计地面的高度超过 16m 时、5 层及以上的办公建筑、3 层及以上的医院、4 层及以上的图书馆、档案馆、疗养院和大型商店、3 层及以上的老年人居住建筑、7 层及以上的宿舍和高层建筑等。电梯不得作为安全出口,设置电梯的建筑物仍应按防火规范规定的安全疏散距离设置疏散楼梯。

1. 电梯功能分类

按使用功能分:

(1)客梯:主要用于人们在建筑物中的垂直联系,即运送人的电梯。

(2)货梯或服务梯:主要用于运送货物或其他物品。客梯、货梯共用时,称之为客货两用梯。

(3)医用电梯:为运送病床、担架、医用车而设计的电梯,轿厢具有长而窄的特点。

(4)消防电梯:用于发生火灾时,运送消防人员和消防器材及抢救受伤人员的电梯。

(5)观光电梯:将竖向交通工具与登高流动观景相结合的电梯。

(6)杂物电梯:供图书馆、办公楼、饭店运送图书、文件、食品等设计的电梯。

(7)汽车电梯:装运车辆的电梯,也是货梯的一种特殊类型,可用于多层立体机动车库、楼顶设停车场的大型商场的汽车垂直运输工具。

2. 电梯空间组成

常见曳引机动力系统的电梯由电梯井道、机房、电梯轿厢等部分组成,如图 11-26 所示。

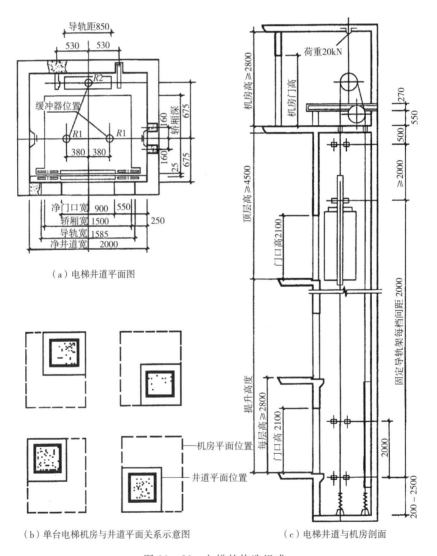

　　（a）电梯井道平面图

（b）单台电梯机房与井道平面关系示意图　　　　（c）电梯井道与机房剖面

图 11-26　电梯的构造组成

(1)电梯井道

供电梯轿厢在其中上下运行的井筒式构件称为井道。井道壁可用 240mm 厚的实砌砖墙,也可用 200mm 厚的钢筋混凝土浇筑。观光电梯的非承重井道壁可用玻璃幕墙构成。

井道壁上留有预埋件,以便安装导轨及导轨撑架,每层楼面应留有出入门洞,并设置专用厅门,厅门应根据装修需要,选择多种门套,如水磨石板、大理石板等。在电梯井道的最下部需留底坑,作为轿厢下降时所需的缓冲器的安装空间,其平面尺寸与井道尺寸相同,坑底需浇筑三个 300mm×300mm 水泥墩子,并留好预埋件,以便安装缓冲器。底坑地面应做防水处理。为便于检修,坑壁需设置钢爬梯和检修灯槽。

表 11 - 5 列举了几种常用客梯的主要参数及规格尺寸。

表 11 - 5　几种常用客梯的主要技术参数及规格尺寸

额定载重量/kg	乘客人数/人	额定速度/m·s⁻¹	轿厢尺寸/mm 宽A	深B	井道尺寸/mm 宽C	深D	机房尺寸/mm 宽R	深T	高H	厅门尺寸/mm 宽E	高F
630	8		1100	1400	1800	2100	2500	3700	2200	800	2000
800	10	0.63	1350		1900						
1000	13	1.00	1600		2400	2300	3200	4900	2400	1100	2100
1250	16	1.60	1950		2600						
1600	21	2.50		1750		2600		5500	2800		

(2)机房

机房一般在电梯井道的顶部,内设电梯运行的动力设施及控制屏,其面积大约是井道面积的 2 倍。机房与井道的相对位置关系如图 11 - 26(b)所示。

机房的净高度应不小于 2800mm。为了减少电梯运行时噪声对下部房间的影响,往往在机房下部设隔音层。根据工艺要求,机房地面应预留部分孔洞及预埋件,具体位置和尺寸由电梯生产厂提供。另外机房应满足良好的采光、通风要求。

此外,还有两类常用电梯不需要在建筑顶部设置机房。

① 无机房电梯:驱动主机安装在井道或轿厢上。

② 液压电梯:动力液压油缸位置井道底部。

11.3.2　自动扶梯

自动扶梯是向一定方向大量、连续运送客流的装置,广泛应用于人流较大的公共场所,如商场、地铁站、火车站等处。

自动扶梯主要由机架、踏步板、扶手带和机房组成。机房有两个,位于扶梯起、终端,分别称作下机房和上机房,机房悬在楼板下,内设电动机械牵动梯级踏步及扶手带上下运行,如图 11-27 所示。

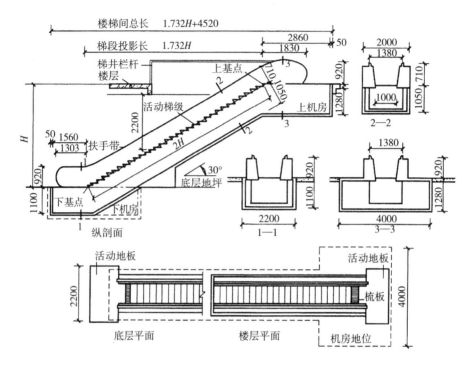

图 11-27　自动扶梯基本尺寸

自动扶梯的坡度通常为 27.3°、30°和 35°,按扶梯宽度分为单人及双人两种,型号规格见表 11-6 所列。

表 11-6　自动扶梯型号规格

梯型	输送能力/人·h	提升高度/m	速度/m·s^{-1}	扶梯宽度	
				净宽 B	外宽 B_1
单人梯	5000	3~10	0.5	600	1350
双人梯	8000	3~8.5	0.5	1000	1750

第 12 章 门和窗

12.1 门窗的设计要求及分类

建筑物的门主要起分隔房间和联系室内外的作用,也兼有采光和通风之用;窗的主要作用是采光、通风及观景。外门窗是建筑物的围护构件,有防风、雨、雪等侵蚀及隔声作用。此外,门窗也是建筑造型及立面的主要构成元素。

12.1.1 门窗的设计要求

1. 门窗的基本构造要求

(1)开启方便,关闭紧密。

(2)功能合理,美观大方。

(3)坚固耐用,便于维护。

(4)符合《建筑模数协调标准》的要求。

2. 门窗的物理性能要求

(1)满足抗风压、气密、水密、保温、抗结露、隔声等要求。

(2)满足建筑防火规范的要求,如防火门窗位置、耐火等级、燃烧性能、开启方式等要求。

(3)满足建筑节能设计的要求,如传热系数、遮阳系数、可见光透射比、窗墙面积比、外窗可开启面积、凸窗设置条件等要求。

12.1.2 门窗的分类

(1)按门窗材质分,常用材料有:木门窗、钢门窗、塑料门窗、铝合金门窗、玻璃钢门窗、不锈钢门窗等。其中普通木门窗易变形且防火性能差,普通钢门窗易锈蚀及保温防火性能差,不符合安全、节能、防火的要求,作为外门窗已基本不用。目前门窗多采用铝合金、塑料及各种复合材料,如隔热断桥铝门窗、铝木复合门窗、铝塑复合门窗等。

① 铝合金门窗

由经过阳极氧化、电泳或氟碳喷涂处理后的铝合金型材加工制作而成,表面着色和涂膜获得多种色彩和花纹,具有质轻、不易变形、密封性好、美观等特点。

② 塑料窗

由聚氯乙烯添加多种耐候、耐腐蚀添加剂为原料,经挤压成型组装而成的塑料窗,具有美观、密闭性强、保温性好、耐腐蚀等优点。由于普通塑料窗的抗弯曲变形能力较差,所以一般需在塑料型材中附加钢衬或铝衬来提高窗的刚度,也称塑钢窗。

(2)按开启方式,可分为以下几种。

① 门:平开门、弹簧门、推拉门、折叠门、转门、卷帘门等,具体特点见本章 12.2 节内容;

② 窗:平开窗、悬窗、立转窗、推拉窗、固定窗等,具体特点见本章 12.3 节内容。

(3)按性能分为隔声型门窗、保温型门窗、防火门窗、气密门窗、通风门窗等。

(4)按应用部位分为内门窗、外门窗。

12.2　门

12.2.1　门的开启方式

门按开启方式分为平开门、弹簧门、推拉门、折叠门、转门等多种类型,如图12-1所示。

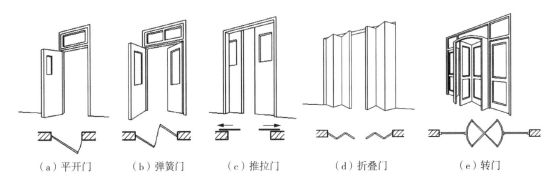

（a）平开门　　　（b）弹簧门　　　（c）推拉门　　　（d）折叠门　　　（e）转门

图12-1　门的开启方式

1. 平开门

平开门是民用建筑中应用最广泛的门之一,其特点是构造简单、密封性好、开关较灵活。有单扇、双扇之分,内开、外开之分。

2. 弹簧门

弹簧门特点是开启灵活、能自动关闭、构造较简单,但关闭后密封性能较差,不利于保温。这种门多用于人流出入频繁或有自动关闭要求的主要出入口处。它有单扇、双扇或多扇之分,且多为玻璃门,便于观察。

3. 推拉门

开启方便、占用空间少,需设上、下轨道让门扇在轨道之间左右滑行。推拉门在民用与工业建筑中的应用比较广泛,在公共建筑中多用红外感应推拉门。

4. 折叠门

一般由两扇或多扇门组成,开启时可把门扇折叠在一起,移至门侧,占用空间较少,门扇制作简单,但安装质量、五金质量要求较高。

5. 转门

转门是由三个(呈 Y 状)或四个(呈十字状)门扇组成,固定在上、下转轴间可转动的门。制作较复杂。当门开关时,室内外冷热空气不易对流,保温、隔热、卫生条件好,常用于人流不太大的公共建筑(如旅馆等)的主要出入口,但不能作为疏散门用。

12.2.2　门的组成

门一般由门框、门扇、亮子及五金零件等组成,装饰要求高的门还有贴脸板、筒子板等构件,如图12-2所示。门框通过木砖或其他联系构件固定在墙体上。门扇有木门扇(镶板门、夹板门、拼板门、玻璃门等),塑料门扇,铝合金门扇,彩板门扇等多种类型。门扇上方的亮子,俗称腰头窗,是供采光、通风用的玻璃窗扇。五金零件主要有铰链、地弹簧、门插销、门锁、门拉手、推杆和停门器等。

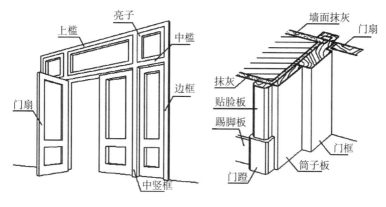

图 12 - 2　门的组成

12.2.3　门的尺度

门的尺寸(墙体上预留的洞口尺寸)应根据使用功能、交通运输和防火安全要求确定,同时还应符合《建筑模数协调标准》(GB/T 50002—2013)的规定,一般宜采用以扩大模数 3M 数列为标准的洞口系列。常用的民用建筑门扇高度为 2000～2100mm,门洞口高度与门扇高度之间由亮子高度来调节,亮子的高度一般为 300～600mm。民用建筑单个门扇宽度为 700～1000mm,当门洞口较宽时,可采用两个或多个门扇组成一个门。常用民用建筑门的最小尺寸要求,见表12 -1所列。

表 12 - 1　常用民用建筑门的最小尺寸要求　　　　(单位:mm)

建筑类型	部位	门洞最小宽度	门洞最小高度
宿舍	居室	900	2000
	阳台门、卫生间门	700	
住宅	单元门	1200	2000
	户门	1000	
	起居室门、卧室门	900	
	厨房门	800	
	阳台门、卫生间门	700	
中小学校	教学用房门	900(单扇)、1500(双扇)	2000
办公楼	办公用房门	1000	2000
旅馆	客房门	900	2000
	客房内卫生间门	700	2100
商店	营业厅门	1400	2000
老年人建筑	共用外门	1100	2000
	户门	1000	
	厨房门、卫生间门、阳台门	800	

12.2.4 民用木门构造

1. 门框

(1)门框在墙体(厚度方向)中的位置

可居中、平里齐或平外齐放置,如图12-3所示。一般平开门多与开启方向一侧的墙面平齐,尽可能使门扇开启时贴近墙面。

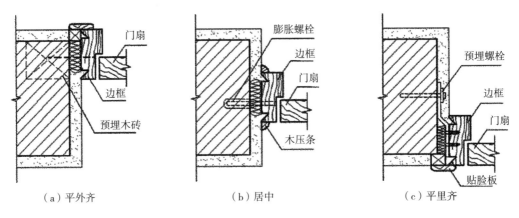

（a）平外齐　　　　　　　（b）居中　　　　　　　（c）平里齐

图12-3　门框在墙体中的位置

(2)门框的安装方法

有两种方法,一种是门框在砌墙时立放,叫立框法;也可在砌墙时预留门洞,以后再立放门框,叫塞框法,其施工时要在洞口上、左、右方留10~15mm宽施工缝,如图12-4所示。

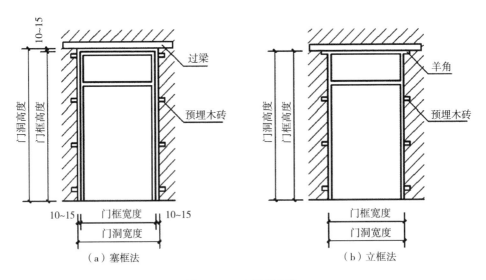

（a）塞框法　　　　　　　　　　（b）立框法

图12-4　木门框安装

(3)门框与墙体的连接

可采用木砖连接、预埋螺栓连接、膨胀螺栓连接等,如图12-3所示。预埋木砖需满涂沥青,做防腐处理,预埋铁件需做防锈处理。

2. 门扇

常用的木门门扇按其材料和构造方式不同,有镶板门(包括玻璃门、纱门),夹板门,拼板门等多种类型。

(1)镶板门

镶板门由骨架和门肚板(或门芯板)组成。门肚板用 10~15mm 厚薄木板或硬质纤维板、塑料板等制成,并镶压在骨架上,如图 12-5 所示。镶板门外型简洁、制作简单,常用作民用建筑的内、外门。

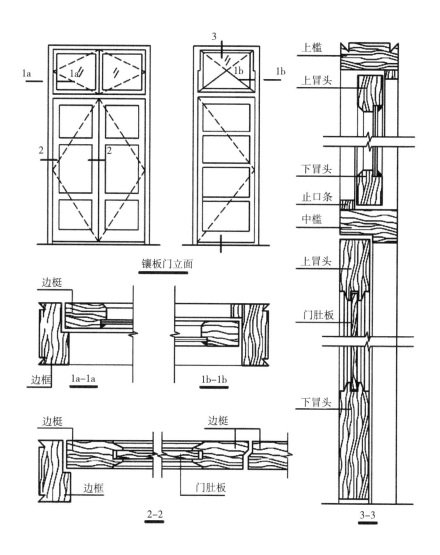

图 12-5　镶板门的构造

(2)玻璃门

玻璃门由骨架和玻璃(或部分木板)组成。骨架与镶板门的骨架相同,骨架之间镶的是玻璃。在门扇上部镶玻璃,下部镶木板的是半玻门;全部镶玻璃的是大玻门(或称全玻门)。

玻璃门外形美观,半玻门多用作阳台门,大玻门多用作公共建筑的出入口门。

(3)夹板门

夹板门的中间为断面较小的肋料组成的轻骨架,骨架两面外贴胶合板、硬质纤维板或塑料板等面板而成,根据使用要求,夹板门也可以做成局部玻璃或百叶。夹板门外型简洁、重量轻、制作方便,多用作民用建筑的内门,如图 12－6 所示。

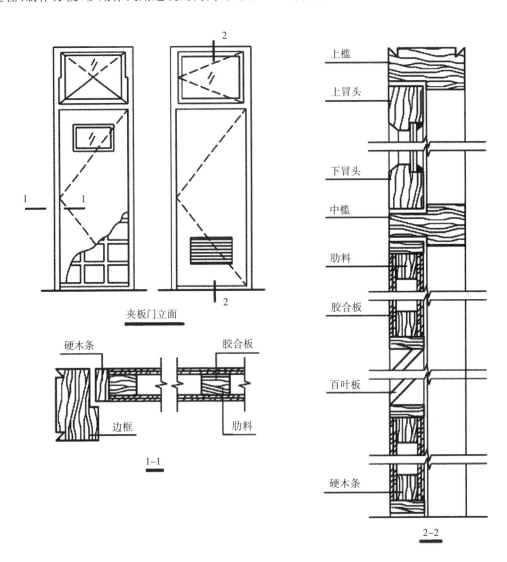

图 12－6　夹板门的构造

(4)拼板门

拼板门又称薄板拼板门,它由骨架和条板组成(工业建筑中常用无骨架的拼扳门,又称为实拼门)。拼板分为单面直拼、横拼和中间夹保温材料的双面拼板等多种类型,如图 12－7所示。拼板门构造简单、制作方便,常用于民用建筑的内、外门,或潮湿房间的门。内有保温材料的双面拼板门,可作为保温门。

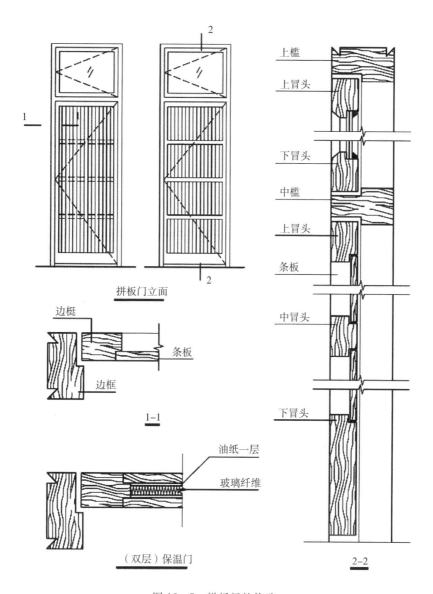

拼板门立面

边梃
条板
边框

1-1

油纸一层
玻璃纤维

（双层）保温门

上槛
上冒头
下冒头
中槛
上冒头
条板
中冒头
下冒头

2-2

图 12-7 拼板门的构造

3. 弹簧门构造

弹簧门和平开门的门框、门扇构造基本相同,弹簧门的铰链为弹簧铰链(或地弹簧),靠弹簧的拉力,门扇可自动关闭。弹簧有单面弹簧、双面弹簧和地弹簧之分,使用单面弹簧铰链的门称为单面弹簧门,常用于需要有温度调节和阻挡气味的地方,如厨房门、卫生间的门、纱门等;使用双面弹簧铰链或地弹簧的门称为双面弹簧门。双面弹簧铰链装在门的侧边,地弹簧装在门扇下方的地板内。双面弹簧门一般为双扇门,且向室内外均可开闭,为防止进出人相撞,门扇多用玻璃门。为防止两门扇之间相互碰撞,两扇门之间应当留有 3mm 的空隙。弹簧门多用于进出人流多的门厅、过厅、走廊等处,由于使用频繁,门框、门扇骨架强度要求较高,常选用硬木(或铝合金、塑料)制作,玻璃选用 5～6mm 厚玻璃,门扇下冒头常用金属薄板外包,以保证门扇的耐久性,如图 12-8 所示。

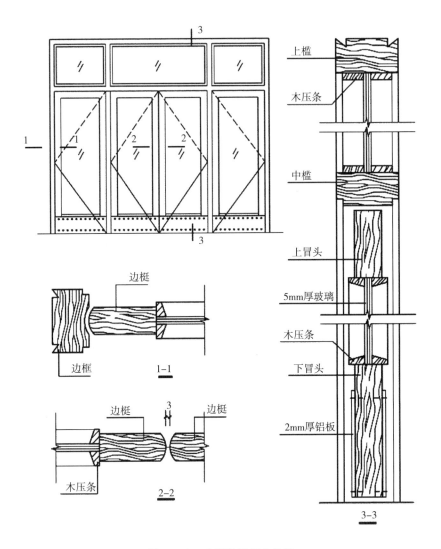

图 12 - 8 玻璃弹簧门的构造

12.2.5 门的选用与设置

根据使用、疏散、安全等要求,门在选用与设置时需注意以下内容:

(1)公共建筑的出入口常用平开门、弹簧门、电动推拉门及转门等,当采用转门、电动推拉门及卷帘门时,附近应另设外开门或双向开启的弹簧门,疏散门的宽度应满足安全疏散及残疾人通行的要求。

(2)托儿所、幼儿园、小学或其他儿童集中活动的场所不得使用弹簧门;双向弹簧门应在可视高度部分装透明安全玻璃,以免进出时相互碰撞;所有内门若无隔声要求或其他特殊要求,不得设门槛。

(3)位于疏散通道上的门应向疏散方向开启;一般内门宜内开,但有爆燃可能或其他紧急疏散等要求应外开。

(4)建筑中的封闭楼梯间、防烟楼梯间、消防电梯前室及合用前室,不应设置卷帘门。

(5)湿度大的房间不宜选用纤维板门或胶合板门。

(6)玻璃幕墙下的外门、高层建筑、公共建筑底层入口均应设挑檐或雨篷、门斗。

12.3　窗

12.3.1　窗的开启方式

窗按开启方式分为固定窗、平开窗、悬窗、立转窗、推拉窗等多种类型,如图 12-9 所示。

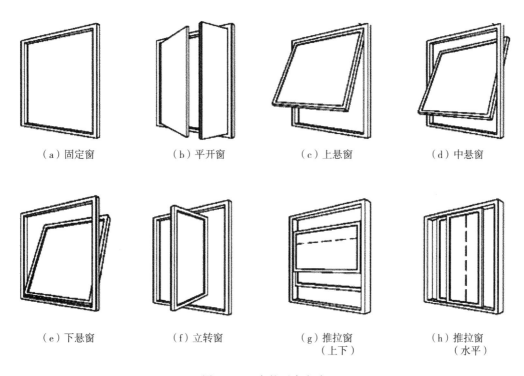

| （a）固定窗 | （b）平开窗 | （c）上悬窗 | （d）中悬窗 |

| （e）下悬窗 | （f）立转窗 | （g）推拉窗（上下） | （h）推拉窗（水平） |

图 12-9　窗的开启方式

1. 固定窗

窗玻璃直接嵌固在窗框上,不能开启,多与门亮子和开启窗配合使用。

2. 平开窗

铰链安装在窗扇一侧与窗框相连,窗扇向外或向内水平开启,有单扇、双扇及内开与外开之分。其特点是构造简单、开关灵活、制作维修方便,在民用建筑中使用广泛。

3. 推拉窗

有上下推拉和水平推拉之分,水平推拉窗在民用建筑中应用较为广泛。水平推拉窗的窗扇可沿着窗槛上的导轨左右滑行,这种窗开启时不占室内外空间,但影响通风,且制作较复杂。上下推拉窗多用作高窄窗。

4. 悬窗

按铰链或转轴位置不同有上悬窗、中悬窗和下悬窗之分。上悬窗、中悬窗的构造简单、制作方便,且防雨较好,常用作门、窗上方的亮子,下悬窗多用于寒冷地区,可有效引导风从上部吹过。

5. 立转窗

在窗扇上、下方安装转轴,窗扇立着转动的窗。这种窗的通风效果较好,便于擦洗,但密封性能、防雨较差,民用建筑中应用较少。

12.3.2 窗的组成及尺度

1. 窗的组成

与门的组成基本相同,窗由窗框、窗扇、亮子、五金零件等组成,装饰要求高的窗还有贴脸板、窗帘盒等构件,如图 12-10 所示。

窗框由上槛、中槛(有亮子)、下槛和左右边框组成,多扇组合窗还有中竖框、上下中槛等组成。窗扇由上冒头、下冒头、窗芯和左右边梃组成骨架,骨架中间镶上玻璃即成玻璃窗扇;中间装上纱,即成纱窗扇;亮子的组成与玻璃窗扇相同。窗五金有铰链(或转轴)、把手等。

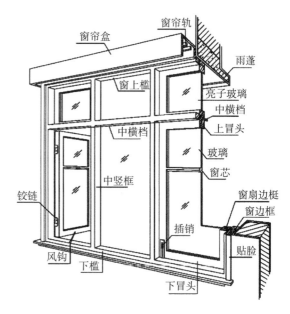

图 12-10　窗的组成

2. 窗的尺度

窗的尺度主要根据采光、通风、构造做法和外形设计等因素确定,并应符合现行《建筑模数协调标准》(GB/T 50002—2013)的规定。如一般平开窗的开启扇,净宽不宜大于 600mm,净高不宜大于 1400mm;推拉窗的开启扇,净宽不宜大于 900mm,净高不宜大于 1600mm。对于民用建筑,各类窗的高度与宽度尺寸一般采用扩大模数 3M 数列作为洞口的尺寸。

12.3.3 塑料(门)窗构造

1.(门)窗框

(门)窗框在墙体(厚度)中的位置宜居中放置,(门)窗框与墙体采用膨胀螺栓连接,也可以通过 Z 形铁脚与墙(柱)中的预埋铁或木砖连牢。如墙洞未留预埋铁或木砖,可用射钉枪将 Z 形铁脚固定在墙(柱)上,也可用冲击电钻在墙(柱)上钻孔,使用膨胀螺丝连接。塑料(门)窗的安装采用塞框法,不可边砌墙边装窗,如图 12-11 所示。

在安装塑料(门)窗时,(门)窗框与墙之间的缝隙不宜采用水泥砂浆填实抹平,应采用矿棉或泡沫塑料等软质材料,再用密封胶封缝,以避免变形造成开裂。

2. 玻璃(门)窗扇

玻璃(门)窗扇由上冒头、下冒头和左右边梃组成的骨架及镶在中间的玻璃组成。玻璃

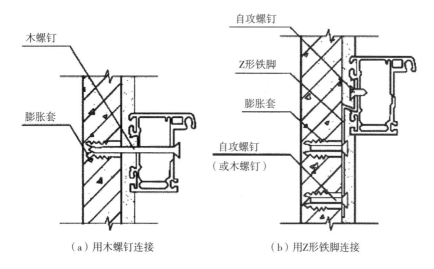

（a）用木螺钉连接　　　　　　　　　（b）用Z形铁脚连接

图 12-11　塑料窗与墙的连接

一般采用 5~6mm 厚的平板玻璃、镀膜玻璃、钢化玻璃或中空玻璃等。为了固定玻璃,(门)窗扇的骨架四周需要设置压型凹口,玻璃用塑料密封条或毡条固定在凹槽内,如图 12-12所示。

（a）嵌入密封条　　　　　　（b）放入中空玻璃　　　　　　（c）卡入压玻璃

图 12-12　塑料窗玻璃安装示意

12.3.4　铝合金(门)窗构造

　　铝合金(门)窗不易锈蚀,不需要油漆和维护,耐久性好;铝合金易加工成各种断面形状,门窗密闭性能好,外形美观大方,广泛应用于各类民用建筑。

　　铝合金(门)窗的开启方式常见的有平开(门)窗、推拉(水平)(门)窗、固定窗、悬窗等。

　　一般用于多层建筑的铝合金(门)窗的型材壁厚在 1~1.2mm,高层建筑不应小于1.2mm;必要时可增设加固件。

　　铝合金材料导热系数大,为改善铝合金门窗的热工性能,采用塑料型材将内外两层铝合金既隔开又紧密连接成一个整体,构成一种隔热型的铝型材(即断桥铝),能明显改善铝合金(门)窗的热工性能,如图 12-13 所示。

　　铝合金(门)窗的尺寸、组合方式和塑料(门)窗基本相同。

　　铝合金(门)窗的安装采用塞口法,窗框采用钢质锚固件与墙体中的预埋钢件焊接或铆固。(门)窗玻璃可选用 5~8mm 厚的平板玻璃、镀膜玻璃、钢化玻璃或中空玻璃,用橡皮压条密封固定。为避免金属窗框之间相互碰撞,在活动窗扇周围用橡胶或尼龙密封条密封。

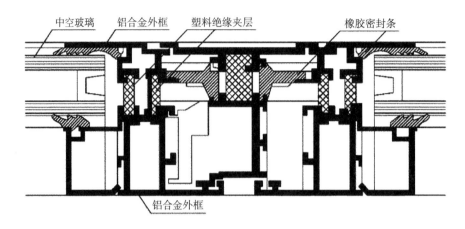

图 12 - 13　断桥铝合金窗断面

12.3.5　窗的遮阳措施

1．遮阳的作用

为了减少太阳辐射热,避免局部过热或产生设备眩光,起到节能和保护室内物品的作用,可以对窗采取遮阳措施,如利用建筑物的挑檐、外廊、阳台、遮阳窗帘、遮阳百叶等设施。其中,在窗前加设遮阳板是一种长久有效的遮阳措施。

2．窗户遮阳板的基本形式

窗的遮阳板按其形状和效果可分为水平遮阳、垂直遮阳、混合遮阳及挡板遮阳四种基本形式,如图 12 - 14 所示。

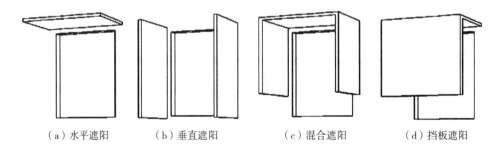

（a）水平遮阳　　　　（b）垂直遮阳　　　　（c）混合遮阳　　　　（d）挡板遮阳

图 12 - 14　遮阳板的基本形式

（1）水平遮阳

在窗口上方设置一定宽度的水平遮阳板,能遮挡高度角较大的、从窗口上方照射下来的阳光,主要适用于南向窗口。

（2）垂直遮阳

在窗口两侧设置垂直方向的遮阳板,能遮挡高度角较小的、从窗口两侧斜射进来的阳光,主要适用于偏东、偏西的南向或北向的窗口。

（3）混合遮阳

水平与垂直遮阳相结合,能遮挡从窗口左右侧及前上方斜射下来的阳光,遮阳效果比较均匀,主要适用于南向、东南向及西南向的窗口。

（4）挡板遮阳

在窗口前离窗口一定距离设置与窗户平行的垂直遮阳板,能遮挡高度角较小的、正射向窗口的阳光,主要适用于东、西向的窗口。

以上四种遮阳板的基本形式可组合布置,如图 12-15 所示,根据建筑的不同使用和造型要求选用。

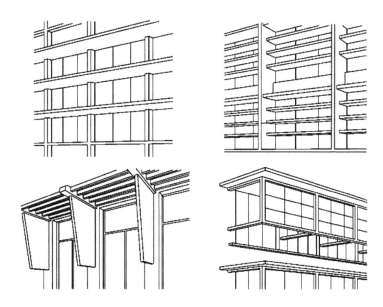

图 12-15　遮阳板的演变形式

12.3.6　窗的选用与设置

（1）多层居住建筑常采用外平开或推拉窗;高层建筑不应采用外平开窗,当采用推拉窗或外开窗时,应有加强牢固窗扇、防脱落的措施。

（2）内、外走廊墙上的间接采光窗,均应考虑窗扇开启时不致碰人及不影响疏散宽度。

（3）楼梯间有内开窗时,应在人的高度以上开启。

第 13 章　变形缝

由于受到气温变化、荷载及地基承载能力不均、地震等外界因素的影响,建筑物结构内部产生附加应力和变形,往往会导致建筑物产生裂缝,甚至倒塌破坏的现象。为了减少这些不利因素的影响,通常采用预留缝将建筑物分为几个独立部分,这种预留缝称为变形缝。

变形缝因其功能的不同,可分为伸缩缝、沉降缝和防震缝三种。在抗震设防地区,三种缝的缝隙一律按照防震缝的要求处理。

目前,在现浇钢筋混凝土建筑中,为了简化构造做法,防止缝对建筑立面外观的影响,常采用"后浇带"的做法代替变形缝。

13.1　伸缩缝

13.1.1　伸缩缝的设置

建筑物因热胀冷缩而在结构内部产生附加应力,其大小与建筑物的长度成正比。当建筑物的长度超过一定限度时,建筑物就会因应力过大而产生裂缝,甚至破坏。为避免出现这种现象,在设计和施工中,用缝将建筑物沿长度方向分成几个独立的区段,并使每一段的长度都不超过允许的限值,这种为适应温度变化而设置的缝称为伸缩缝或温度缝。

建筑物的基础由于埋在地下,受温度变化的影响不大,因此伸缩缝只需从基础顶面开始将墙体、楼地层、屋顶全部断开,基础可不断开。

伸缩缝的最大间距,应根据砌体结构或钢筋混凝土结构设计规范查得,见表 13 - 1、表 13 - 2 所列。

表 13 - 1　砌体房屋伸缩缝的最大间距　　　　　　　　　（单位:m）

屋盖或楼盖类别		间距
整体式或装配整体式钢筋混凝土结构	有保温层或隔热层的屋盖、楼盖	50
	无保温层或隔热层的屋盖	40
装配式无檩体系钢筋混凝土结构	有保温层或隔热层的屋盖、楼盖	60
	无保温层或隔热层的屋盖	50
装配式有檩体系钢筋混凝土结构	有保温层或隔热层的屋盖	75
	无保温层或隔热层的屋盖	60
瓦材屋盖、木屋盖或楼盖、轻钢无盖		100

注:(1)对烧结普通砖、烧结多孔砖、配筋砌块砌体房屋,取表中数值;对石砌体、蒸压灰砂普通砖、蒸压粉煤灰普通砖、混凝土砌块、混凝土普通砖和混凝土多孔砖房屋,取表中数值乘以 0.8 的系数;当墙体有可靠外保温措施时,其间距可取表中数值。

(2)在钢筋混凝土屋面上挂瓦的屋盖应按钢筋混凝土屋盖采用。

(3)层高大于 5m 的烧结普通砖、烧结多孔砖,配筋砌块砌体结构单层房屋,其伸缩缝间距可按表中数值乘以 1.3。

(4)温差较大且变化频繁地区和严寒地区不采暖的房屋及构筑物墙体的伸缩缝的最大间距,应按表中数值予以适当减小。

(5)墙体的伸缩缝应与结构的其他变形缝相重合,缝宽度应满足各种变形缝的变形要求;在进行立面处理时,必须保证缝隙的变形作用。

表 13 - 2　钢筋混凝土结构伸缩缝的最大间距　　　　　　（单位：m）

结构类型		间距（室内或土中）	间距（露天）
排架结构	装配式	100	70
框架结构	装配式	75	50
	现浇式	55	35
剪力墙结构	装配式	65	40
	现浇式	45	30
挡土墙、地下室墙壁等类结构	装配式	40	30
	现浇式	30	20

注：（1）装配整体式结构的伸缩缝间距，可根据结构具体情况取表中装配式结构与现浇式结构之间的数值。

（2）框架-剪力墙结构或框架-核心筒结构房屋的伸缩缝间距，可根据结构的具体情况取表中框架结构与剪力墙结构之间的数值。

（3）当屋面无保温或隔热措施时，框架结构、剪力墙结构的伸缩缝间距宜按表中露天栏的数值取用。

（4）现浇挑檐、雨罩等外露结构的局部伸缩缝间距不宜大于 12m。

13.1.2　伸缩缝的宽度

伸缩缝的宽度一般为 20～30mm，若在地震设防区，应按防震缝对待。

13.1.3　伸缩缝的构造

1. 墙体伸缩缝构造

伸缩缝在设置时，应保证缝两侧的房屋在水平方向自由伸缩，并满足墙面防风雨、保温的要求。外墙伸缩缝内需填塞有弹性的、憎水的、不易被挤出的材料，如沥青麻丝、沥青木丝板、氯丁橡胶、聚苯板、泡沫塑料等，缝口采用铝合金板或镀锌钢板盖缝等。内墙伸缩缝的处理，随室内装修不同而异，可用木盖板、塑料板或金属板盖缝。墙体伸缩缝构造，如图 13 - 1 所示。

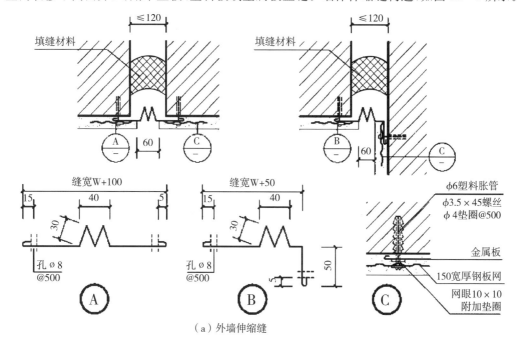

（a）外墙伸缩缝

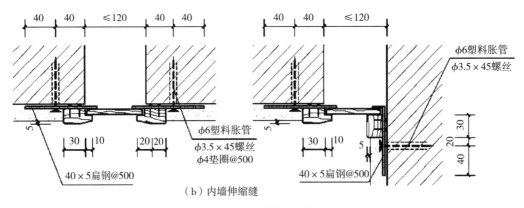

（b）内墙伸缩缝

图 13-1　墙体伸缩缝构造

2. 楼地层、顶棚伸缩缝构造

在楼地层的伸缩缝处,结构层和面层均要断开,用可压缩变形材料,如橡胶、玻璃棉或金属调节片等做封缝处理,再在缝上设置钢板或橡胶条,如图 13-2 所示(W 为伸缩缝宽)。顶棚处伸缩缝构造基本同内墙伸缩缝。

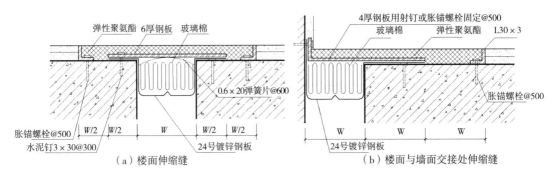

（a）楼面伸缩缝　　　　　　　　（b）楼面与墙面交接处伸缩缝

图 13-2　楼地面变形缝构造

3. 屋面伸缩缝构造

当屋面伸缩缝的两侧等高时,在缝两侧屋面上做高度不低于 250mm 的 120mm 厚矮墙,并做好泛水处理,如图 13-3 所示。如缝两边屋面不等高时,应在低侧屋面做 120mm 厚矮墙,再做泛水处理,如图 13-4 所示。

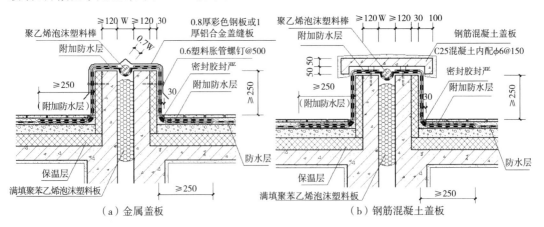

（a）金属盖板　　　　　　　　　（b）钢筋混凝土盖板

图 13-3　等高屋面伸缩缝构造

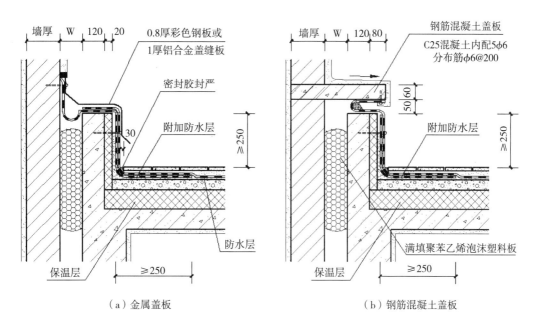

图 13-4　高、低屋面伸缩缝构造

13.2　沉降缝

13.2.1　沉降缝的设置

为防止不均匀沉降对建筑物的影响所设置的缝称为沉降缝。沉降缝应设在建筑物的下列部位：

(1)建筑物的高差、荷载差异较大处。

(2)建筑物平面的转折处。

(3)地基土的压缩性较大或有显著不均匀处。

(4)新、旧建筑物毗邻处、分期建设相连处。

(5)建筑结构或基础类型不同处。

当采用以下措施时,高层部分与裙房之间可连接为整体而不设沉降缝：

(1)采用桩基,桩支承在基岩上或采取减少沉降的有效措施并经计算,沉降差在允许范围内。

(2)主楼与裙房采用不同的基础形式,先施工主楼,后施工裙房,调整土压力使沉降基本接近。

(3)地基承载力较高、沉降计算较为可靠时,主楼与裙房的标高预留沉降差,先施工主楼,后施工裙房,使最后两者标高基本一致。

在上述的(2)、(3)两种情况下,施工时应在主楼与裙房之间先留出后浇带,待沉降基本稳定后再连为整体。设计中应考虑后期沉降差的不利影响。

13.2.2 沉降缝的宽度

沉降缝的宽度与地基情况和建筑物的高度有关,可按表 13-3 选用。

表 13-3 房屋沉降缝宽度 （单位:mm）

地基情况	房屋高度或层数	沉降缝宽度
一般地基	$H<5m$	30
	$H=5\sim10m$	50
	$H=10\sim15m$	70
软弱地基	2～3 层	50～80
	4～5 层	80～120
	5 层以上	不小于 120
湿陷性黄土地基		≥50

13.2.3 沉降缝的构造

沉降缝应保证建筑物垂直方向自由变形,所以应从建筑物的基础到屋顶全部断开,沉降缝两侧是各自独立的单元。

沉降缝的构造与伸缩缝基本相同,不同之处是盖缝的做法必须保证相邻两个独立单元能自由沉降而不被破坏,如图 13-5 所示。

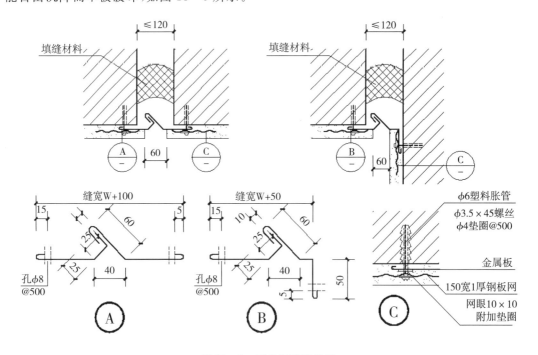

图 13-5 墙身沉降缝构造

沉降缝处的基础处理有双墙式、交叉式和悬挑式三种方式,如图 13-6 所示。

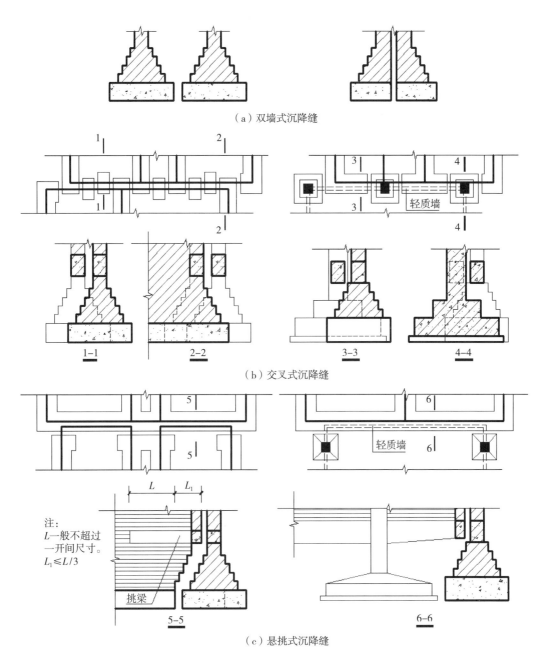

（a）双墙式沉降缝

（b）交叉式沉降缝

注：
L一般不超过
一开间尺寸。
$L_1 \leqslant L/3$

挑梁

（c）悬挑式沉降缝

图 13-6　沉降缝处的基础处理

13.3　防震缝

13.3.1　防震缝的设置

　　在地震烈度 6～9 度的地震区,当建筑物体型比较复杂(如"L"形、"T"形、"工"形等),或建筑物各部分结构刚度相差较大以及建筑物各部分高差较大时,必须用缝将建筑物分成若干个体型简单、结构刚度均匀的独立单元,防止建筑物因各部分地震荷载、刚度不同而破坏,这种考虑地震作用而设置的缝称为防震缝。

防震缝宜设置在建筑物的下列部位:

(1)房屋立面高差在 6m 以上。

(2)房屋有错层,且楼板高差大于层高的 1/4。

(3)各部分结构刚度、质量截然不同处。

(4)平面变化处。

在地震设防地区,当建筑物需设置伸缩缝或沉降缝时,应统一按防震缝来对待。

13.3.2　防震缝的宽度

防震缝的宽度与建筑物的高度、结构类型和设防烈度有关,见表 13-4 所列。

表 13-4　房屋防震缝宽度　　　　　　　　(单位:mm)

结构类型	房屋高度或层数	防震缝宽度
砌体结构		70～100
框架结构	$H\leqslant15m$	$\geqslant100$
	$H>15m$	设计烈度 6 度,每增高 5m,缝宽宜增加 20
		设计烈度 7 度,每增高 4m,缝宽宜增加 20
		设计烈度 8 度,每增高 3m,缝宽宜增加 20
		设计烈度 9 度,每增高 2m,缝宽宜增加 20
框架-抗震墙结构		$\geqslant$框架结构规定数值的 70%,且宜$\geqslant100$
抗震墙结构		$\geqslant$框架结构规定数值的 50%,且宜$\geqslant100$
钢结构		$\geqslant$相应钢筋混凝土结构房屋的 1.5 倍

注:(1)H 为建筑高度。

(2)防震缝两侧结构类型不同时,宜按需要较宽防震缝的结构类型和较低房屋高度确定缝宽。

13.3.3　防震缝的构造

防震缝一般从基础顶面至屋顶断开,缝的两侧均应设置墙。当与沉降缝合设时,基础必须断开。

防震缝在墙身、楼地层及屋顶各部分的构造与沉降缝基本相同。

13.4　建筑变形缝装置

除了前述的传统变形缝做法外,建筑变形缝装置也逐渐得到推广,该装置是在建筑变形缝部位,由专业厂家制造并指导安装,既满足建筑结构使用功能又能起到装饰作用的产品。其主要由铝合金型材"基座"、金属或橡胶"盖板"以及连接基座和盖板的金属"滑杆"组成。

建筑变形缝装置按构造特征可分为以下几种。

1. 金属盖板型（简称"盖板型"）

由基座、不锈钢或铝合金盖板和连接基座和盖板的滑杆组成，基座固定在建筑变形缝两侧，滑杆呈 45°安装，在地震力作用下滑动变形，使盖板保持在变形缝的中心位置，如图13－7所示。盖板型用途最为广泛，适用于建筑各个部位，应用于大量的公共建筑。

2. 金属卡锁型（简称"卡锁型"）

盖板是由两侧的 U 形基座卡住，在地震力作用下，盖板在卡槽内位移变形并复位，如图13－8 所示。由于卡锁型的盖板两侧封闭于槽内，比盖板型美观，也比较安全，尤其适用于内、外墙及顶棚处。

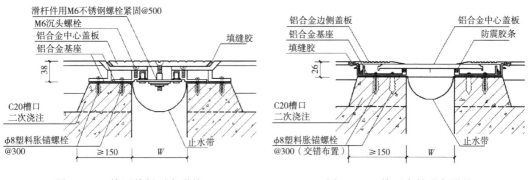

图 13－7　楼面盖板型变形缝　　　　　　　图 13－8　楼面卡锁型变形缝

3. 橡胶嵌平型（简称"嵌平型"）

窄的变形缝用单根橡胶条镶嵌在两侧的基座上，称为"单列"；宽的变形缝用橡胶条、金属盖板和橡胶条的组合体镶嵌在两侧的基座上，称为"双列"，如图13－9所示。用于外墙时，橡胶条的形状可采用折线型。橡胶条有多种颜色可供选择，用于楼面缝时防滑且美观，尤其采用橡胶与盖板组成"双列"时，盖板槽内可做成与所在楼面相同的面层，例如石材，尤其适用于高大空间的高级装修；用于高层建筑的外墙缝时，橡胶嵌平型是安全防坠落的一种选择。

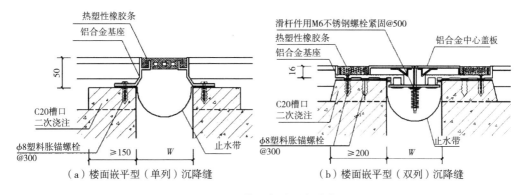

（a）楼面嵌平型（单列）沉降缝　　　　　　（b）楼面嵌平型（双列）沉降缝

图 13－9　楼面嵌平型变形缝

建筑变形缝装置按使用功能可分为以下几种。

1. 防震型

防震型的特点是连接基座和盖板的金属滑杆带有弹簧复位功能，楼面金属盖板两侧呈

45°盘形～＼／，基座也呈同角度∧＿型，如图 13 - 10 所示。在地震力作用下，盖板被挤出上移，但在弹簧作用下可恢复原位；内外墙及顶棚可采用橡胶条盖板，同样设有弹簧复位功能。

2. 承重型

有一定荷载要求的盖板型楼面变形缝装置，是加厚了的盖板型，其基座和盖板断面加厚，能承受较大的荷载，如图 13 - 11 所示。可用于大型商场、航站楼及一般工业建筑中。

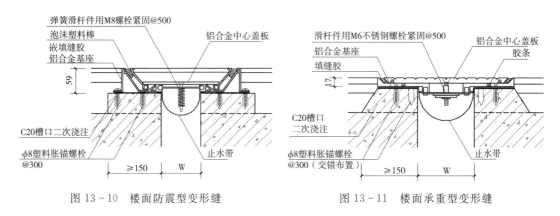

图 13 - 10　楼面防震型变形缝　　　　　　　图 13 - 11　楼面承重型变形缝

13.5　施工后浇带

施工后浇带，简称后浇带，是建筑物的基础及上部结构在施工过程中的预留缝，待主体结构完成若干时间后，再将后浇带混凝土补齐，"缝"即不存在。后浇带既在整个结构施工中防止了现浇钢筋混凝土结构由于自身收缩不均或沉降不均可能产生的有害裂缝，又达到了不设永久变形缝、立面美观的目的。由于这种缝很宽，故称为带。

13.5.1　后浇带的种类

后浇带不仅用于高层主楼与低层裙房连接处，对于超长的多层或高层框架结构，虽不存在差异沉降问题，但为解决钢筋混凝土的收缩变形或混凝土的温度应力，也采用收缩后浇带或温度后浇带。

后浇带按其作用分可分为三种：

(1)沉降后浇带：主要用于解决高层建筑主体与低层裙房的差异沉降。

(2)收缩后浇带：主要用于解决钢筋混凝土的收缩变形。

(3)温度后浇带：主要用于解决混凝土的温度应力。

13.5.2　后浇带的断面形式

后浇带的断面形式有平直缝、阶梯缝、企口缝和"V"形缝等。

1. 平直缝

平直缝施工简单，抗渗路线短，但容易渗漏，界面结合质量不易保证。断面形式如图 13 - 12(a)所示。

2. 阶梯缝

阶梯缝支、拆模容易,抗渗路线长,混凝土结合面垂直于水压方向,界面结合质量容易保证,抗渗性能好。断面形式如图 13-12(b)所示。

3. 企口缝

企口缝混凝土结合面直于水压方向,界面结合较好,抗渗路线长,但支、拆模较麻烦,成型后需注意保护边角。断面形式如图 13-12(c)所示。

4."V"形缝

"V"形缝抗渗路线长,界面结合好,但支、拆模也较麻烦,成型后也需注意保护边角。断面形式如图 13-12(d)所示。

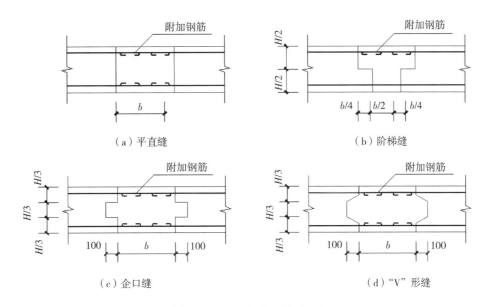

图 13-12　后浇带的断面形式

13.5.3　后浇带的构造

后浇带应设在受力和变形较小的部位,间距一般为 30~60m,宽度一般为 700~1000mm,常见的有 800mm、1000mm、1200mm 三种。

后浇带处的梁钢筋应采用贯通式,板、墙钢筋可有贯通式或搭接式两种。沉降后浇带,两侧的结构沉降差所产生的钢筋应力和应变相对来说不大,一般保持钢筋贯通;后浇收缩带或后浇温度带,通过后浇带的板、墙钢筋宜断开再搭接,以便两侧混凝土各自收缩,此时,主筋的搭接长度应大于 45 倍主筋直径,并按设计要求加设附加钢筋。

后浇带混凝土应采用补偿收缩混凝土浇筑,其强度等级不应低于两侧混凝土。后浇带混凝土的养护时间不得少于 28 天。

地下工程中的后浇带可做成平直缝或阶梯缝,通过在后浇带部位混凝土中增加遇水膨胀止水带或外贴式止水带处理防水构造,如图 13-13 所示。后浇带如需要超前止水,后浇带部位的混凝土应局部加厚,并增设外贴式或中埋式止水带,如图 13-14 所示。

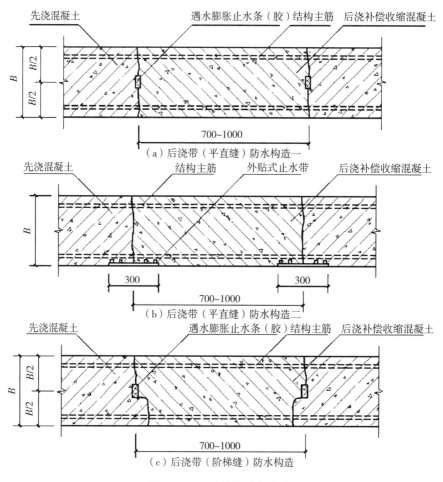

（a）后浇带（平直缝）防水构造一

（b）后浇带（平直缝）防水构造二

（c）后浇带（阶梯缝）防水构造

图 13－13　后浇带防水构造

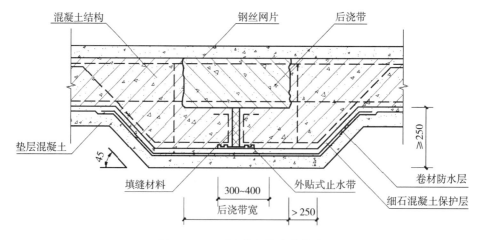

图 13－14　后浇带超前止水构造

第 14 章　工业建筑概述

14.1　工业建筑的特点和设计要求

工业建筑也称工业厂房,是为工业生产需要而建造的建筑物、构筑物的总称,主要指各种工业生产用房及必需的辅助用房。工业厂房首先必须满足生产要求,同时要创造良好的生产和劳动环境。工业建筑也和民用建筑一样,要体现适用、安全、经济、美观的原则。

14.1.1　工业建筑的特点

由于生产工艺复杂、生产环境要求多样,和民用建筑相比,工业建筑具有以下特点。

(1)生产工艺布置决定了厂房平面的布置和形状。

(2)厂房柱网尺寸大,结构承载力大,屋顶面积大,构造复杂。

(3)厂房功能要考虑生产工艺更新发展的要求和生产工艺的通用性。

(4)厂房环境要考虑劳动安全和卫生环境的特定要求。

14.1.2　工业建筑的设计要求

1. 符合生产工艺要求

为满足生产工艺的要求,便于设备安装、使用和维修,要合理选择厂房的平面、剖面、造型及围护结构。

2. 满足安全生产和卫生要求

厂房应坚固耐久,能够经受外力、温湿度、化学侵蚀及各种自然条件的不利影响,消除和隔离生产中的各种有害因素,如:冲击振动、有害气体、烟尘余热、燃爆、噪声等;有可靠的防火防爆措施;有良好的工作环境,以利于工人的安全、卫生和健康。

3. 满足生产通用性和扩展条件

遵循《厂房建筑模数协调标准》(GB/T 50006—2010),合理选择高度、跨度、柱距及载重,尽量选用标准构件,提高建筑工业化水平。

4. 满足经济效益的要求

厂房在满足生产使用、保证安全的前提下,应适当控制规模,合理利用空间,节约建设和维护费用。

14.2　工业建筑的分类

14.2.1　按用途分

(1)主要生产厂房:是指进行产品加工和主要生产工序的厂房,在生产中占主要地位。

(2)辅助生产厂房:是指为主要生产服务的厂房,如机修、工具等车间,仓储类厂房,变电站,锅炉房,煤气发生站,空气压缩站等动力类厂房及车库等建筑。

(3)办公、管理、科研及后勤服务用房:这类建筑一般类似于同类型的民用建筑。

14.2.2　按生产环境分

（1）热加工车间：主要指炼钢、铸造、锻压等车间，这类车间在生产中会产生大量热量及烟尘等有害物质，应着重解决通风问题。

（2）冷加工车间：主要指普通机械加工车间、装配车间等，是在正常温度、湿度条件下进行生产的厂房。

（3）恒温恒湿车间：主要指纺织车间、精密加工车间等，这类厂房在生产过程中需保持温度和湿度的稳定，厂房中除应安装空调设备外，围护构件还应具有较好的保温隔热性能。

（4）洁净车间：主要指精密仪表、集成电路、生物、制药、食品等车间，这类车间在生产中需保持空气的洁净度，因此厂房需要有严密的围护结构。

（5）有侵蚀性介质作用的厂房：主要指酸洗、制碱、电镀及化工类厂房，这类厂房在选择建筑材料、构造处理时需注意防腐问题。

14.2.3　按厂房层数分

（1）单层厂房：适用于一些生产设备或振动比较大、原材料或产品比较重的机械、冶金等重工业厂房。其优点是内外设备布置及联系方便，缺点是占地多、土地利用率低。单层厂房可以是单跨，也可以多跨联列，如图 14-1(a)所示。

（2）多层厂房：适用于垂直方向组织生产、工艺流程的生产车间以及设备和产品均较轻的车间，如面粉加工、轻纺、电子、仪表等生产厂房。多层厂房占地面积少、建筑面积大、造型可塑性强，如图 14-1(b)所示。

（3）混合层次厂房：既有单层又有多层的厂房，如图 14-1(c)所示。

14.2.4　按承重结构的材料分

（1）砖石结构厂房：构造简单、方便经济，但结构性能较差，主要适用于小型单层和多层厂房，如图 14-2(a)所示。

（2）钢筋混凝土结构厂房：坚固耐久、结构性能好、承载力大，是我国目前单层和多层厂房的主要形式，如图 14-2(b)所示。

（3）钢结构厂房：施工速度快、构件轻、强度大、抗震性能较好，符合建筑工业化的发展方向，但易锈蚀、耐火性能较差、日常维护费用高，如图 14-2(c)所示。

14.2.5　按承重的结构类型分

详见 14.3 节内容。

14.3　单层工业建筑常用结构类型

14.3.1　砖混结构

由砖墙（砖柱）、钢筋混凝土屋面大梁或屋架等构件组成的结构形式，如图 14-2(a)所示，适用于跨度、高度、吊车荷载等较小以及地震烈度较低的单层厂房。

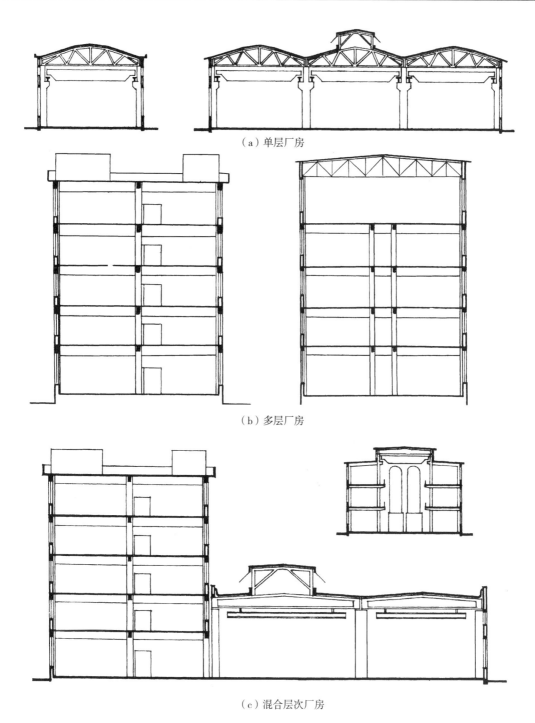

（a）单层厂房

（b）多层厂房

（c）混合层次厂房

图 14-1　不同层数的厂房建筑

14.3.2　框架结构

钢筋混凝土或钢框架结构单层厂房，类似于民用建筑中的框架结构，如图 14-2(b)所示，钢筋混凝土结构一般采用现浇施工，当跨度较大时，可采用预应力技术。

14.3.3 排架结构

排架结构是一种应用较多的单层厂房结构形式,有钢筋混凝土排架和钢排架两种类型。它是由柱基础、柱子、屋面大梁或屋架等横向排架构件和屋面板、连系梁、支撑等纵向连系构件组成。横向排架起承重作用,纵向连系构件起纵向支撑、保证结构的空间刚度和稳定性作用。排架结构主要适用于跨度、高度、吊车荷载较大及地震烈度较高的单层厂房,如图 14 - 2(c)所示。

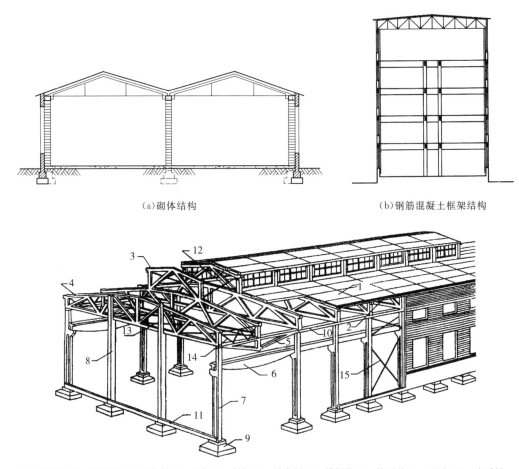

(a)砌体结构　　　　　　　　　　　　　　(b)钢筋混凝土框架结构

1—屋面板;2—天沟板;3—天窗架;4—屋架;5—托架;6—吊车梁;7—排架柱;8—抗风柱;9—基础;10—连系梁;
11—基础梁;12—天窗架垂直支撑;13—屋架下弦横向水平支撑;14—屋架端部垂直支撑;15—柱间支撑。

(c)排架结构厂房

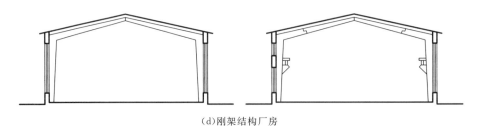

(d)刚架结构厂房

图 14 - 2　单层工业建筑常用结构类型

14.3.4　刚架结构

刚架结构是将屋架与柱子合并为同一构件的结构形式,屋架与柱子是整体刚接。单层厂房中的刚架结构主要是门式刚架,门式刚架依其顶部节点的连接情况有两铰刚架和三铰刚架两种形式,如图 14-2(d)所示。门式刚架构件类型少、制作简单、比较经济、室内空间宽敞整洁,在高度不超过 10m、跨度不超过 18m 的厂房中应用较普遍。

14.4　工业建筑内部的起重运输设备

由于生产工艺要求,厂房内应设置必要的起重运输设备。常用的运输设备主要有三类:一是板车、电瓶车、汽车、火车等地面运输设备;二是安装在厂房上部空间的各种起重吊车;三是各种输送管道、传送带等。其中,以吊车对厂房的布置、结构选型等影响最大。

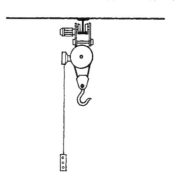

1. 悬挂式单轨吊车

由单轨(一般为工字型钢轨)和滑轮组成;单轨可直线或曲线布置,并固定在屋架下弦上,或安装在专门架设的梁柱上。起重量一般为1~2t,如图 14-3 所示。

2. 梁式吊车

梁式吊车包括悬挂式和支承式两种。悬挂式梁式

图 14-3　悬挂式单轨吊车

吊车由固定在屋架下弦上、沿双轨翼缘移动的单梁和起重小车组成;支承式梁式吊车的轨道架设在排架柱牛腿的吊车梁上。梁式吊车下部有可操纵吊车的司机室,也可在地面操纵。梁式吊车适用于起重量不大于 5t 的车间。确定厂房高度时,应考虑该吊车净空高度的影响,如图 14-4 所示。

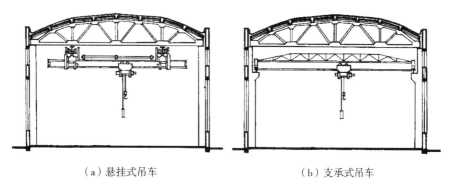

（a）悬挂式吊车　　　　　　　　　（b）支承式吊车

图 14-4　梁式吊车

3. 桥式吊车

由起重行车及桥架组成,桥架上铺有起重行车的轨道(沿厂房横向运行),桥架两端借助车轮可在吊车轨道上运行(沿厂房纵向),吊车轨道铺设在柱子支承的吊车梁上,如图 14-5 所示。桥式吊车的起重范围可由 5t 到数百吨,它在工业建筑中应用很广。但由于所需净空高度大,本身又很重,故对厂房结构影响很大。

4．悬臂吊车

常用的悬臂吊车有固定式和移动式两种。前者一般固定在厂房的柱子上，可180°旋转；后者可沿厂房纵向往返行走，服务范围限定在一条狭长范围内。悬臂吊车布置方便，使用灵活，如图14－6所示。

5．落地龙门式起重机

在承重荷载很大的情况下，可以采用落地龙门式起重机，这种起重机的荷载可直接传到地基上，大大减轻了承重结构的负担，如图14－7所示。

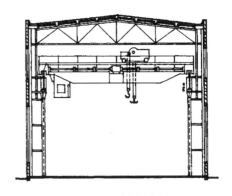

图14－5　桥式吊车

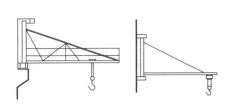

图14－6　悬臂吊车

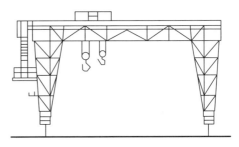

图14－7　落地龙门式起重机

第 15 章　单层厂房建筑设计

15.1　单层厂房平面设计

厂房的平面、剖面和立面设计是不可分割的整体,基于厂房的生产组织功能特点,一般从平面设计入手,平面设计主要解决以下几个方面的问题。

15.1.1　影响厂房平面设计的主要因素

1. 工厂总平面布局对厂房平面设计的影响

工厂总平面布局主要根据生产流程、防火、安全等要求,结合内外部运输条件、地形、地质、气象条件、建设程序以及远期发展规划等因素确定。

厂房平面设计首先根据生产加工程序和生产特征,在满足防火、日照、风向、地形、运输等条件基础上,根据厂区功能分区,确定各个厂房的相对位置和形状,如图 15-1 所示。

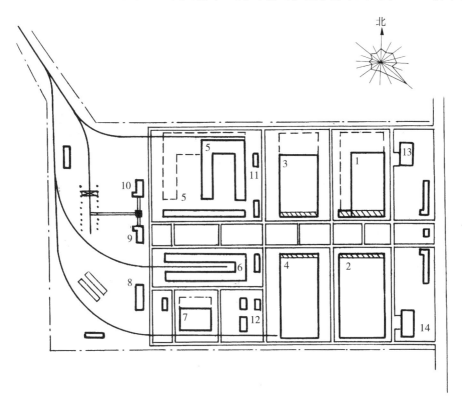

1—辅助车间;2—装配车间;3—机械加工车间;4—冲压车间;5—铸工车间;6—锻工车间;7—总仓库;
8—木工车间;9—锅炉房;10—煤气发生站;11—氧气站;12—压缩空气站;13—食堂;14—厂部办公楼。

图 15-1　某机械制造厂总平面

2. 生产工艺对厂房平面设计的影响

厂房平面形式与生产工艺流程、生产特征有直接关系。常用的厂房平面形式有矩形、方形、L形和Ⅲ形等,如图15-2所示。对于一些生产过程中散发出大量热量和烟尘的车间(如铸钢、锻工等车间),其平面设计应具有良好的自然通风,厂房不宜太宽。当宽度在三跨以下时可选用矩形平面,但当跨数多于三跨时,宜布置成L型,如图15-2(f)所示。当产量较大,品种较多时,可采用Ⅱ形或Ⅲ形平面,如图15-2(g)、(h)所示。

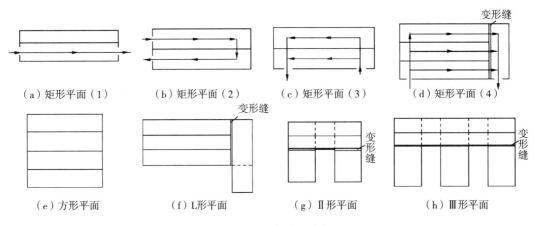

（a）矩形平面（1）　　（b）矩形平面（2）　　（c）矩形平面（3）　　（d）矩形平面（4）

（e）方形平面　　　　（f）L形平面　　　　（g）Ⅱ形平面　　　　（h）Ⅲ形平面

图15-2　厂房平面形式

矩形平面是构成其他平面形式的基本单位。当生产规模较大时,常用多跨组合的平面,其结合方式多随工艺流程而异。从建筑经济角度看,近于方形或方形的平面比较经济,见表15-1所列。

表15-1　平面形式不同的厂房造价比

结构名称	平面形状		
	24×3 / 72	24×2 / 104	24 / 208
外围结构	100%	128%	189%
柱	100%	106%	125%
基　础	100%	110%	140%
总造价	100%	106%	120%

15.1.2　柱网尺寸的选择

厂房平面中柱子纵横两个方向的定位轴线在平面上形成的网格称为柱网。工业厂房的柱网尺寸由柱距(横向定位轴线间的尺寸)和跨度(纵向定位轴线间的尺寸)组成。

1. 确定柱网尺寸的依据

(1)符合生产工艺的要求,满足生产设备、运输设备等布置的需要。

(2)遵守《厂房建筑模数协调标准》(GB/T 50006—2010)的规定,为建筑构件定型化、系列化原则。

（3）柱网尺寸要方便生产工艺的调整和改造，提高厂房使用的灵活性和通用性。

（4）跨度的确定主要依据屋架和吊车的跨度；柱距的确定依据吊车梁、连系梁、屋面板及墙板等工业化生产的构件尺寸。

2. 柱网尺寸的确定

《厂房建筑模数协调标准》(GB/T 50006—2010)中对厂房的柱网尺寸有如下规定：

（1）钢筋混凝土结构厂房的跨度小于等于 18m 时，应采用扩大模数 30M 数列；跨度大于18m 时，宜采用扩大模数 60M 数列；柱距应采用扩大模数 60M 数列。

（2）普通钢结构厂房的跨度小于 30m 时，宜采用扩大模数 30M 数列；跨度大于等于 30m时，跨度宜采用扩大模数 60M 数列；柱距宜采用扩大模数 15M 数列，常用尺寸为 6m、9m、12m。

（3）轻型钢结构厂房的跨度小于等于 18m 时，应采用扩大模数 30M 数列；跨度大于 18m时，宜采用扩大模数 60M 数列；柱距宜采用扩大模数 15M 数列，常用尺寸为 6.0m、7.5m、9.0m、12.0m。无起重机的中柱柱距宜采用 12m、15m、18、24m。

为提高厂房的通用性和经济合理性，单层厂房可采用扩大柱网，常用的扩大柱网尺寸（跨度×柱距）为 12m×12m、15m×12m、18m×12m、24m×12m、18m×18m、24m×24m等。柱网扩大后，不仅使厂房的利用率提高，还可减少构件数量和工程量。平面尺寸为144m×72m 的单层厂房采用不同柱网尺寸时的构件数量见表 15 - 2 所列。

表 15 - 2　平面尺寸为 144m×72m 的单层厂房采用不同柱网尺寸时的构件数量

构件名称	柱　网				
	6m×12m	6m×18m	12m×12m	12m×18m	12m×24m
屋架或屋面大梁	150	100	78	52	39
柱	177	142	117	106	84
基　础	177	142	117	106	84
总　计	504	384	312	264	207

15.1.3　定位轴线

厂房的柱网尺寸由定位轴线来标定，因此定位轴线是确定厂房主要承重构件位置及其标志尺寸的基准线，也是施工放线和设备定位的依据。垂直于厂房长度方向（即平行于屋架）的定位轴线称为横向定位轴线；平行于厂房长度的定位轴线称为纵向定位轴线，如图15 - 3所示。横向定位轴线之间的距离表示柱距，纵向定位轴线之间的距离表示屋架的跨度。下面以钢筋混凝土结构厂房为例，说明厂房主要构件的定位。

1. 横向定位轴线

横向定位轴线主要用来标注厂房纵向构件，如屋面板、吊车梁、连系梁、基础梁等构件的长度标志尺寸。

（1）中间柱与横向定位轴线的关系

中间柱的中心线、横向定位轴线、屋架（或屋面梁）的中心线三者重合，如图 15 - 4 所示。

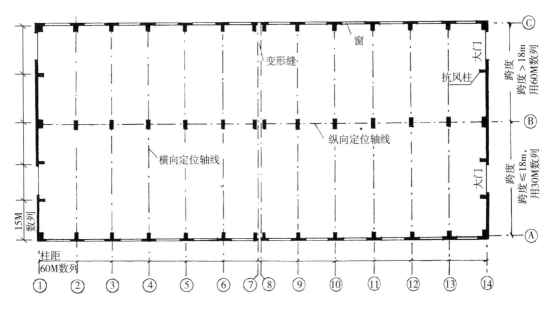

图 15-3　钢筋混凝土单层厂房柱网布置示意图

屋面板、吊车梁的长度均以横向定位轴线间的距离(即柱距)为其长度的标志尺寸。

(2)横向变形缝与定位轴线的关系

横向变形缝处采用双柱双轴线,但两柱的中心线应从定位轴线向缝的两侧各移 600mm,两条定位轴线间所需的缝宽 b_e 结合工程设计确定,如图 15-5 所示。

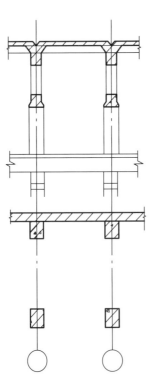

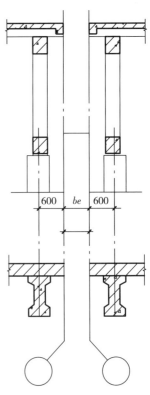

图 15-4　中间柱与横向定位轴线的关系　　　　图 15-5　横向变形缝与定位轴线的关系

(3)山墙与横向定位轴线的关系

① 山墙分为非承重墙和承重墙两种,其定位轴线的划分也分为两种。

② 山墙为非承重墙时,横向定位轴线与山墙内缘重合。端部柱的中心线从横向定位轴线内移 600mm,山墙与屋面板的端部无空隙,形成"封闭"式联系,如图 15-6(a)所示。

山墙为砌体承重墙时,山墙内缘与横向定位轴线的距离 λ 为墙体厚度的一半,或块材的半块,或半块的倍数,如图 15-6(b)所示。

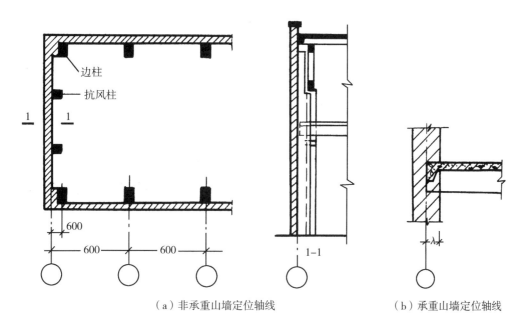

（a）非承重山墙定位轴线　　　　　　　　（b）承重山墙定位轴线

图 15-6　山墙与横向定位轴线的关系

2. 纵向定位轴线

纵向定位轴线主要用来标注厂房横向构件,如屋架(或屋面梁)的长度标志尺寸。

(1)外墙、边柱与纵向定位轴线的关系

① 边柱外缘与墙内缘宜与纵向定位轴线重合,如图 15-7(a)所示。

② 在有起重机梁的厂房中,当需满足起重机起重量、柱距或构造要求时,边柱外缘和纵向定位间可加设联系尺寸 a_c,联系尺寸应采用 3M 数列,但墙体结构为砌体时,联系尺寸可采用 1/2M 数列,如图 15-7(b)所示。

(2)中柱与纵向定位轴线的关系

① 等高跨中柱与纵向定位轴线的关系

等高跨中柱,宜设置单柱和一条纵向定位轴线,柱的中心线宜与纵向定位轴线相重合,如图 15-8(a)所示。

当上柱因变形缝等构造处理需设插入距时,中柱可采用单柱及两条纵向定位轴线,插入距 a_i 应符合 3M 数列,上柱中心线宜与插入距中心线相重合,如图 15-8(b)所示。

② 高低跨处中柱与纵向定位轴线的关系

高低跨采用单柱时,高跨上柱外缘与封墙内缘宜与纵向定位轴线相重合,如图 15-9(a)所示。当上柱外缘与纵向定位轴线不能重合时,应采用两条纵向定位轴线,插入距 a_i 等于联

系尺寸 a_c,如图 15-9(b)所示;也可等于墙体厚度,如图 15-9(c)所示;或可等于墙体厚度 δ 加联系尺寸 a_c,如图 15-9(d)所示。

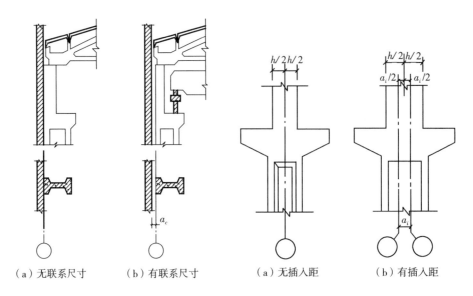

（a）无联系尺寸　　（b）有联系尺寸

图 15-7　外墙、边柱与
纵向关系轴线的定位

（a）无插入距　　（b）有插入距

图 15-8　等高中柱与纵向定位轴线关系

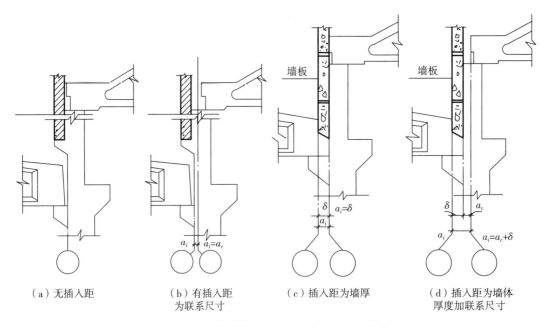

（a）无插入距　　（b）有插入距
为联系尺寸　　（c）插入距为墙厚　　（d）插入距为墙体
厚度加联系尺寸

图 15-9　高低跨中柱与纵向定位轴线的关系

高低跨处采用双柱时,应采用两条纵向定位轴线,并应设插入距,柱与纵向定位轴线的定位可按边柱的有关规定确定,如图 15-10 所示。

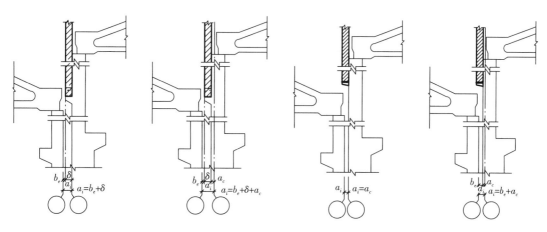

图 15 - 10　高低跨处双柱与纵向定位轴线的关系

15.1.4　厂房生活间的布置方式

为有利于生产和方便生活,工厂需设置厂房生活间,包括生产管理(行政、计划调度、技术、财务等),生产辅助(工具室、材料库等),生产卫生(存衣室、浴室等)及生活卫生(休息室、厕所等)用房。生活间的布置应方便使用、有利于生产,尽量不影响厂房的采光、通风及扩建。生活间常用的布置方式有毗连式、独立式、内部式三种,如图 15 - 11 所示。独立式生活间和厂房的连接方式有三种:走廊连接、天桥连接、地道连接,如图 15 - 12 所示。

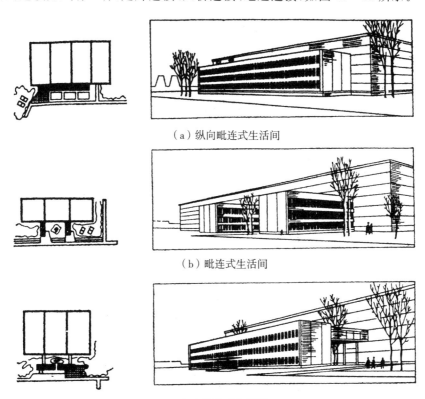

(a)纵向毗连式生活间

(b)毗连式生活间

(c)独立式生活间

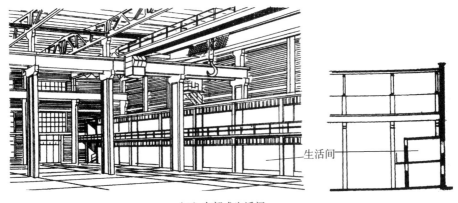

（d）内部式生活间

图 15-11   厂房生活间的布置方式

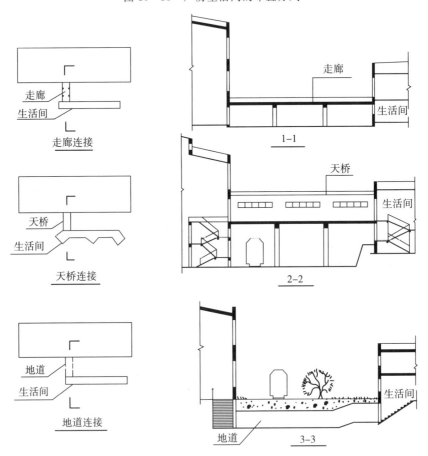

图 15-12   独立式生活间和厂房的连接方式

15.2   单层厂房剖面设计

　　厂房剖面设计的重点是在满足生产工艺要求的前提下，经济合理地确定厂房高度及有效利用空间，妥善解决厂房的天然采光、自然通风和屋面排水的问题。厂房内生产设备的体形、加工件的体量和重量、起重运输设备的类型、工艺流程的特点都直接影响厂房的剖面形式。

15.2.1　厂房高度的确定

单层厂房的高度是指室内地面至屋架(或屋面梁)下弦底(或至柱顶面)的距离。如屋面承重结构是倾斜的,则厂房高度是由地坪面到屋顶承重结构最低点的垂直距离。确定厂房高度时应根据生产工艺及其他要求来确定柱顶标高、吊车轨顶标高等,同时根据《厂房建筑模数协调标准》的要求,在合理使用空间的基础上协调厂房高度。如钢筋混凝土结构厂房自室内地面至柱顶的高度,应采用扩大模数 3M 数列,如图 15-13(a)所示;有起重机的厂房,自室内地面至支承起重梁的牛腿面的高度也应采用扩大模数 3M 数列,当自室内地面到支承超重机梁的牛腿面的高度大于 7.2mm 时,宜采用扩大模数 6M 数列,如图 15-15(b)所示。

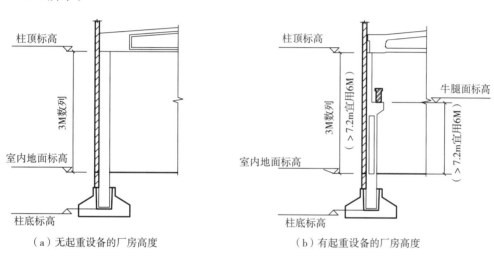

(a)无起重设备的厂房高度　　　　　(b)有起重设备的厂房高度

图 15-13　单层厂房高度的确定

1. **柱顶标高的确定**

(1)无吊车厂房的柱顶标高。主要根据最大生产设备的高度及使用、检修时所需的净空高度来确定,同时应满足采光和通风的要求,符合扩大模数 3M 的数列,一般不低于 3.9m。

(2)有吊车厂房的柱顶标高,如图 15-14 所示。

$$柱顶标高\ H = H_1 + h + C_h \qquad\qquad (15-1)$$

式中,H——柱顶标高,应符合 3M 数列。

H_1——吊车轨顶标高,由工艺设计人员提出。

h——轨顶至吊车上小车顶部的高度,根据吊车起重量从吊车规格表中查出。

C_h——屋架下弦底面至吊车小车顶面的安全空隙。此值应保证在屋架产生最大挠度或地基不均匀沉降时,吊车能正常运行。如屋架下弦悬挂有管线或其他设施时,需增加尺寸。此安全空隙尺寸,按国家标准《通用桥式起重机限界尺寸》中根据吊车起重量可取 300mm、400mm 及 500mm。

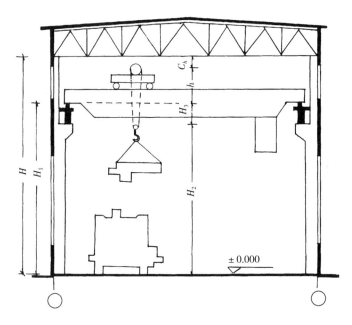

图 15 - 14　有梁式或桥式吊车厂房高度的确定

从图 15 - 13 中可知：

$$H_1 = H_2 + H_3 \qquad (15 - 2)$$

式中，H_2——柱牛腿标高。

H_3——吊车梁高、吊车轨高及垫层厚度之和。

在平行多跨厂房中，由于各跨设备和吊车不同，各跨在确定柱顶标高后，可能出现平行不等高跨。当高差值小于等于 1.2m 时，不宜设置高低跨。在不采暖的多跨厂房中高跨一侧仅有一个低跨，且高差小于等于 1.8m 时，也不宜设置高低跨，因此多跨厂房的剖面设计中应尽可能采用平行等高跨。

（3）充分利用空间，降低柱顶标高。当厂房内有个别高大设备或需高空操作时，可以采取局部降低地面标高，或利用两榀屋架之间布置高设备。这样既满足了修理操作的要求，又降低了整个厂房的高度，节约投资，如图 15 - 15 所示。

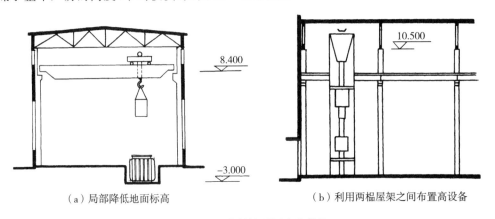

（a）局部降低地面标高　　　　　　　　（b）利用两榀屋架之间布置高设备

图 15 - 15　降低柱顶标高的措施

2. 室内外地坪标高的确定

厂房室内地坪标高应根据总平面设计确定。

在地形较平坦的情况下,为防止雨水侵入室内,又便于汽车等运输工具通行,单层厂房的室内外高差一般为 $100 \sim 150 mm$,且在大门外设置坡道供车辆通行。在地形起伏较大的山区建设厂房时,应依山就势设计厂房地坪标高,如 $15-16$ 所示。

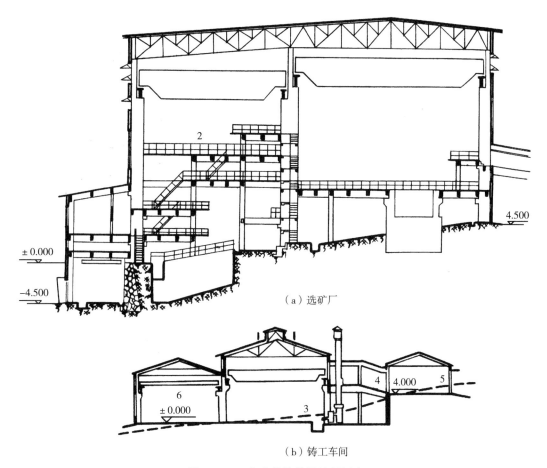

（a）选矿厂

（b）铸工车间

图 15-16　依山就势设计地坪标高

15.2.2　厂房屋顶及排水形式

厂房平面尺寸大,屋顶汇水面积大,常用的屋顶及排水方式有两种。

1. 多脊双坡屋顶长天沟内排水

这种屋顶形式屋架受力合理,构件定型,汇水面积大水合适。但排水立管及穿屋面构造较多,易引起渗漏,如图 $15-17(a)$、(b) 所示。

2. 缓长坡屋顶排水

这种屋顶可避免多脊复杂构造引起的渗漏,且经合理化计算屋面汇水面积后,可减少排水立管,缩短排水管网,节约投资及维修费用,适合严禁漏水以防引起爆炸事故的车间(如冶炼车间)等;采用压型钢板屋面时,屋面坡度可减少到 5%,如图 $15-18$ 所示。

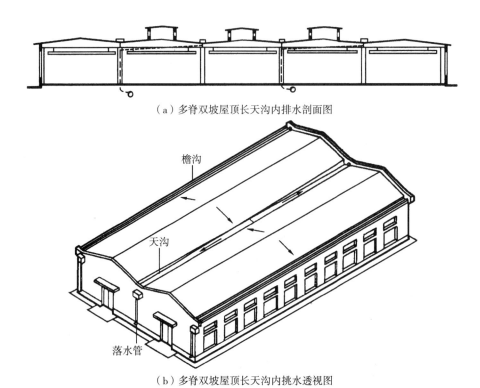

（a）多脊双坡屋顶长天沟内排水剖面图

檐沟

天沟

落水管

（b）多脊双坡屋顶长天沟内挑水透视图

图 15-17   多脊双坡屋顶长天沟内排水

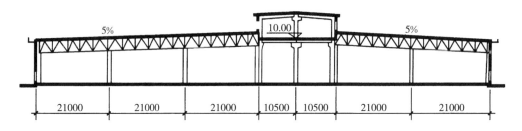

图 15-18   缓长坡屋顶排水

15.3   单层厂房立面设计

立面设计是以厂房体型组合为前提，根据功能要求、技术和经济条件，结合平、剖面设计，运用建筑构图原理及构造原理，创造简洁大方、实用美观的工业建筑形象。

15.3.1   影响立面设计的因素

1. 使用功能的影响

工业厂房外部形象应反映生产和技术的特点。如热电站的体型按照工艺流程呈现阶梯状特征；轻型机械加工厂房设备较多，形成多跨组合的联合厂房；纺织厂房为了避免阳光直射，采用北向锯齿形天窗；南方热加工车间采用开敞式厂房，以挡雨板形成一种横向分割、空透明快的建筑形象,如图 15 – 19 所示。

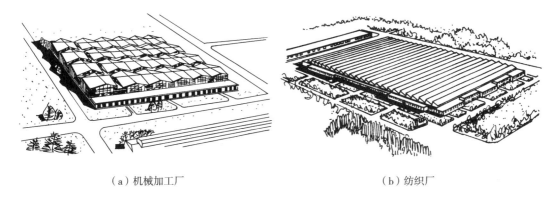

（a）机械加工厂   （b）纺织厂

图 15 – 19 外部形象反映生产和技术的特点

2. 结构类型和建筑材料的影响

厂房选用不同的结构形式和建材,会产生不同的立面效果。特别是屋顶形式在很大程度上决定着厂房的体型,如图 15 – 20 所示中拱形、壳体及平屋顶厂房形式。

(a)拱形屋顶

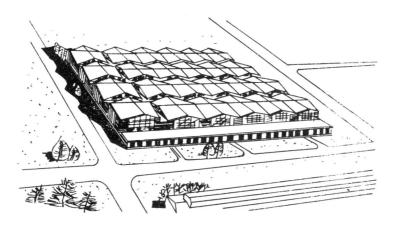

(b)壳体屋顶

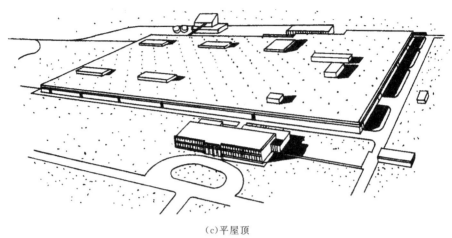

(c)平屋顶

图15-20   不同结构、建材产生的立面效果

3. 环境和气候的影响

由于防寒、保暖与通风散热的要求不同,北方寒冷地区立面形式要求厚实封闭,而南方炎热地区则要求开敞、轻巧。

15.3.2   立面设计的方法

厂房立面设计是在体型基础上,利用墙面、柱子、门窗、线脚、雨篷等部件,选择合适的比例和墙面划分方法,结合建筑构图规律进行有机的组合与划分,使立面简洁大方。墙面划分方法有以下三种方式。

1. 水平划分

墙面水平划分的方法通常是在水平方向设通长的带形窗;利用通长的窗眉线、窗台线将窗连成水平条带;利用檐口、勒脚等水平构件,组成水平条带;利用开敞式厂房的多层挡雨板连成水平条带;以横向的色带划分墙面;以横向肌理的波形墙面板形成水平线条等,如图15-21所示。

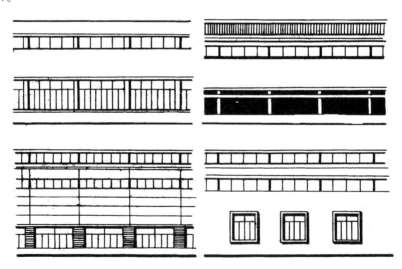

图 15 - 21 墙面的水平划分

2. 垂直划分

利用外墙柱子、壁柱、竖向组合的侧窗等构成立面的竖向线条,使厂房立面具有垂直方向感,如图 15 - 22 所示。

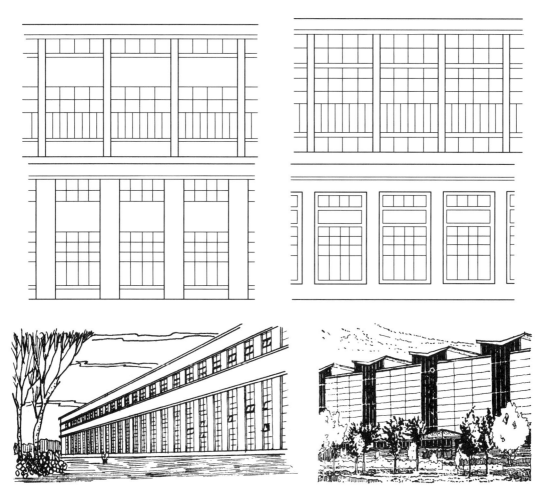

图 15 - 22 墙面的垂直划分

3. 混合划分

立面垂直与水平划分相结合,互相渗透,以取得生动和谐的效果,如图 15 - 23 所示。

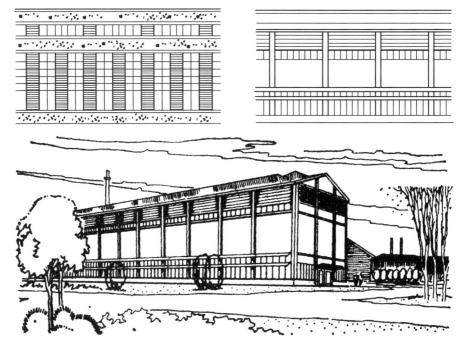

图 15 - 23　墙面的混合划分

15.4　自然采光设计

采光分为天然采光和人工采光,利用天然光进行照明的方式叫天然采光,利用人工照明的方式叫人工采光。窗口面积太小,厂房内光线太暗会影响生产,如补充人工照明,则消耗电能;而窗口面积过大,会增加建设造价及冬季采暖、夏季空调能耗。

自然采光设计将太阳光引入室内,以满足正常工作及生活的需求,主要包括自然采光标准、采光口设计、现代窗系统设计等。自然采光设计以室外全阴天条件作为基本依据。在建筑节能设计中,结合我国各地光气候分区,合理地确定采光设计标准、采光口的形式与面积,利用现代窗系统技术等,在节约能源的同时有利于改善室内光环境。

15.4.1　天然采光的基本要求

我国在《工业企业采光设计标准》(GB 50033—91)的基础上,总结居住和公共建筑采光的经验和采光标准,修订更名为《建筑采光设计标准》(GB/T 50033—2013),适用于利用天然采光的民用和工业建筑的新建工程,也适用于改建和扩建工程的采光设计。

1. 满足采光系数标准值的要求

自然采光设计的采光系数和室内天然光照度作为评价指标,其公式如下:

$$C = (E_n / E_w) \times 100\% \qquad (15-3)$$

式中,C——采光系数;

E_n——在天空漫射光照射下,室内给定平面上的某一点的照度(lx)。

E_w——在天空漫射光照射下,室外无遮挡水平面上的照度(lx)。

采光系数是指在室内参考平面上的一点,由直接或间接地接收来自假定和已知天空亮度分布的天空漫射光而产生的照度与同一时刻该天空半球在室外无遮挡水平面上产生的天空漫射光照度之比。采光系数标准值是指在规定的室外天然光设计照度下,满足视觉功能要求时的采光系数值。

表 15-3(a)　光气候系数 K 值

光气候区	Ⅰ	Ⅱ	Ⅲ	Ⅳ	Ⅴ
K 值	0.85	0.90	1.00	1.10	1.20
室外天然光设计照度值 E_s(lx)	18000	16500	15000	13500	12000

表 15-3(b)　各采光等级参考平面上的采光标准值

采光等级	侧面采光		顶部采光	
	采光系数标准值/%	室内天然光照度标准值/lx	采光系数标准值/%	室内天然光照度标准值/lx
Ⅰ	5	750	5	750
Ⅱ	4	600	3	450
Ⅲ	3	450	2	300
Ⅳ	2	300	1	150
Ⅴ	1	150	0.5	75

注:(1)工业建筑参考平面取距地面 1m,民用建筑取距地面 0.75m,公用场所取地面。

(2)表中所列采光系数标准值适用于我国Ⅲ类光气候区,采光系数标准值是按室外设计照度值15000lx 制定的。

(3)采光标准的上限值不宜高于上一采光等级的级差,采光系数值不宜高于 7%。

表 15-4(a)　工业建筑的采光标准值

采光等级	车间名称	侧面采光		顶部采光	
		采光系数标准值/%	室内天然光照度标准值/lx	采光系数标准值/%	室内天然光照度标准值/lx
Ⅰ	特精密机电产品加工、装配、检验、工艺品雕刻、刺绣、绘画	5.0	750	5.0	750
Ⅱ	精密机电产品加工、装配、检验、通信、网络、视听设备、电子元器件、电子零部件加工、抛光、复材加工、纺织品精纺、织造、印染、服装裁剪、缝纫及检验、精密理化实验室、计量室、测量室、主控制室、印刷品的排版、印刷、药品制剂	4.0	600	3.0	450

（续表）

采光等级	车间名称	侧面采光		顶部采光	
		采光系数标准值/%	室内天然光照度标准值/lx	采光系数标准值/%	室内天然光照度标准值/lx
Ⅲ	机电产品加工、装配、检修、机库、一般控制室、木工、电镀、油漆、铸工、理化实验室、造纸、石化产品后处理、冶金产品冷轧、热轧、拉丝、粗炼	3.0	450	2.0	300
Ⅳ	焊接、钣金、冲压剪切、锻工、热处理、食品、烟酒加工和包装、饮料、日用化工产品、炼铁、炼钢、金属冶炼、水泥加工与包装、配、变电所、橡胶加工、皮革加工、精细库房（及库房作业）	2.0	300	1.0	150
Ⅴ	发电厂主厂房、压缩机房、风机房、锅炉房、泵房、动力站房、(电石库、乙炔库、氧气瓶库、汽车库、大中件贮存库)一般库房、煤的加工、运输、选煤配料间、原料间、玻璃退火、熔制	1.0	150	0.5	75

表 15-4(b)　住宅建筑的采光标准值

采光等级	场所名称	侧面采光	
		采光系数标准值/%	室内天然光照标准值/lx
Ⅳ	厨房	2.0	300
Ⅴ	卫生间、过道、餐厅、楼梯间	1.0	150

表 15-4(c)　教育建筑的采光标准值

采光等级	场所名称	侧面采光	
		采光系数标准值/%	室内天然光照标准值/lx
Ⅲ	专用教室、实验室、阶梯教室、教师办公室	3.0	450
Ⅴ	走道、楼梯间、卫生间	1.0	150

表 15-4(d)　办公建筑的采光标准值

采光等级	场所名称	侧面采光	
		采光系数标准值/%	室内天然光照标准值/lx
Ⅱ	设计室、绘图室	4.0	600
Ⅲ	办公室、会议室	3.0	450
Ⅳ	复印室、档案室	2.0	300
Ⅴ	走道、楼梯间、卫生间	1.0	150

表 15-4(e)　旅馆建筑的采光标准值

采光等级	场所名称	侧面采光		顶部采光	
		采光系数标准值/%	室内天然光照度标准值/lx	采光系数标准值/%	室内天然光照度标准值/lx
Ⅲ	会议室	3.0	450	2.0	300
Ⅳ	大堂、客房、餐厅、健身房	2.0	300	1.0	150
Ⅴ	走道、楼梯间、卫生间	1.0	150	0.5	75

2. 满足采光均匀度的要求

采光均匀度是指假定工作面上的采光系数的最低值与平均值之比。顶部采光时,Ⅰ~Ⅳ级采光等级的采光均匀度不宜小于 0.7,相邻两天窗中线间的距离不宜大于参考平面至天窗下沿高度的 1.5 倍。

3. 避免在工作区产生眩光

视野范围内出现亮度过高又刺眼的光叫眩光。采光设计时应避免在工作区内出现眩光。如作业区应减少或避免直射阳光;采用室内外遮挡设施降低窗亮度或减少天空视域;对教室等有书写要求的建筑,天然光线应从左侧方向射入,以避免产生遮挡和不利的阴影。

15.4.2　采光方式

根据采光口位置,采光方式分为侧窗采光、天窗采光和混合采光。

1. 侧窗采光

侧窗采光是将采光口布置在外墙上的一种采光方式,分为单侧窗采光和双侧窗采光。根据采光口在外墙上的位置,又可分为高侧窗和低侧窗,如图 15-24(a)、(b)所示。侧窗采光构造简单、施工方便、造价低。

在有吊车梁的厂房中,因吊车梁挡光,应在梁的上下处设高低侧窗。高侧窗有利于提高远窗点的照度和采光的均匀度,高侧窗下沿高于吊车梁上轨道顶面约 600mm;低侧窗的窗台高度通常采用 900~1200mm,窗间墙的宽度应尽量减小或不设窗间墙,以保证照度均匀。

2. 天窗采光

连续多跨厂房进深大,需在屋顶增设天窗,以满足采光要求,如图 15-24(d)所示。天窗采光照度均匀,采光率较高,但其造价较高。

3. 混合采光

在大跨度或多跨厂房中,常采用侧窗和天窗混合采光方式,如图 15-24(c)所示。

15.4.3　采光天窗的形式

采光天窗有矩形、梯形、M 型、三角形、锯齿形、下沉式、平天窗等多种形式,如图 15-24(d)所示,其中矩形、下沉式、平天窗应用较为广泛。

1. 矩形天窗

矩形天窗照度比较均匀,窗扇开启时可兼作通风之用。其缺点是构造较复杂,造价较

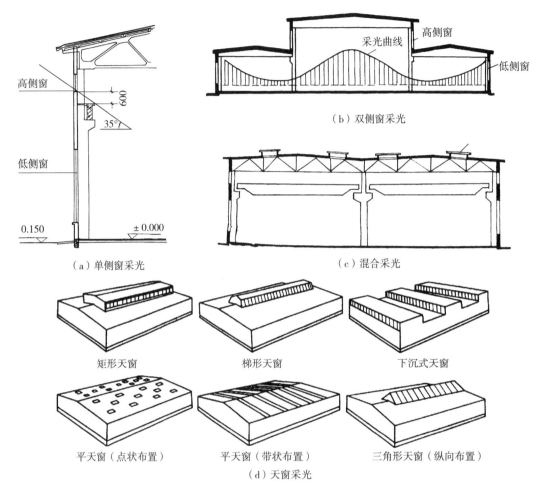

（a）单侧窗采光

（b）双侧窗采光

（c）混合采光

矩形天窗　　　　　　梯形天窗　　　　　　下沉式天窗

平天窗（点状布置）　　平天窗（带状布置）　　三角形天窗（纵向布置）

（d）天窗采光

图 15 - 24　采光方式

高,对抗震不利。矩形天窗的宽度对照度和均匀度有很大影响。矩形天窗宽度一般为厂房跨度的 1/2～1/3,相邻天窗扇的距离 L,宜大于或等于两天窗檐口至屋面高度之和的 1.5 倍,如图 15 - 25 所示。

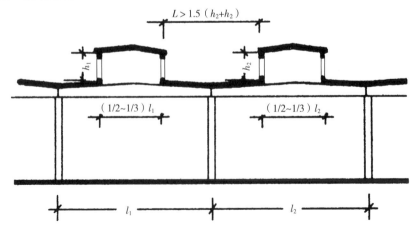

图 15 - 25　矩形天窗

2. 下沉式天窗

将部分屋面板从屋架上弦移至下弦布置,利用上下弦之间的空间作为采光口或通风口,即形成了下沉式天窗,如图 15 - 26 所示。下沉式天窗造价较低,采光效率较高,其缺点是构造较复杂。

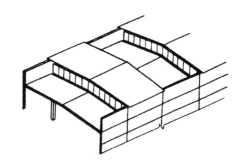

3. 平天窗

直接设在屋面上的采光窗叫平天窗,它的优点是构造简单、施工方便、采光效率高,为目前常用的采光天窗。其缺点是易被污染、易结露和产生眩光。平天窗构造详见 16.3 相关内容。

图 15 - 26 下沉式天窗

15.5 厂房自然通风的设计

通风方式分为自然通风和机械通风两种。自然通风是利用空气的流动,将新鲜空气引入室内,把温度较高和污浊的空气排至室外,它是一种既简单又经济的通风方式,但易受气候、环境、周边建筑物高度及间距等因素影响,通风效果不稳定;机械通风是以机械动力实现通风换气,其特点是通风稳定,不受自然条件等因素影响,但造价较高。一般说来,除生产工艺有要求而选用机械通风(特别是空调)外,厂房的通风主要采用自然通风或以自然通风为主,辅以简单的机械通风。

15.5.1 自然通风的基本原理

自然通风是利用空气在热压和风压作用下的空气流动,达到自然通风目的。选择合适的进、排风口位置及通风天窗形式是厂房自然通风设计的主要内容。

1. 空气的热压原理

室内外温度不同,空气比重也不同,温度低处的比重大,温度高处的比重小,因此产生压力差,使温度低处的空气流向温度高处,形成热压作用的自然通风,图 15 - 27 是厂房热压通风原理示意图。

热压值表达式为

$$\Delta P = gH(\rho_w - \rho_n) \qquad (15 - 4)$$

式中,ΔP——热压(Pa)。

g——重力加速度(m/s)。

H——进排气口中心线的垂直距离(m)。

ρ_w——室外空气密度(kg/m³)。

ρ_n——室内空气密度(kg/m³)。

从式中可以看出,热压大小取决于两个因素:一是上下进排气口的距离;二

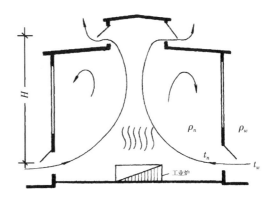

图 15 - 27 厂房热压通风原理示意图

是室内外温差。

　　2. 空气的风压原理

　　当风吹向建筑物时,建筑物迎风面空气压力增加,形成正压区,用"＋"表示;当风越过建筑物迎风面时,风速加大,压力变小,使建筑物顶面、背面和侧面均形成负压区,用"－"表示。空气流从正压区开口处(进风口)流入,由负压区开口处(出风口)流出,形成风压作用的自然通风,图15-28是风压通风原理示意图。

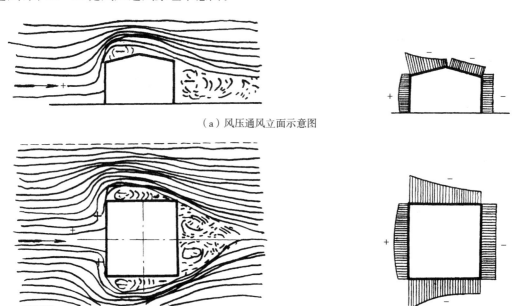

（a）风压通风立面示意图

（b）风压通风平面示意图

图 15-28　风压通风原理示意图

15.5.2　自然通风设计原则

　　自然通风设计应注意以下方面。

　　1. 建筑朝向的选择

　　为了充分利用自然通风,应控制建筑进深,并使其长轴垂直于夏季主导风向。从减少太阳辐射和组织自然通风角度综合来说,建筑南北朝向是最合理的。

　　2. 建筑群的布局

　　常见建筑群平面布局有:行列式、错列式、斜列式、周边式、自由式五种。行列式和自由式能争取到较好的朝向,使大多数房间能够获得良好的自然通风;而错列式和斜列式的布局更好。

　　3. 开口与自然通风

　　进风口直对着出风口时气流直通,风速较大,但风场影响范围小;进出风口错开互为对角,风场影响的区域会扩大;进出风口相距太近时气流偏向一侧,室内通风效果不佳;进出口都开在正压区域或负压区域墙面一侧或者整个房间只有一个开口,则室内通风状态较差。

　　此外,门和低窗可以让气流作用到人体,高窗和天窗可以使顶部热空气更快散出。室内的平均气流速度只取决于较小的开口尺寸,通常进出风口面积宜相等,如无法相等,以进风口小为佳。

4. 导风设计

中轴旋转窗扇、水平挑檐、挡风板、百叶板、外遮阳板及绿化均可以挡风、导风,可有效地组织室内通风。

15.5.3　厂房自然通风的设计

冷加工车间,应利用风压原理组织好厂房的自然通风。在总平面和平面设计中,应使夏季主导风向与建筑物纵向轴线的夹角大于或等于 45°;厂房的宽度进深应控制在 60m 左右,设计好进、排风口的位置,达到自然通风良好的目的。

热加工车间的生产过程中产生大量余热,可以利用热压原理组织好自然通风。在剖面设计中,合理布置进、排风口的位置和选择合适的通风天窗形式,达到自然通风良好的目的。

1. 进、排风口的布置

南方炎热地区的厂房,其进风口的低侧窗可以低于 1m,以增大 H 值,有利于自然通风,如图 15-29(a)所示;北方寒冷地区的热加工车间,其侧窗可分上下两排,冬季上排窗开启,以免冷风吹向人体,夏季下排窗开启,如图 15-29(b)所示;排风口则为高侧窗、天窗及设备上方的天窗等,排风口位置越高,对自然通风越有利。

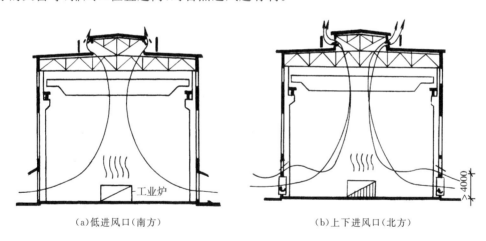

（a）低进风口（南方）　　　　（b）上下进风口（北方）

图 15-29　进、排风口的布置

2. 通风天窗的类型

通风天窗的类型主要有矩形和下沉式两种。

(1)矩形通风天窗

为避免风压过大产生室外空气倒灌室内的现象,常在矩形天窗侧面设置挡风板,在天窗口与挡风板之间形成负压区,保证天窗在任何风向的情况下都能稳定排气,挡风板的设置原则如图 15-30 所示。

(2)下沉式通风天窗

下沉式通风天窗是将部分屋面板移至屋架下弦上,利用屋架上下弦之间的高差空间形成负压区,达到稳定排气的目的。与矩形天窗相比,它的造价低、布置灵活、通风效果好,如图 15 - 26 所示。

(3)开敞式厂房

我国南方炎热地区的热加工车间,除采用通风天窗外,还可采用开敞式外墙解决自然通风问题,这种厂房称为开敞式厂房。开敞式外墙以挡雨板代替窗扇,其特点是排风量大、散热快、构造简单、造价较低,但其防寒、防雨、防风沙能力较差。根据厂房的开敞部位,可分为上开敞、下开敞和全开敞三种形式,图 15 - 31 为全开敞式外墙厂房。

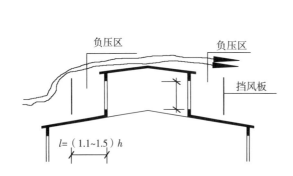

图 15 - 30　矩形通风天窗挡风板设置

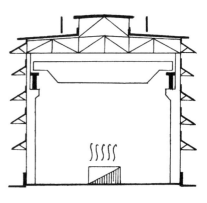

图 15 - 31　全开敞式外墙厂房

开敞式厂房挡雨板的尺寸应根据所采用的建筑材料及构造方案来确定,飘雨角 β 的角度主要受生产要求、雨滴大小及风速的影响。当 $\beta=30°$ 时,防溅板高度一般取 200mm 高,如图 15 - 32 所示。

15.6　单层厂房的噪声控制

噪声是指由频率和强度都不同的各种声音杂乱组合而产生的声音。噪声可以使人听力衰退,严重的可导致噪声性耳聋。为了防止工业噪声的危害、保障职工的身体健康,在厂房设计中对室内噪声必须采取相应措施,使其达到相关规范要求。

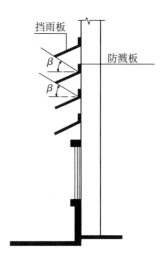

图 15 - 32　挡雨板设置

15.6.1　噪声允许标准

我国现已颁布的与工业建筑声环境有关的噪声控制标准有:《工业企业噪声控制设计规范》(GB/T 50087—2013)和《工业企业厂界环境噪声排放标准》(GB 12348—2008)等。表 15 - 5 为工业建筑室内允许噪声级。

15.6.2　噪声控制措施

目前厂房内噪声控制方法有:控制噪声源,降低声源噪声,在噪声传播途径上控制噪声,接受者采取保护措施(劳动保护)等。

1. 控制噪声源

控制噪声源是控制噪声的最有效办法。通常结合工业企业的工艺设计,改进设备结构、提高零件加工精度和装配质量等。比如,用低噪声的焊接代替高噪声的铆接,用无声液压代替冲压,以液动代替气动等。

表 15-5　工业建筑室内允许噪声级(GB/T 50087—2013)

工作场所	噪声限值/dB(A)
生产车间	85
车间内值班室、观察室、休息室、办公室、实验室、设计室室内背景噪声级	70
正常工作状态下精密装配线、精密加工车间、计算机房	70
主控室、集中控制室、通信室、电话总机室、消防值班室、一般办公室、会议室、设计室、实验室室内背景噪声级	60
医务室、教室、值班宿舍室内背景噪声级	55

注:(1)生产车间噪声限值为每周工作 5d,每天工作 8h 等效声级;对于每周工作 5d,每天工作时间不是 8h,需计算 8h 等效声级;对于每周工作日不是 5d,需计算 40h 等效声级。

(2)室内背景噪声级指室外传入室内的噪声级。

2. 在噪声传播途径上控制噪声

(1)利用闹静分开的方法降低噪声

高噪声的工业企业应集中在工业区选址;厂区内高噪声厂房与低噪声厂房分开;噪声源尽量不露天放置等。

(2)利用地形和声源的指向性控制噪声

利用山坡、深沟等地形、地物将噪声源与安静的区域隔开;同时,利用声源的指向性,使噪声指向空旷无人区或者对安静要求不高的区域。

(3)利用绿化降低噪声

采用植树、植草坪等林带减少噪声程度。林带应尽量靠近声源,应以乔木、灌木和草地相结合,形成一个连续、密集的障碍带,高度大致为声源至声区距离的两倍。

3. 采取声学控制手段

除以上控制噪声的方法外,还可采用隔声、吸声、隔振与阻尼等噪声控制技术。

(1)隔声降噪措施

隔声就是将噪声控制在局部空间内。例如,利用隔声罩对声源进行隔声处理;利用隔声间对接受者进行隔声处理;利用隔声屏障对噪声的传播途径进行隔声处理。

(2)吸声降噪措施

一般车间内表面多是一些对声音反射很强的硬质材料,如钢筋混凝土顶,光滑的墙面和水泥地面。当机器发出噪声时,直达声和反射声叠加就加强了室内噪声的强度。在屋顶和墙壁内表面贴吸声材料或吸声结构,或在室内空间悬挂一些吸声体或设置吸声屏,吸收声能,减弱反射声,降低噪声级。

(3)隔振措施

为了减弱设备运行时产生的振动以及由振动引起的固体声,可以对设备进行隔振处理。

一般指设备基础隔振和管道隔振。

设备基础隔振:在机械设备与基础之间装减振器或减振垫层,或用弹性连接代替刚性连接,以减少振源的振动能量向基础的传递。

管道隔振:通过设备与管道之间的软连接(即弹性连接),如隔振软管,有橡胶软管、不锈钢波纹软管等,减弱通过管道和管内介质,以及固定管道的构件传递并辐射的噪声。

(4)减振阻尼措施

在金属板上粘贴或喷涂一层内摩擦阻力大的材料,如沥青、软橡胶或其他高分子涂料配成的阻尼浆,称为减振阻尼,可以抑制金属板隔声罩、隔声屏或通风管道因振动而辐射的噪声。

此外,对接受者进行个人防护也是一种经济而又有效的措施。常用的防护用具有耳塞、防声棉、耳罩、头盔等。

第 16 章　单层工业厂房构造

排架式单层工业厂房由骨架和围护结构两大部分组成。常用的骨架有混凝土结构和钢结构两大类，由基础、柱、吊车梁、连系梁、圈梁、屋架等构件组成。围护结构由外墙、屋面、地面及门窗等构件组成。

16.1　外墙构造

厂房外墙按材料分为砌体墙、混凝土板材墙、压形钢板墙以及开敞式外墙等；按承重方式分为承重墙和非承重墙。由于工业建筑的高度和跨度大，还受到生产设备振动影响，墙身需有足够的刚度和稳定性。

16.1.1　承重砌体墙

承重砌体墙经济实用，但整体性和抗震能力差，使用范围受到限制。《建筑抗震设计规范》（GB 50011—2016）规定，承重砌体墙只适用于 6～8 度抗震设防时，单跨和等高多跨且无桥式吊车的单层车间、仓库等，或跨度不大于 15m 且柱顶标高不大于 6.6m 的中小型单层厂房。

16.1.2　自承重砌体墙

自承重砌体墙是单层厂房常用的外围护墙形式之一，可采用砖或砌块砌筑。

1. 墙与柱的相对位置

围护墙与排架柱的相对位置一般有两种布置方式，如图 16-1 所示。

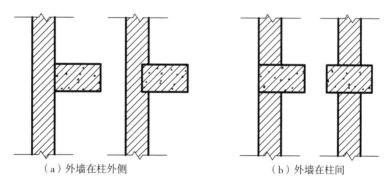

（a）外墙在柱外侧　　　　　　　　　（b）外墙在柱间

图 16-1　自承重砌体墙与柱的相对位置

图 16-1(a)是将外墙布置在柱外侧，这种方式构造简单、施工方便，可以避免产生"热桥"；图 16-1(b)是将外墙设置在柱间，一定程度上加强了柱列的刚度，但基础梁等构配件施工较前一种复杂，有吊车时，墙内边不应超出上柱的内边，以保证吊车梁的安装。

2. 墙体的支承

单层厂房的自承重外墙通常不做墙身基础，下部墙身通过基础梁将荷载传至柱下基础，上部墙身支承在连续梁上，连续梁通过柱子将荷载传至基础，如图 16-2 所示。

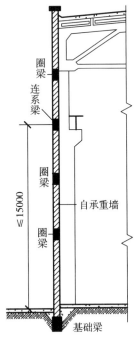

图16-2 自承重砌体墙墙身构造

基础梁的顶面标高应低于地室内地面50mm，以便在该处设置墙身防潮层。基础梁与基础的连接主要有两种方式，当基础埋置较浅时，基础梁可直接搁置在柱基础顶面，或用混凝土垫块搁置在基础顶面如图16-3（a）所示；当基础埋置较深时，可用牛腿支托，如图16-3（b）所示。

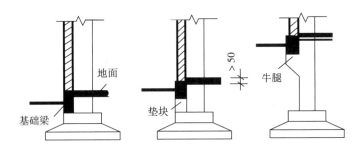

图16-3 基础梁与基础连接

3. 墙体的连接构造

（1）墙体与柱的连接构造

为保证自承重墙和排架柱的整体性和稳定性，外墙与柱应有可靠的连接措施，最常见的做法是采用拉结钢筋连接。由柱端部沿高度每隔 $500 \sim 600$ mm 伸出 $2\phi 6 (2\phi 8)$ 钢筋砌入墙内起锚固作用，如图 16-4 所示；山墙端部厚度增大，使山墙与柱子挤紧，拉结筋设置如图 16-5 所示。

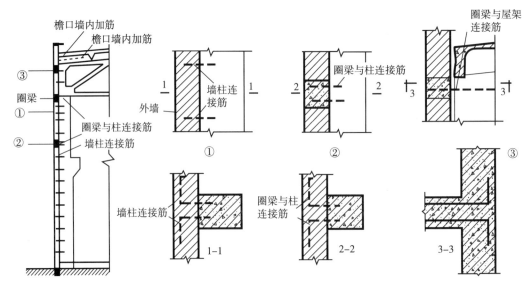

图 16-4 砖墙与柱和屋架的连接

（2）女儿墙的拉结构造

女儿墙厚一般不小于 240mm，其高度应满足安全和抗震的要求，一般不低于 1000mm。在地震区或受振动影响较大的厂房，女儿墙高度不应超过 500mm，并设钢筋混凝土压顶。女儿墙拉结构造如图 16-6 所示。

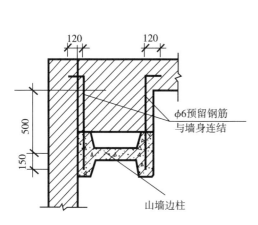

图 16-5　山墙边柱与外墙连接

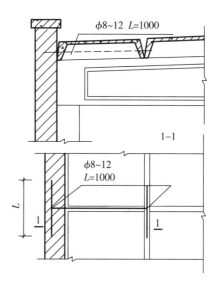

图 16-6　女儿墙拉结构造

（3）抗风柱的连接构造

山墙承受水平风荷载，需设置钢筋混凝土抗风柱来确保山墙的刚度和稳定性。抗风柱的间距以 6m 为宜，下端插入基础杯口，上端通过"Z"形钢板与屋架柔性连接，如图 16-7 所示。

（4）连系梁与柱的连接

连系梁是连系排架柱并增强厂房纵向刚度的重要措施，同时还承担上部墙体荷载。当连系梁的位置与门窗过梁一致，并在同一水平面交圈封闭时，可兼做过梁和圈梁。

连系梁采用预制装配式和装配整体式的构造方式，横断面一般为矩形或 L 形。非承重连系梁可将柱中的预留角钢与连系梁焊接在一起，如图 16-8（a）所示；承重连系梁与柱的连接方式，是将连系梁搁置在支托的牛腿上，用螺栓或焊接的方法连接牢固，如图 16-8（b）、（c）所示。

16.1.3　大型板材墙

大型板材墙可提高工程效率，是我国工业建筑常用的外墙类型之一。

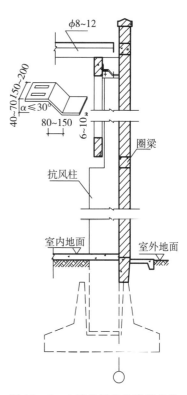

图 16-7　山墙抗风柱的联接构造

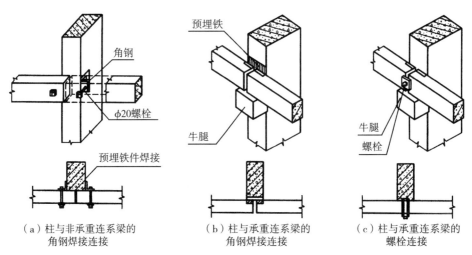

（a）柱与非承重连系梁的　　　（b）柱与承重连系梁的　　　（c）柱与承重连系梁的
　　　角钢焊接连接　　　　　　　　　角钢焊接连接　　　　　　　　　螺栓连接

图 16-8　连系梁与柱的连接

1. 墙板的类型

大型板材墙按受力状况分有承重墙板和非承重墙板；按保温性能分为保温墙板和非保温墙板；按所用材料分为单一材料墙板和复合材料墙板；按规格分为基本板、异形板和各种辅助构件；按在墙面的位置分为一般板、檐下板和山尖板等。

2. 墙板的布置

墙板在墙面上的布置方式，最广泛的是横向布置，其次是混合布置，竖向布置采用较少。横向布置时板型少，以柱距为板长，板柱相连，板缝处理较方便。图 16-9 为横向布置的墙板构造。

3. 墙板的规格

墙板基本板的长度应符合我国《厂房建筑模数协调标准》(GB 50006—2010)的规定，并考虑山墙抗风柱柱距，有 4500mm、6000mm、7500mm、9000mm、12000mm 等规格。基本板高度应符合 3M 模数，有 1800mm、1500mm、1200mm 和 900mm 等规格。基本板厚度应符合 1/5M 模数，并按结构计算确定。

4. 墙板连接

(1)板柱连接

板柱连接分为柔性连接和刚性连接两类。

柔性连接的特点：墙板与骨架以及板与板之间在一定范围内可相对独立位移，能较好地适应振动引起的变形。设计烈度高于 7 度的地震区宜用此法连接墙板，如图 16-9(a)、(b)所示。

刚性连接的特点：每块板材与柱子用型钢焊接在一起。其优点是连接件钢材少，但由于不能相对位移，对不均匀沉降和振动较敏感，主要用在地基条件较好，振动影响小和地震烈度小于 7 度的地区，如图 16-9(c)所示。

(2)板缝处理

对板缝的处理要求是确保防水和保温构造，并应考虑墙板制作及安装方便。构造做法详见 17.4 相关内容。

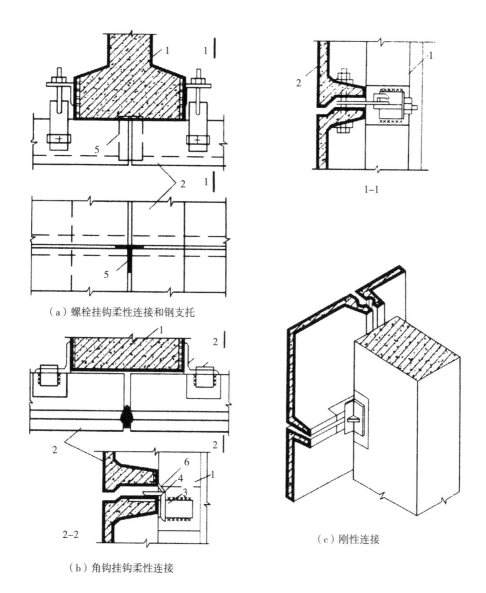

（a）螺栓挂钩柔性连接和钢支托

1–1

（b）角钩挂钩柔性连接

（c）刚性连接

1—柱；2—墙板；3—柱侧预焊角钢；4—墙板上预焊角钢；5—钢支托；6—上下板连接筋（焊接）。

图 16–9　横向布置的墙板构造

16.1.4　轻质板材墙

轻质板材作为工业建筑外墙是建筑工业化发展的方向，其优点是自重轻，施工速度快，但保温、隔热、防渗漏节点构造等方面还有待改进。

轻质板材墙有镀锌铁皮波瓦、压型钢（铝）板、塑料或玻璃钢瓦等。其中压型钢板是目前常用的一种外墙材料，是将金属板压制成波形断面，以改善力学性能、增大钢板刚度。压型钢板具有轻质高强、施工方便、防火抗震等优点。

压型钢板分单层和夹芯（带保温层）钢板，单层板适用于热工车间及无保温、隔热要求的车间及仓库等，夹芯钢板用于有保温要求的工业建筑等。

压型钢板墙是通过金属梁固定在柱子上的,板间要搭接合理,减少板缝。压型钢板墙体构造做法如图 16-10 所示。

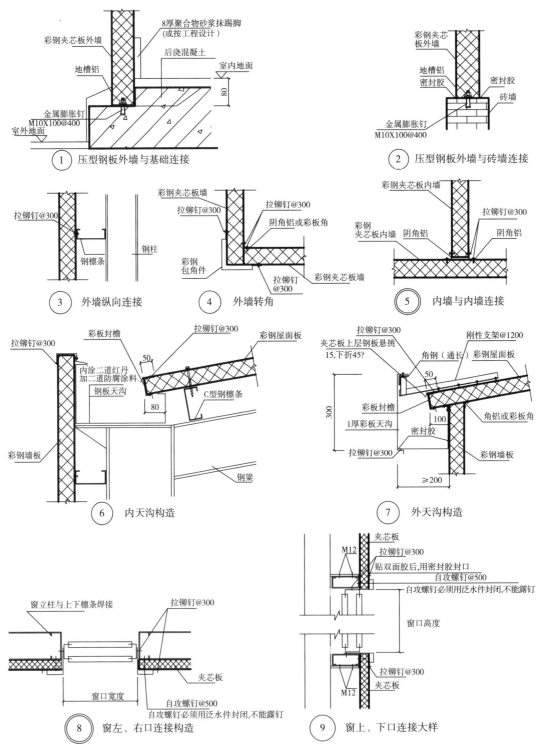

图 16-10 压型钢板墙体构造做法

16.2 地面构造

厂房地面与民用建筑地面构造基本相同,一般由面层、垫层和地基组成。但厂房的地面面积大、荷载重,还要满足各种生产要求,因此合理选择厂房地面材料及构造,对生产和投资都有影响。

16.2.1 地面设计要求

1. 设计原则

(1)满足生产和运输的要求,选择合理、经济的构造形式,使其具有足够的强度和刚度。

(2)满足生产工艺的要求,如隔热、防火、防腐蚀、防尘等,有良好的抗冲击、抗振、耐磨、耐碾压等性能。

(3)处理好设备基础、生产工段对地面不同要求的多类型地面组合,满足设备管线敷设等要求。

2. 地基的要求和垫层设计

地面应铺设在均匀密实的地基上。当地基土层不够密实时,应用夯实、掺骨料、铺设灰土层等措施加强。

垫层是承受并传递地面荷载至地基的构造层次,可分为刚性和柔性两类。刚性垫层整体性好、不透水、强度大,适用于荷载大且要求变形小的地面;柔性垫层在荷载作用下产生一定的塑性变形,造价较低,适用于承受冲击和强振动作用的地面。地面垫层的最小厚度应满足表 16 - 1 的规定。

表 16 - 1 地面垫层的最小厚度

垫层名称	材料强度等级或配合比	厚度/mm
混凝土	≥C10	60
四合土	1:1:6:12(水泥:石灰膏:砂:碎砖)	80
三合土	1:3:6(熟化石灰:砂:碎砖)	100
灰土	3:7 或 2:8(熟化石灰:黏性土)	100
砂、炉渣、碎(卵)石		60
矿渣		80

3. 面层选择要求

工业建筑地面根据生产特征和类型,需选用不同的面层,表 16 - 2 为常用的地面面层选择表。

表 16 - 2 常用的地面面层选择

生产特征及对垫层使用要求	适宜的面层	生产特征举例
机动车行驶、受坚硬物体磨损	混凝土、铁屑水泥、粗石	车行通道、仓库、钢绳车间等
坚硬物体对地面产生冲击(10kg 以内)	混凝土、块石、缸砖	机械加工车间、金属结构车间等

（续表）

生产特征及对垫层使用要求	适宜的面层	生产特征举例
坚硬物体对地面有较大冲击（50kg以上）	矿渣、碎石、素土	铸造、锻压、冲压、废钢处理等
受高温作用地段（500℃以上）	矿渣、凸缘铸铁板、素土	铸造车间的熔化浇铸工段、轧钢车间加热和轧机工段、玻璃熔制工段
有水和其他中性液体作用地段	混凝土、水磨石、陶板	选矿车间、造纸车间
有防爆要求	菱苦土、木砖沥青砂浆	精苯车间、氢气车间、火药仓库等
有酸性介质作用	耐酸陶板、聚氯乙烯塑料	硫酸车间的净化、硝酸车间的吸收浓缩
有碱性介质作用	耐碱沥青混凝土、陶板	纯碱车间、液氨车间、碱熔炉工段
不导电地面	石油沥青混凝土、聚氯乙烯塑料	电解车间
要求高度清洁	水磨石、陶板马赛克、拼花木地板、聚氯乙烯塑料、地漆布	光学精密器械、仪器仪表、钟表、电讯器材装配

16.2.2 地面类型

工业建筑地面与民用建筑相似，同样由面层、垫层和基层组成，常用地面形式有单层整体地面、多层整体地面和块材地面。随着工程材料的发展，整体地面之上可以涂刷高性能、耐磨、美观的地面装饰材料。例如，环氧地坪就是通过底涂、中涂、面涂和封面处理在混凝土地面上的一种工业地坪，根据不同的性能要求，有环氧防静电地坪、环氧防腐地坪、环氧彩砂地坪等。

1. 单层整体地面

单层整体地面是将面层和垫层合为一层直接铺在基层上，常用的地面有灰土地面、黏土地面、碎石地面等。这种地面可承受高温及巨大的冲击作用，适用于对平整度和清洁度要求不高的车间，如铸造车间等。

2. 多层整体地面

多层整体地面垫层厚度较大，面层厚度薄；按面层材料不同分为水泥砂浆地面、水磨石地面、水玻璃地面、混凝土地面、菱苦土地面等。不同的面层材料可满足不同的生产工艺要求，如水玻璃地面整体性好，耐酸耐热，但抗渗性差，需加设防水隔离层；菱苦土地面具有良好的弹性和保温性能，不产生火花，不起灰；水磨石地面强度高、耐磨、不渗水、不起灰等。几种多层整体地面的构造做法如图16-11所示。

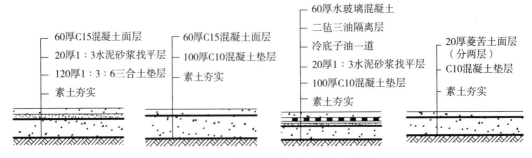

图16-11 几种多层整体地面的构造做法

3. 块材地面

块材地面是在垫层上铺设块料或板料的地面,如砖块、石块、预制混凝土地面板、瓷砖、铸铁板等,其构造如图 16－12 所示。块材地面承载力强,便于维修。

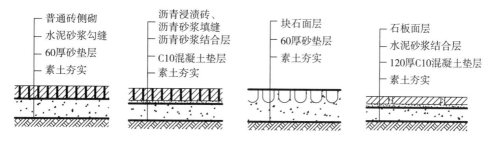

图 16－12　块材地面构造

16.2.3　地面细部构造

1. 缩缝

混凝土垫层需考虑温度变化产生附加应力的影响,同时防止因混凝土收缩变形导致的地面裂缝。一般厂房内混凝土垫层按 3m×6m 间距设置纵向缩缝,6m×12m 间距设置横向缩缝,设置防冻胀层的地面纵横向缩缝间距不宜大于 3m。缝的构造形式有平头缝、企口缝、假缝,一般多为平头缝。企口缝适合于垫层厚度大于 150mm 的情况,假缝只能用于横向缩缝,如图 16－13 所示。

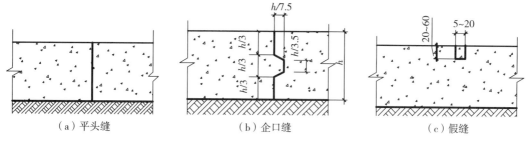

（a）平头缝　　　　　（b）企口缝　　　　　（c）假缝

图 16－13　混凝土垫层缩缝构造示意

2. 变形缝

地面变形缝的位置应与建筑物的变形缝一致,同时在地面荷载差异较大和受局部冲击荷载的部分亦应设变形缝。变形缝应贯穿地面各构造层次,并用嵌缝材料填充,如图 16－14 所示。

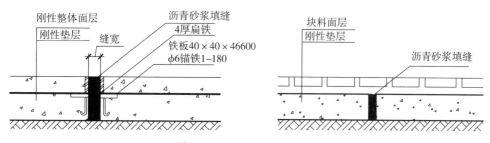

图 16－14　地面变形缝构造

3. 交界缝

两种不同材料的地面接缝处由于强度不同,易破坏,此时应采取措施。图 16 - 15 为不同地面接缝处理的构造。

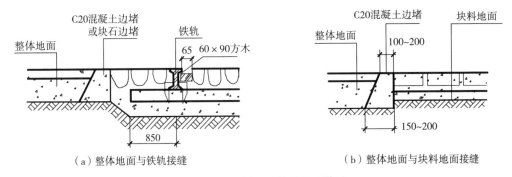

（a）整体地面与铁轨接缝   （b）整体地面与块料地面接缝

图 16 - 15　不同地面接缝处理构造

16.3　大门、侧窗和天窗

16.3.1　大门

1. 洞口尺寸与大门类型

厂房大门主要用于生产工具、物料的运输及人员通行,大门洞口尺寸根据运输工具类型、运输货物外形尺寸等因素确定。常用单层工业建筑大门洞口参考尺寸,如图 16 - 16 所示。

运输工具 \ 洞口宽	2100	2100	3000	3300	3600	3900	4200 4500	洞口高
3t矿车	🚃							2100
电瓶车		🚗						2400
轻型卡车			🚙					2700
中型卡车				🚚				3000
重型卡车					🚛			3900
汽车起重机						🚜		4200
火车							🚆	5100 5400

图 16 - 16　厂房大门尺寸(mm)

2. 大门类型

厂房大门按所用材料分,有钢木大门、钢板门、塑钢门等;按用途分,有运输工具通行的大门、防火门、保温门、防风门等;按大门开启方式分,有平开门、上翻门、推拉门、升降门、折叠门、卷帘门,如图 16－17 所示。

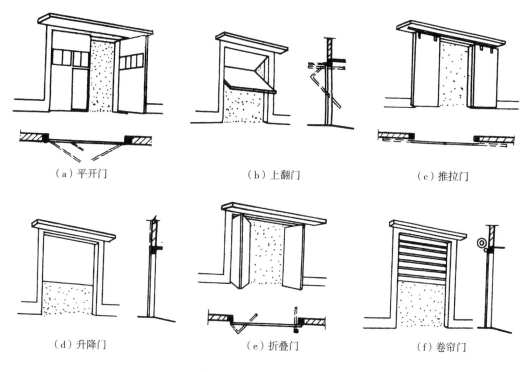

（a）平开门　　　　　　（b）上翻门　　　　　　（c）推拉门

（d）升降门　　　　　　（e）折叠门　　　　　　（f）卷帘门

图 16－17　大门的开启方式

3. 大门构造

(1)平开门

平开门由门扇、铰链及门框组成。门洞尺寸一般不宜大于 6m×3.6m,门扇可由木、钢或钢木组合而成。门框有钢筋混凝土和砌体两种,当门洞宽度大于 3m 时,设钢筋混凝土门框。洞口较小时可采用砌体砌筑门框,墙内砌入有预埋铁件的混凝土块。图 16－18 为常用钢木平开大门构造。

(2)卷帘门

卷帘门开启方便、不占空间,有防火、防风、防尘、防盗等优点。按性能分为普通型、防火型、防风型等。按门扇结构分有帘板结构和通花结构卷帘门。常用普通型帘板卷帘门构造如图 16－19 所示。

(3)推拉门

推拉门由门扇、导轨、地槽及门框组成。门扇可采用钢木门、钢板门等,每个门扇的宽度一般不超过 1.8m。推拉门按支承方式有上悬式和下滑式两种。当门扇高度小于 4m 时,采用上悬式;当门扇高度大于 4m 时,采用下滑式,即在门洞上下均设导轨,门扇重量由下面的导轨承担,如图 16－20 所示。

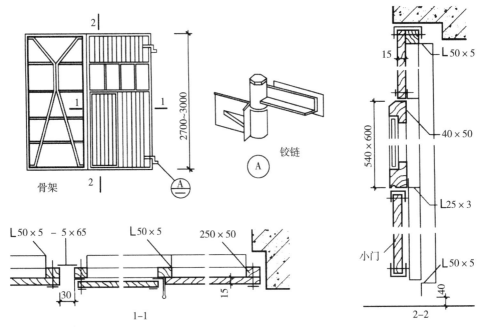

图 16 - 18　常用钢木平开大门构造

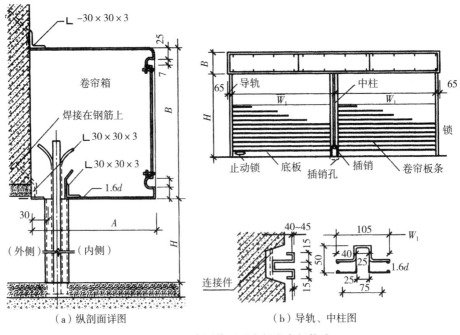

（a）纵剖面详图　　　　　　　　（b）导轨、中柱图

图 16 - 19　常用普通型帘板卷帘门构造

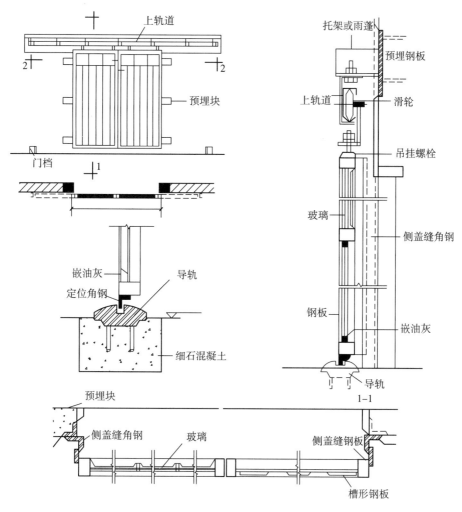

图 16-20 推拉门构造

16.3.2 侧窗

厂房侧窗不仅要满足采光通风等要求,还要满足保温、隔热、防尘及有爆炸危险车间的泻爆等工艺要求。

侧窗常用材料有铝合金及塑钢窗等,开启方式有中悬窗、平开窗、固定窗和立旋窗等,图 16-21 为中悬窗、平开窗、固定窗等组合成的侧窗。在确保采光质量的同时,不同高度和形式的开扇可以合理有效地组织厂房通风。

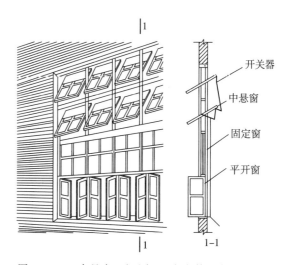

图 16-21 中悬窗、平开窗、固定窗等组合成的侧窗

16.3.3　通风采光天窗

1. 天窗的形式

单层工业建筑天窗按功能分有采光天窗和通风天窗两种,在实际工程中,天窗一般同时具有采光和通风的双重作用。常用的天窗有矩形天窗、下沉式天窗、平天窗等。目前也有很多定型产品,利用全结构防水及电动排烟技术,兼顾了自然通风的渗漏隐患及天窗开启不便的弊端,广泛应用在工程实践中。

2. 采光平天窗的构造

平天窗是在工业建筑屋面上直接开设采光孔洞,在上面安装平板玻璃或玻璃钢罩等透光材料形成的天窗。平天窗主要有采光板、采光罩和采光带等类型,如图 16-22 所示。采光板与采光罩有固定式和开启式两种。

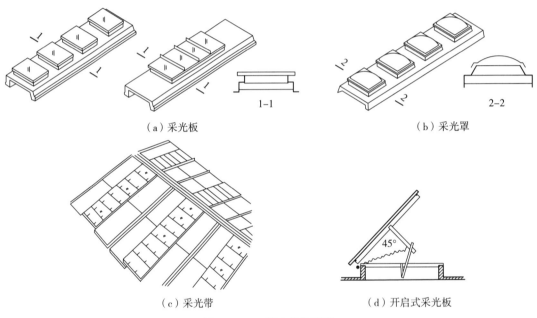

（a）采光板　　　　　　　　　　　　　　　　　　（b）采光罩

（c）采光带　　　　　　　　　　　（d）开启式采光板

图 16-22　平天窗的类型

平天窗的构造有以下几种。

（1）井壁:平天窗是在屋面板采光口上做高 150～200mm 高的井壁泛水,透光材料安装在井壁上,如图 16-23 所示。井壁高度取决于降雨量和屋面积雪的厚度。

（2）防水:玻璃与井壁间的缝隙是防水的重点部位,宜用建筑油膏等耐老化的材料嵌缝;采光玻璃用带长钩的铁件固定井壁上;在井壁顶部可设排水沟,使玻璃表面产生的冷凝水顺坡排至屋面,如图 16-24 所示。

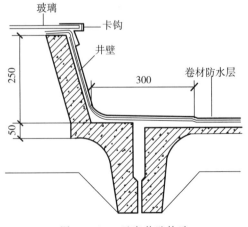

图 16-23　天窗井壁构造

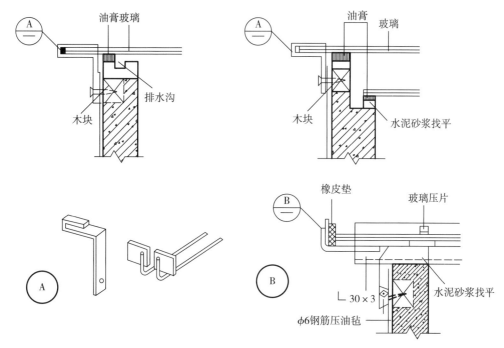

图 16 - 24　平天窗井壁防水构造

（3）防太阳辐射和眩光：平天窗的玻璃宜选用防辐射的散光材料，如中空镀膜玻璃、吸热玻璃、热反射玻璃、压花玻璃、磨砂玻璃、变色玻璃等。

（4）安全防护：为防止采光玻璃损坏而造成室内人员受伤害，可选用夹丝玻璃；还可在玻璃下面加设层金属安全网，用托铁固定在井壁上，如图 16 - 25 所示。

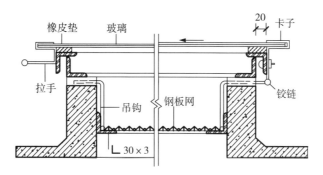

图 16 - 25　平天窗安全网构造

（5）通风：平天窗的通风有两种方式。一种是平天窗只用于采光，通风由专用的通风屋脊解决；另一种是将两个采光罩的相对侧面做成百叶，两侧加挡风板，构成一个通风井，如图 16 - 26 所示。如为采光带，可用增加泛水侧壁高度构成开敞式的通风型采光带，如图 16 - 27 所示。

3. 通风天窗和电动采光排烟天窗

通风天窗按位置分为横向和纵向两种形式。横向天窗垂直于屋脊方向布置；纵向天窗位于屋脊纵向布置或与屋脊平行布置。按通风方式分为普通通风天窗和电动采光排烟天窗，图 16 - 28 为常用通风天窗的类型。

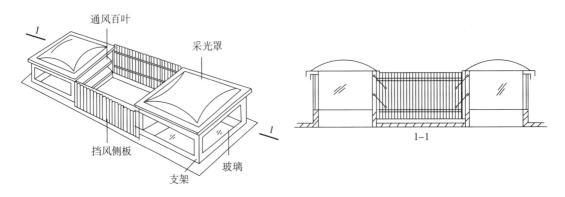

图 16-26 采光罩加挡风板的通风方式

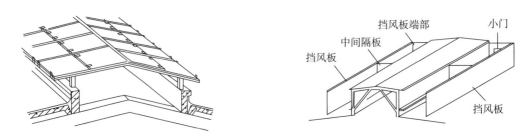

图 16-27 井壁抬高的通风方式

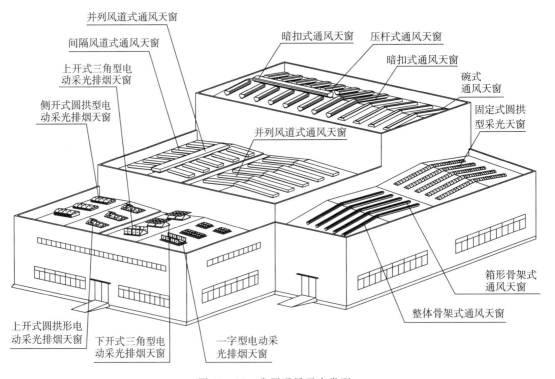

图 16-28 常用通风天窗类型

表 16-3 为几种常用通风天窗及电动采光排烟天窗的选用表。

表 16-3(a)　通风天窗选用表

简图	天窗型号	洞口宽度/mm	洞口长度/mm	天窗对应高度/mm	有效通风面积/m²·m
	并列风道式通风天窗	1200 9000	$500 \times n$（用于钢结构、现浇钢筋混凝土、网架屋面）	560	0.96/7.2
	间隔风道式通风天窗	1200 6000	$750 \times n$（用于钢结构、现浇钢筋混凝土、网架屋面）	650	0.36/1.8
	整体骨架式通风天窗	600 1000	$1200 \times n$、 $1500 \times n$	730 1250	0.45/0.9

注：n 为洞口长度模数的倍数。

表 16-3(b)　电动采光排烟天窗选用表

简图	天窗型号	洞口内尺寸（宽×长）$B \times A$/mm	窗外形尺寸（宽×长）$B_1 \times A_1$/mm	窗体高度 H/mm	按所选采光板材料窗体质量(kg/樘) 阳光板(10mm厚)	夹层玻璃(5+0.38 PVB+5)	纤维复合材料(3mm厚)	有效开口面积/m²·樘
	上开式三角形电动采光排烟天窗	1000~2000 1500n(2000n)	1256~2256 (A+256)	500 780	62.5(71.7) 89.2(103.2)	123.7 (152.7) 228.8 (263.1)	69.2 (80.3) 108.6 (124.6)	1.36 (1.82) 2.82 (3.76)
	一字形电动采光排烟天窗	1000~2000 1500n(2000n)	1280~2280 (A+280)	135	51.4(58.9) 70.6(81.9)	119.3 (146.5) 206.6 (258.6)	58.8 (68.6) 86.5 (98.8)	1.305 (1.74) 2.775 (3.74)
	侧开式圆拱形电动采光排烟天窗	3000~6000 6000n	3280~6280 (6000n+280)	1830 4350	79.5 349.5		104.7 434.3	9.72 25.92
	上开式圆拱形电动采光排烟天窗	2000~3000 2000n	2280~3280 (2000n+280)	330 440	37.6 46.9		44.5 55.2	9.72 25.92

第 17 章　建筑工业化

17.1　基本概念

17.1.1　建筑工业化的含义

建筑工业化,指通过现代化的制造、运输、安装和科学管理的生产方式,来代替传统建筑业中分散的、低水平的、低效率的手工业生产方式。它的主要标志是建筑设计标准化、构配件生产工厂化、施工机械化和组织管理科学化。

建筑工业化的基本内容:采用先进、适用的技术、工艺和装备科学合理地组织施工;发展建筑构配件、制品、设备生产,提供系列化通用建筑构配件和制品;制定统一的建筑模数和重要的基础标准(模数协调、公差与配合、合理建筑参数、连接等),合理解决标准化和多样化的关系,提高建筑标准化水平;采用现代管理方法和手段,优化资源配置,实行科学的组织和管理,培育和发展技术市场和信息管理系统。

17.1.2　工业化建筑体系

工业化建筑体系分为专用体系和通用体系。

1. 专用体系

成套生产某种或某几种定型化建筑及其专用构配件的建筑体系,其产品是定型房屋。这种体系的特点是具有一定的设计专用性和配套性,但缺少与其他体系配合的通用性和互换性。

2. 通用体系

开发生产各类建筑所需的预制通用构配件及节点构造的商品化建筑体系。这种体系的特点是做到产品和连接技术标准化、通用化,具有互换性,以适应不同类型建筑体系的需要。

17.1.3　实现建筑工业化的途径

根据结构类型和施工工艺的不同,实现建筑工业化的途径主要有预制装配式和装配整体式两大类,详见本章 17.2、17.3 的内容。

17.2　预制装配式建筑

预制装配式建筑就是在工厂生产构配件、以工业化方式来组装建造的房屋。这类建筑的优点是生产效率高、构件质量好、施工速度快、现场湿作业少、受季节性影响小;缺点是生产基地一次性投资大。预制装配式建筑按主要承重结构的不同,主要分为板材装配式、框架板材装配式、盒子装配式等几种形式。

17.2.1　板材装配式建筑

板材装配式建筑是开发最早的预制装配式建筑。它将成片的墙体、楼板等工厂预制构件，在现场拼装成不同类型的建筑，一般适用于抗震设防烈度在 8 度或 8 度以下地区的低、多层建筑，而且受到起吊、运输设备的限制，多用于轻质复合板材或者轻混凝土的低层或可移动的临时建筑。

板材装配式建筑按照预制板材的大小，可分为中型板材和大型板材两种，如图 17 - 1 所示。

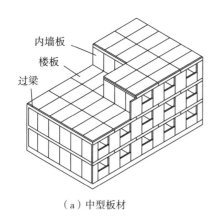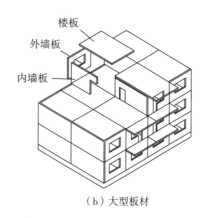

（a）中型板材　　　　　　　　　　　　（b）大型板材

图 17 - 1　板材装配式建筑

以承重方式不同，可分为横墙承重、纵墙承重和混合承重。

17.2.2　框架板材装配式建筑

框架板材装配式建筑是以钢筋混凝土或钢的预制构件组成主体骨架结构，再用定型预制的内、外墙板、楼板、设备等装配安装而成的建筑。它具有自重轻、抗震性能好、布局灵活等优点。

1. 框架板材建筑的结构体系

分为四种结构体系：第一类是楼板、柱组成的框架，为板柱框架（或称板柱体系）如图 17 - 2(a)所示；第二类是梁、楼板、柱组成的框架，称为梁板柱框架（或称梁板柱体系）如图 17 - 2(b)、(c)、(d)所示，梁板柱框架又分为梁板柱、横梁板柱、纵梁板柱三种类型；第三类是在以上两种框架中增设部分剪力墙，称框-剪体系，如图 17 - 2(e)所示；第四类是在板柱框架中增加现浇井筒，称为框-筒体系，如图 17 - 2(f)所示。框-剪体系、框-筒体系适用于高层建筑。

2. 框架板材建筑的结构构件连接

框架板材建筑结构构件连接主要有三种，即梁柱连接、梁板连接、板柱连接。

（1）梁柱连接

梁与柱通常在柱子顶部进行连接，常用的方法是叠合梁现浇连接和浆锚叠压连接，如图 17 - 3(a)、(b)所示。

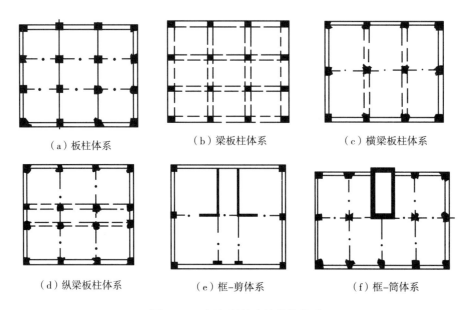

（a）板柱体系　　　　　（b）梁板柱体系　　　　　（c）横梁板柱体系

（d）纵梁板柱体系　　　　（e）框-剪体系　　　　　（f）框-筒体系

图 17-2　框架板材建筑结构体系

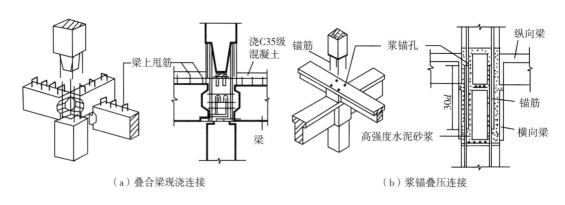

（a）叠合梁现浇连接　　　　　　　　　　（b）浆锚叠压连接

图 17-3　梁柱连接

（2）梁板连接

梁与板常采用楼板与叠合梁现浇连接,如图 17-4 所示。

（3）板柱连接

板与柱可用现浇连接、浆锚叠压连接或后张预应力连接,如图 17-5 所示。

17.2.3　盒子装配式

盒子装配式建筑是装配化程度最高的一种形式。它以"间"为单位进行预制,在工厂将盒子的结构、设备、内部装修,甚至家具等一概安

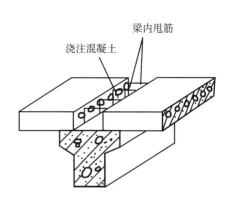

图 17-4　梁板连接

装齐全。盒子在现场吊装完成后、接好管线即可使用。盒子建筑工业化程度较高,但投资大,运输不便,且需用重型吊装设备,因此发展受到限制。

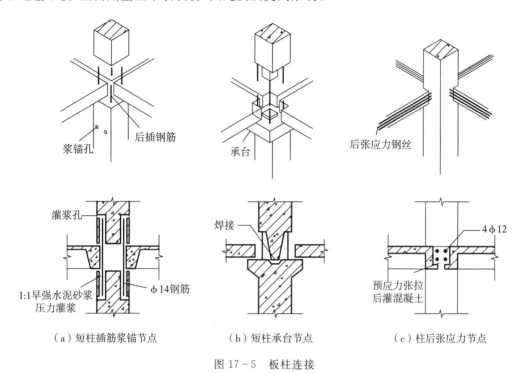

（a）短柱插筋浆锚节点　　　（b）短柱承台节点　　　（c）柱后张应力节点

图 17 - 5　板柱连接

图 17 - 6 为单个盒子的常见形式。

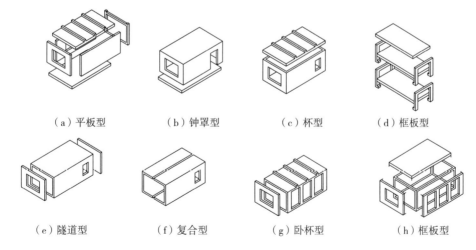

（a）平板型　　　（b）钟罩型　　　（c）杯型　　　（d）框板型

（e）隧道型　　　（f）复合型　　　（g）卧杯型　　　（h）框板型

图 17 - 6　单个盒子的常见形式

盒子建筑的装配形式有以下几种。

（1）全盒式,完全由承重盒子重叠组成建筑,如图 17 - 7(a)所示。

（2）核心体盒式,以交通核等筒体作为支承,将盒子悬挂或悬吊在其周围,如图 17 - 7(b)所示。

（3）骨架盒式,单间式盒子像抽屉一样放置在承重骨架中形成建筑,如图 17 - 7(c)所示。

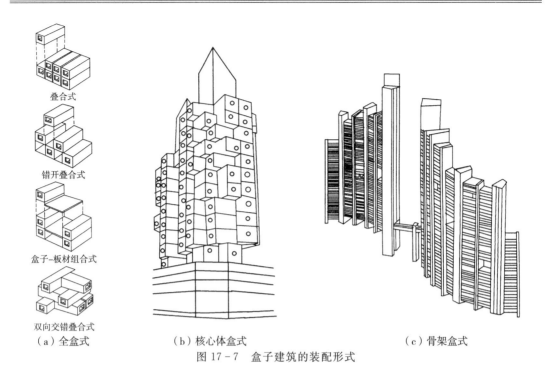

叠合式

错开叠合式

盒子-板材组合式

双向交错叠合式

（a）全盒式　　　　　　　（b）核心体盒式　　　　　　　（c）骨架盒式

图 17-7　盒子建筑的装配形式

17.2.4　轻钢装配式

轻钢装配式建筑以轻型钢结构为骨架,轻型材料为外围护系统所建成的房屋。其支承构件通常由厚度为 1.5～5mm 的薄钢板经冷弯或冷轧成型,或者用小断面的型钢及轻钢组合桁架等。轻钢建筑施工方便,适用于低层及多层建筑物。

图 17-8 为低层冷弯薄壁型钢独立住宅。由结构构件墙架柱、楼层梁、屋面骨架和围护的墙面系统、楼面系统及屋面系统组成。

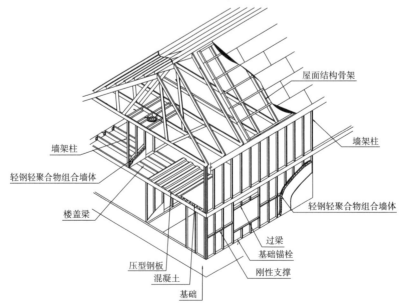

屋面结构骨架

墙架柱

墙架柱

轻钢轻聚合物组合墙体

轻钢轻聚合物组合墙体

楼盖梁

过梁

基础锚栓

压型钢板

刚性支撑

混凝土

基础

图 17-8　低层冷弯薄壁型钢独立住宅

17.3　装配整体式建筑

装配整体式建筑是工具式现浇与预制相结合的建筑,在现场采用工具模板、泵送混凝土、大型吊装设施进行机械化施工方式,将建筑结构主体部分整体浇筑或者浇筑核心筒等部分,其他部分用装配式的方法完成。其优点是生产基地一次性投资比装配式少,节省运输费用,结构整体性好;缺点是现场耗用工期比全装配式建筑的工期要长。

17.3.1　装配整体式建筑的分类

1. 按工具式模板的不同分类

(1)大模板建筑

这种建筑中的主要承重构件,如墙体(柱)和楼板,可全部现浇或墙体(柱)现浇、楼板预制。现浇与预制相结合的大模板建筑,目前有内外现浇、内浇外砌、内浇外挂等形式,这种建筑的特点是整体性和抗震性能好,适用建筑类型广泛,如图17-9所示。

(2)滑模建筑

滑模建筑是在浇注混凝土的同时提升模板。采用滑升模板可以建造烟囱、水塔等构筑物,也可以建造高层住宅。它的优点是加快施工进度,提高工程质量;缺点是需要配置成套设备,一次性投资较大,如图17-10所示。

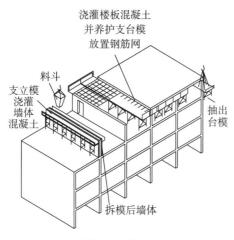

图 17-9　墙体用大模板、楼板用台模
流水作业的现浇主体结构

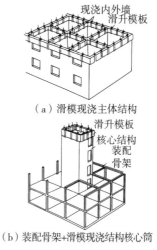

(a)滑模现浇主体结构

(b)装配骨架+滑模现浇结构核心筒

图 17-10　滑模现浇主体结构
或者核心筒

(3)隧道模建筑

隧道模建筑是用特制的三面模板拼装起来后,浇筑墙体和楼板,使之成为一个整体,如图17-11所示。

2. 按现浇与预制的部分不同分类

(1)内浇外挂:内墙(剪力墙)和楼板用工具模板现浇,外墙挂预制复合墙板。

(2)内浇外砌:内墙(剪力墙)和楼板用工具模板现浇,外墙为砌体非承重墙。

(3)全现浇:内外墙(剪力墙)和楼板全用工具模板现浇。

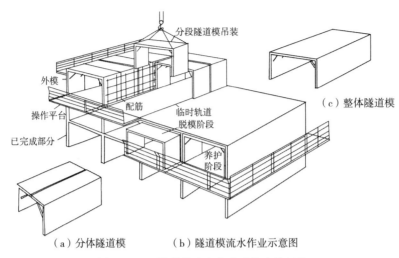

（a）分体隧道模　　（b）隧道模流水作业示意图

图 17-11　隧道模流水作业现浇主体结构

现浇钢筋混凝土墙板的厚度,多层建筑可做到 160～180mm,高层建筑可做到 200～250mm。由于结构整体性好,施工速度快,模具可以重复使用,适合于高层建筑。

17.3.2　装配整体式混凝土结构建筑

由预制混凝土构件通过可靠的连接方式进行连接,与现场后浇混凝土、水泥基灌浆料形成整体的装配式混凝土结构(简称 PC 结构)系统,该结构与外围护系统、设备与管线系统、内装系统集成为装配整体式混凝土结构建筑,是目前我国建筑工业化发展的重要方式之一,并逐步发展标准化设计、工厂化生产、装配化施工、一体化装修、信息化管理和智能化应用等。

1. 装配整体式混凝土建筑设计及建造原则

(1)设计采用通用化、模数化、标准化原则,以少规格、多组合实现建筑及部品部件的系列化和多样化。

(2)对技术选型、技术经济可行性和可建造性进行评估,科学合理地确定建造目标与技术实施方案。

(3)综合协调建筑、结构、设备和内装等专业,制订相互协同的施工组织方案,采用装配式施工,保证工程质量,提高劳动效率。

(4)满足适用、环保、经济、安全、耐久等要求,采用绿色建材和性能优良的部品部件。

2. 装配整体式混凝土结构类型

装配整体式混凝土结构分为装配整体式框架结构、装配整体式剪力墙结构、装配整体式框架-现浇剪力墙结构、装配整体式框架-现浇核心筒结构、装配整体式部分框支剪力墙结构。装配整体式混凝土结构建筑的最大适用高度应满足表 17-1 的要求。

表 17-1　装配整体式混凝土结构建筑的最大适用高度　　　　（单位:m）

结构类型	抗震设防烈度			
	6 度	7 度	8 度(0.20g)	8 度(0.30g)
装配整体式框架结构	60	50	40	30
装配整体式框架-现浇剪力墙结构	130	120	100	80

（续表）

结构类型	抗震设防烈度			
	6 度	7 度	8 度(0.20g)	8 度(0.30g)
装配整体式框架-现浇核心筒结构	150	130	100	90
装配整体式剪力墙结构	130(120)	110(100)	90(80)	70(60)
装配整体式部分框支剪力墙结构	110(100)	90(80)	70(60)	40(30)

注：(1)装配整体式剪力墙结构和装配整体式部分框支剪力墙结构,在规定的水平力作用下,当预制剪力墙构件底部承担的总剪力大于该层总剪力的 50% 时,其最大适用高度应适当降低;当预制剪力墙构件底部承担的总剪力大于该层总剪力的 80% 时,最大适用高度应取表 7-1 中括号内的数值。

(2)装配整体式剪力墙结构和装配整体式部分框支剪力墙结构,当剪力墙边缘构件竖向钢筋采用浆锚搭接连接时,房屋最大适用高度应比表中数值降低 10m。

(3)超过表内高度的房屋,应进行专门研究和论证,采取有效的加强措施。

3. 装配整体式混凝土结构楼板

装配整体式混凝土结构除屋面层和平面受力复杂的楼层宜采用现浇楼盖,其他楼板常采用桁架钢筋混凝土叠合楼板,如图 17-12 所示。对于楼板厚度较大的大空间,钢筋桁架可以提高楼板刚度和抗剪能力,同时也是双向板钢筋间接搭接辅助钢筋和施工的"吊钩"。当采用叠合楼板时,楼板的后浇混凝土叠合层厚度不应小于 100mm,且后浇层内应采用双向通长配筋,钢筋直径不宜小于 8mm,间距不宜大于 200mm。

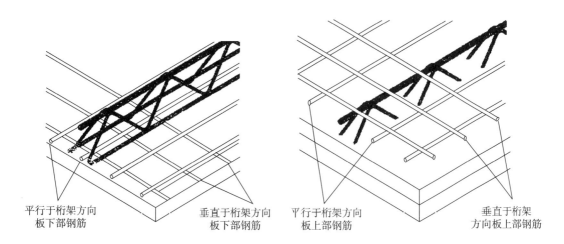

平行于桁架方向　　　　　　垂直于桁架方向　　　　平行于桁架方向　　　　　垂直于桁架
板下部钢筋　　　　　　　　板下部钢筋　　　　　　板上部钢筋　　　　　　　方向板上部钢筋

图 17-12　桁架钢筋混凝土叠合楼板

4. 装配整体式(剪力墙)结构的连接构造

预制剪力墙结构是典型的装配整体式构件,其设计宜采用建筑信息一体化技术,确保预制构件的钢筋与预留洞口、预埋件等相协调。

预制剪力墙之间采用整体后浇式接缝连接,如图 17-13 所示。墙板与楼板、阳台板、屋面板的纵向连接一般为套筒灌浆连接、机械连接、浆锚搭接连接、焊接连接、绑扎搭接连接等方式,如图 17-14 所示。

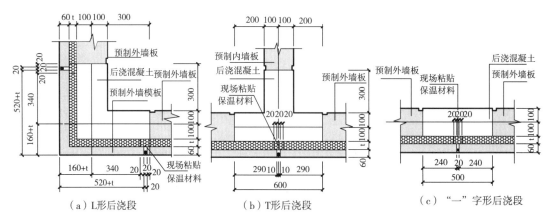

（a）L形后浇段　　　　　　（b）T形后浇段　　　　　　（c）"一"字形后浇段

图 17-13　预制剪力墙整体后浇式接缝连接

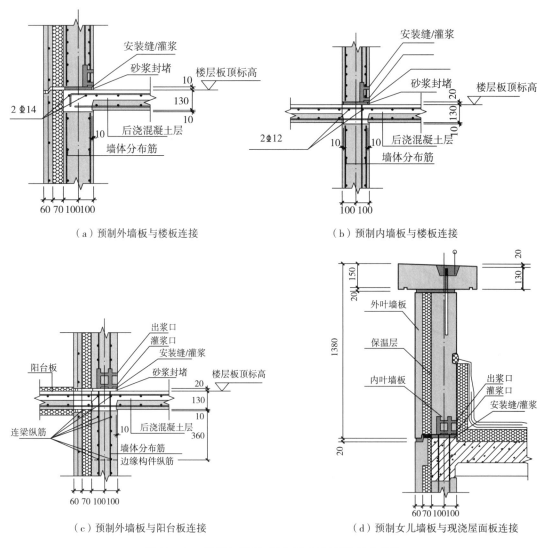

（a）预制外墙板与楼板连接　　　　　　　　（b）预制内墙板与楼板连接

（c）预制外墙板与阳台板连接　　　　　　　（d）预制女儿墙板与现浇屋面板连接

图 17-14　墙板与楼板、阳台板、屋面板的纵向连接

17.4　幕　墙

17.4.1　幕墙分类

1. 幕墙按施工方式分类

(1)现场组装式:将幕墙板材和承重型材用螺钉或卡具等在现场组装,并安装到骨架结构的幕墙,如图17-15(a)所示。

(2)预制组装单元式:将幕墙板材和承重型材在工厂里组装成一个个标准预制单元,再运到现场安装到骨架结构上的幕墙,如图17-15(b)所示。

(3)预制整体单元式:在工厂预制成较大规模的整体单元,如整开间的墙板,再运到现场安装到骨架结构上的幕墙,如图17-15(c)所示。

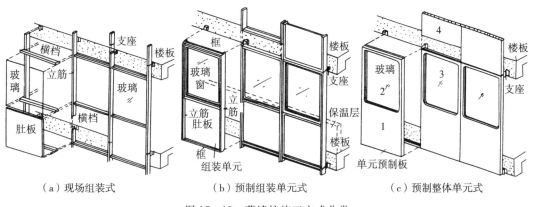

|（a）现场组装式|（b）预制组装单元式|（c）预制整体单元式|

图 17-15　幕墙按施工方式分类

2. 幕墙按材料分类

常见的幕墙有金属板幕墙、玻璃幕墙、石板幕墙和轻质混凝土悬挂墙板等。作为建筑外围护结构时,尤以玻璃幕墙和轻质混凝土幕(外挂)墙板应用较为广泛。

17.4.2　玻璃幕墙

玻璃幕墙透光性好,给人以透明、轻巧、明亮的感觉,具有强烈的艺术感染力,多用于城市重要街区的标志性建筑和高层建筑。

玻璃幕墙按安装形式可分为框支承幕墙、全玻幕墙、点支承幕墙等。支撑型材多为金属材料,玻璃种类有钢化玻璃、夹层玻璃、夹丝玻璃、吸热玻璃、镀膜玻璃等。为了满足外墙保温、隔热、隔声和防结露等要求,可采用双层或多层中空玻璃和热断桥金属型材。

1. 框支承玻璃幕墙

框支承玻璃幕墙按组装方式分为构件式和单元式。

(1)构件式

构件式是先将幕墙受力框架悬挂在建筑物的主体结构上,再将玻璃用螺栓或卡具连接到幕墙框架上的现场组装方式。幕墙立筋用角钢与房屋横梁或楼板连接,一边与主体结构的预埋件用螺栓或电焊连接,一边用支座托板与立筋连接。每层一根立筋,上下层立筋用套管套接,并留有10~20mm的温度伸缩缝,图17-16为其支座构造。

（2）单元式

单元式是将金属框架和玻璃在工厂组装成的标准单元运到现场安装。每个单元背后上部有一主钢管，与楼板的支座用螺栓连接。图 17 - 17 的幕墙单元由 A、B 两型组合而成，尺寸均为 $3m \times 4m$，每单元各分为三大块。B 单元有两块透光双层玻璃，下为悬窗，其余各块均为全反射镜面钢化固定玻璃。背面为铝箔封闭的矿棉保温层，保温棉后再做石膏板内墙。

框支承玻璃幕墙按框架和玻璃面板的位置关系，分为明框式和隐框式（半隐框式）。

① 明框式：由立筋和横档组成框格式骨架，将固定玻璃和可开启的窗用五金件半嵌在每个框格中，外立面能显示出框格的玻璃幕墙，如图 17 - 18 所示。

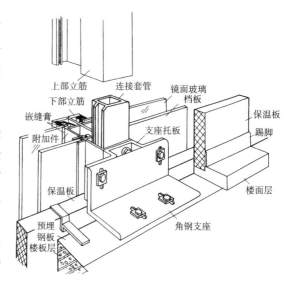

图 17 - 16　构件式玻璃幕墙支座构造

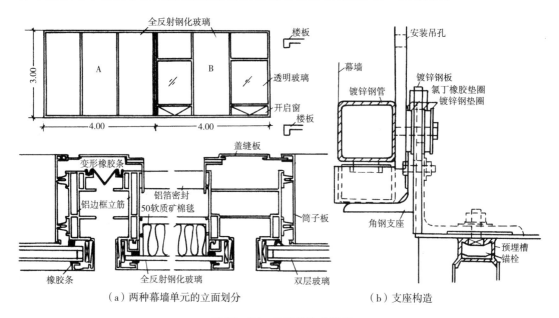

（a）两种幕墙单元的立面划分　　　（b）支座构造

图 17 - 17　单元组装式幕墙

② 隐框式（半隐框式）：金属框架全部隐藏在玻璃背面，采用结构硅酮密封胶将玻璃与背面的金属附框胶接，再将金属附框与金属主框架连接。如果垂直或水平有个方向使用隐框架结构，而另一个方向仍为外露金属扣件的型式，称为半隐框式玻璃幕墙。

隐框式幕墙的大面积玻璃，全部依靠结构硅酮胶粘合在附框架上，因此要充分保证胶结料及施工质量。同时，幕墙缝隙也多采用耐候性硅酮密封胶封闭，使幕墙在耐水、耐溶剂和耐老化以及低温弹性和透气率等方面均有良好的性能。图 17 - 19 为隐框式玻璃幕墙竖向节点构造。

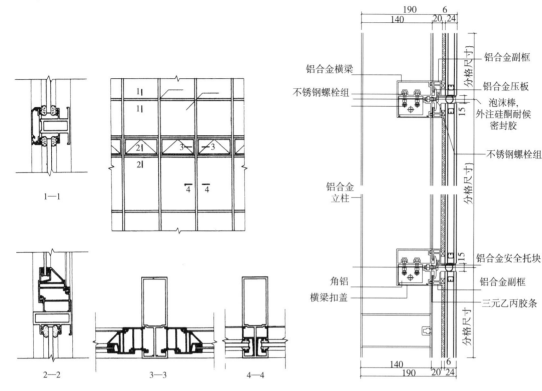

图 17-18　明框式玻璃幕墙立面和节点构造

图 17-19　隐框式玻璃幕墙竖向节点构造

玻璃幕墙作为建筑外围护构件，其导热性能要满足建筑节能的要求，还要注意气温变化下金属构件和玻璃的热胀冷缩，以及金属骨架间的冷桥作用。因此，常使用双层中空玻璃和热断桥的铝型材框架。图 17-20 为热断桥型材和双层中空玻璃幕墙的构造示意图。

玻璃幕墙悬挂于结构主体之外，和各层楼板、隔墙外沿间均有缝隙，对上下层及左右开间之间的防火、防水、隔音均不利，因此需要在相应位置用不燃材料或难燃材料封堵。当填充材料采用岩棉或矿棉封堵时，厚度不应小于 100mm，并填充密实；楼层间水平防火带的岩棉或矿棉采用厚度不小于 1.5mm 的镀锌钢板承托。承托板与主体结构、幕墙结构及承托板之间的缝隙应采用防火密封胶密封，如图 17-21 所示。

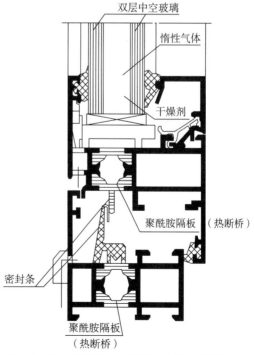

图 17-20　热断桥型材和双层中空玻璃幕墙的构造示意图

2. 全玻式和点支式玻璃幕墙

大型公共建筑的大堂、商场等高度或宽度较大的玻璃幕墙常采用全玻式和点支式。此类幕墙效果通透,室内外交融一体。但由于通风开启、上下层之间防火封堵构造不易实现,还需要进行性能化设计及分析。本章仅简要介绍其常见的造型。

(1)全玻式玻璃幕墙

由支承方式的不同分为座地式和吊挂式两种。

座地式常用于设计高度在 4.5m 以下的幕墙,由立面风格和计算确定玻璃肋板的间距和尺寸;吊挂式用于设计高度在 4.5m 以上的幕墙,上部留有钢支架和吊装空间。吊挂式全玻幕墙最高 12m,高度再大时可采用吊挂式钢构件或钢桁架作肋,可达到 25m 高度,如图 17-22 所示。

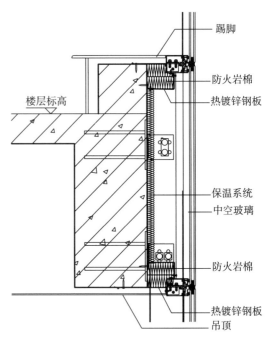

图 17-21　幕墙层间防火构造

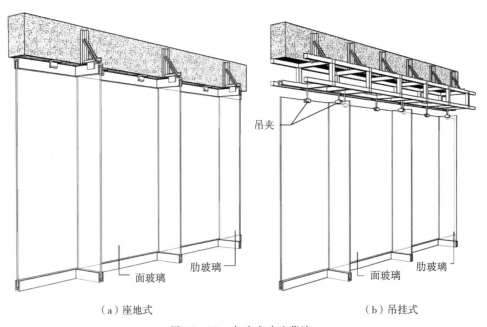

（a）座地式　　　　　　　　（b）吊挂式

图 17-22　全玻式玻璃幕墙

(2)点支式玻璃幕墙

点支式玻璃幕墙由玻璃面板、点支撑装置和支撑结构构件组合而成,常见有以下几类:

玻璃肋点支式:用驳接爪将面玻璃和肋玻璃连接而成的幕墙,由于构件少,通透性好,如图 17-23(a)所示。

单钢管点支式:用驳接爪将面玻璃和单钢管支撑结构连接而成的幕墙,其构造形式简明,安装施工较方便,是应用普遍的一种点支式幕墙,如图 17 - 23(b)所示。

　　钢桁架点支式:采用钢桁架作为支撑受力系统,通过驳接爪将面玻璃和钢桁架连接成幕墙整体。适用于高大面积的幕墙形式,如图 17 - 23(c)所示。

　　拉杆点支式:采用相对比较纤细的不锈钢拉结杆作为支撑受力系统,通过驳接爪将面玻璃和拉结杆连接成幕墙整体,如图 17 - 23(d)所示。

　　拉索点支式:采用单钢管水平索桁架的结构体系,驳接爪贯穿支撑杆、承重索、稳定索,将玻璃面板与钢桁架连接成幕墙整体,如图 17 - 23(e)所示。

（a）玻璃肋点支式

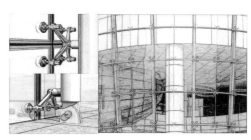

（b）单钢管点支式

（c）钢桁架点支式

（d）拉杆点支式

（e）拉索点支式

图 17 - 23　点支式玻璃幕墙

17.4.3　轻质混凝土幕(外挂)墙板

　　1. 外挂墙板的类型

　　外挂墙板可采用单一材料墙板、复合材料墙板,常用类型如图 17 - 24 所示。

　　单一材料墙板一般选用质轻、保温性能好的材料制作,如陶粒混凝土、加气混凝土、石板等。复合材料墙板种类较多,通常由三层组成,即内外壁和夹层,如图 17 - 25 所示。外壁选用防水性与耐久性均较好的材料;内壁选用不燃或难燃又便于装修的材料;夹层常选用导热系数很小的材料,如加气混凝土、矿棉、岩棉等。

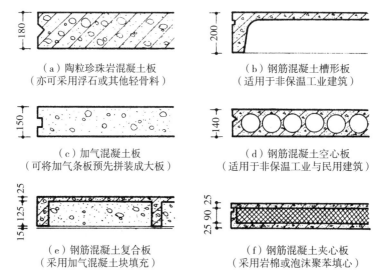

（a）陶粒珍珠岩混凝土板
（亦可采用浮石或其他轻骨料）

（b）钢筋混凝土槽形板
（适用于非保温工业建筑）

（c）加气混凝土板
（可将加气条板预先拼装成大板）

（d）钢筋混凝土空心板
（适用于非保温工业与民用建筑）

（e）钢筋混凝土复合板
（采用加气混凝土块填充）

（f）钢筋混凝土夹心板
（采用岩棉或泡沫聚苯填心）

图 17 - 24　轻质混凝土外挂墙板常用类型

注：(a)、(c)、(e)、(f) 等可用于保温建筑,其厚度根据热工要求计算确定。

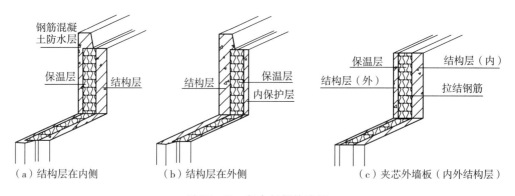

（a）结构层在内侧　　　（b）结构层在外侧　　　（c）夹芯外墙板（内外结构层）

图 17 - 25　复合材料外墙板

2. 外墙板的安装方式

外墙板与结构骨架的常见安装方式如图 17 - 26 所示。

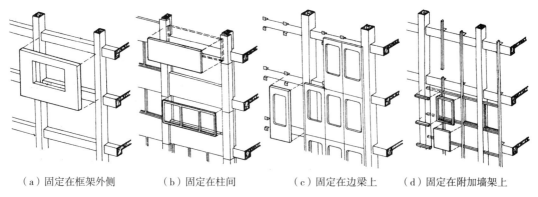

（a）固定在框架外侧　　（b）固定在柱间　　（c）固定在边梁上　　（d）固定在附加墙架上

图 17 - 26　外墙板与结构骨架的常见安装方式

3. 外挂墙板与框架的连接构造

外挂墙板与框架的连接构造须满足以下原则:一是外墙板与框架连接应安全可靠;二是不要出现"冷桥",以防止产生结露现象;三是构造设计简单,方便施工。图 17-27 为外挂墙板与框架的连接构造。

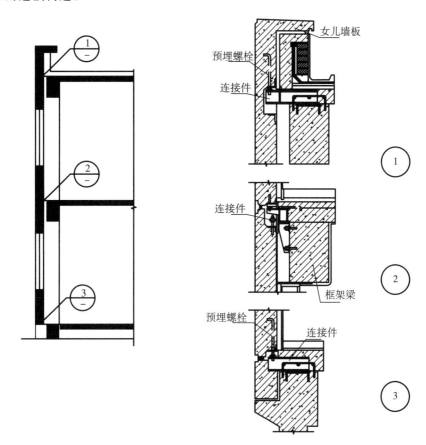

图 17-27　外挂墙板与框架的连接构造

4. 外挂墙板的接缝构造

外挂墙板的接缝是材料干缩、温度变形和施工误差的集中点,要处理好防水、保温、耐久等构造措施。

(1)外墙板缝的防水处理:构造防水、材料防水和弹性盖缝条防水。

构造防水:在墙板侧面设置滴水、挡水台或凹槽,切断毛细水通路,利用水的重力作用排除雨水,达到防水效果。这种方法经济、耐久,但模板较复杂,在施工、安装过程中易损坏边角。

材料防水:材料防水是利用密封材料嵌入板缝,阻止雨水侵入,达到防水效果。密封材料应具有黏结力强、耐久、不流淌及可塑性大的性能。这种防水方法模板制作简单,但造价较高,施工操作要求严格,常用的材料有聚氯乙烯胶泥、聚氨酯嵌缝、改性沥青胶膏、氯丁橡胶密封条等。

弹性盖缝条防水:将具有弹性的盖缝条嵌入板缝内,从而达到阻止雨水渗入室内的目的,如聚氯丁二烯软管挡雨条。

在实际工程中,这三种方式通常组合使用。

（2）外墙板缝的保温处理：为避免板缝处产生结露现象，在接缝处填塞憎水型轻质保温材料，如泡沫聚氨酯、岩棉板等。

外挂墙板常见接缝构造做法如图 17-28、图 17-29、图 17-30 所示。

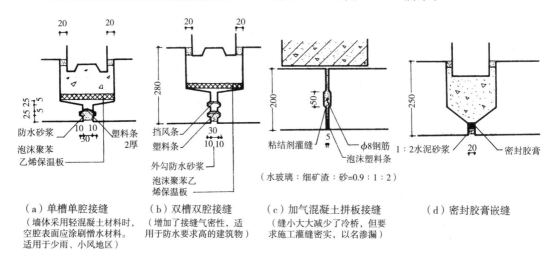

（a）单槽单腔接缝
（墙体采用轻混凝土材料时，空腔表面应涂刷憎水材料。适用于少雨、小风地区）

（b）双槽双腔接缝
（增加了接缝气密性，适用于防水要求高的建筑物）

（c）加气混凝土拼板接缝
（缝小大大减少了冷桥，但要求施工灌缝密实，以名渗漏）

（d）密封胶膏嵌缝

图 17-28　垂直缝

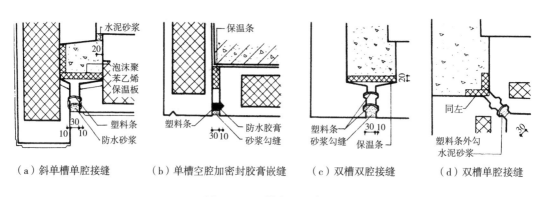

（a）斜单槽单腔接缝

（b）单槽空腔加密封胶膏嵌缝

（c）双槽双腔接缝

（d）双槽单腔接缝

图 17-29　转角处垂直缝

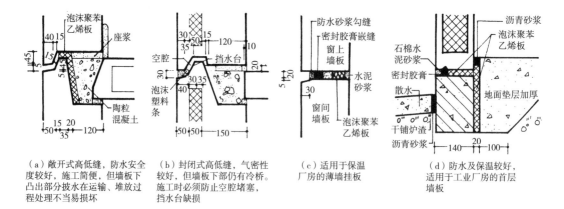

（a）敞开式高低缝，防水安全度较好，施工简便，但墙板下凸出部分拔水在运输、堆放过程处理不当易损坏

（b）封闭式高低缝，气密性较好，但墙板下部仍有冷桥。施工时必须防止空腔堵塞，挡水台缺损

（c）适用于保温厂房的薄墙挂板

（d）防水及保温较好，适用于工业厂房的首层墙板

图 17-30　水平缝

17.5　配套设备的工业化集成

实现建筑工业化是建筑结构系统、外围护系统、设备与管线系统、内装饰等配套设备系统一体化的集成设计及建造过程。工业化建筑的配套设备主要是指给排水、供暖、通风、空调、电气和智能化、燃气等设备与管线，以及集成厨房、卫生间等。这些配套设备与主体结构的关系有以下几种。

17.5.1　预置管线式

在主体结构施工时预留设备套管、孔洞或设备井，或在预制墙板中预埋穿线管、开关盒、配电箱等，等主体施工完成后，再进行设备及管线的安装。图 17-31 为预制内墙板中预埋的水、电管线示意图。

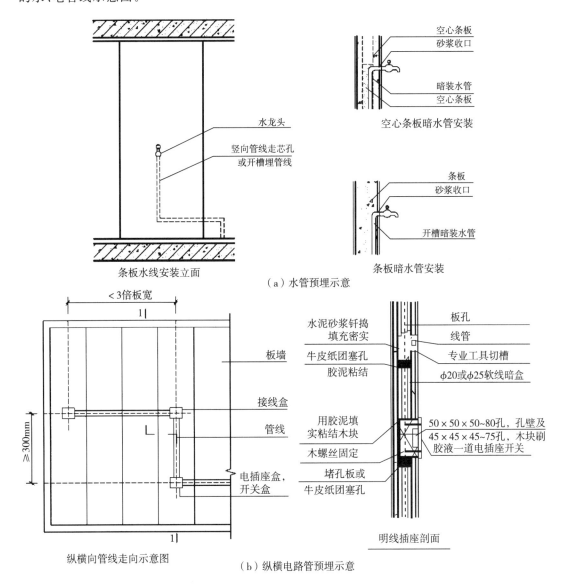

（a）水管预埋示意

（b）纵横电路管预埋示意

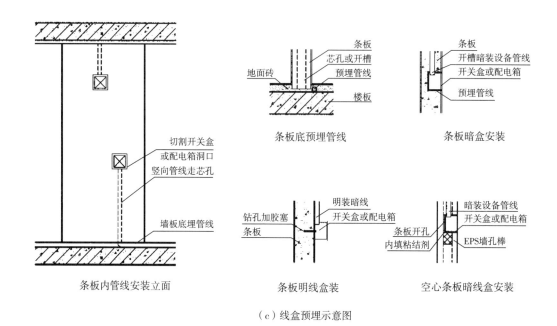

（c）线盒预埋示意图

图 17-31　预制内墙板中预埋的水、电管线示意图

17.5.2　管线分离式

设备、管线等与主体结构不交叉,结合室内吊顶、墙柱及地面的装修另行布置,这种分离式的做法有利于管线维修更换。如将卫生间排水管线布置在双层楼板中,电管布置在吊顶中,如图 17-32 所示。又如弱电集成设备带,将消防喷头、消防烟感、温感、音响喇叭、点光源照明、导光板、通信无线覆盖、监控器、红外探头传感器采点、智能控制器等终端设备整合

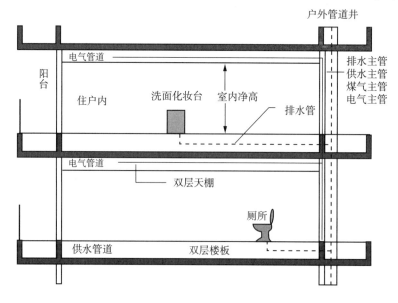

图 17-32　管线分离式示意图

于吊顶中,可根据使用者的需求组合集成,并可以随时加装新的子功能模块,具有扩展性,如图 17-33 所示。

图 17-33　弱电集成设备带示意图

17.5.3　预制构件式

　　将设备管道、通风管道、烟道以及卫生间、厨房的整套设备系统或部分设备,做成特殊的预制构件,表面留接插口,图 17-34 为相邻卫生间或卫生间与浴室之间的管道墙、管道块。图 17-35 为整体盒子式厨卫间,经过工厂预制并完成部分或全部装修,在隔声、保温、防水的优势明显。

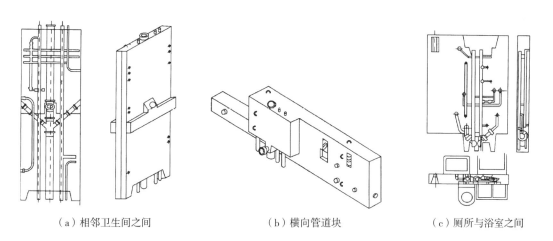

　　（a）相邻卫生间之间　　　　　（b）横向管道块　　　　　（c）厕所与浴室之间

图 17-34　相邻卫生间或卫生间与浴室之间的管道墙、管道块

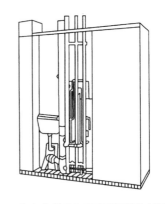

（a）带卫生洁具和装修的盒子卫生间　　　　　（b）盒子卫生间反面管道的布置

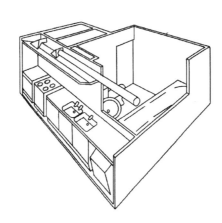

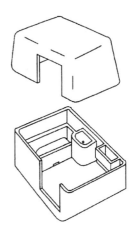

（c）组合卫生洁具与厨房设备的盒子　　　　　（d）玻璃钢整体式盒子卫生间

图 17-35　整体盒子式厨卫间

参 考 文 献

[1] 同济大学,西安建筑科技大学,东南大学,等. 房屋建筑学(第三版)[M]. 北京:中国建筑工业出版社,1997.

[2] 同济大学,西安建筑科技大学,东南大学,等. 房屋建筑学(第四版)[M]. 北京:中国建筑工业出版社,2005.

[3] 建筑设计资料集编委会. 建筑设计资料集(第二版)[M]. 北京:中国建筑工业出版社,1996.

[4] 建筑设计资料集编委会. 建筑设计资料集(第三版)[M]. 北京:中国建筑工业出版社,2017.

[5] 许传华,贾莉莉. 房屋建筑学[M]. 合肥:合肥工业大学出版社,2005.

[6] 鲍家声. 公共建筑设计基础[M]. 江苏:南京工学院出版社,1986.

[7] 黎志涛. 建筑设计方法入门[M]. 北京:中国建筑工业出版社,1996.

[8] 赵西平. 房屋建筑学[M]. 北京:中国建筑工业出版社,2006.

[9] 住房和城乡建设部工程质量安全监管司,中国建筑标准设计研究院. 全国民用建筑工程设计技术措施(2009年版):规划·建筑·景观[M]. 北京:中国计划出版社,2010.

[10] 中华人民共和国住房和城乡建设部,中华人民共和国国家质量监督检验检疫总局. 建筑设计防火规范 GB 50016—2014(2018年版)[S]. 北京:中国计划出版社,2018.

[11] 中华人民共和国住房和城乡建设部,国家市场监督管理总局. 民用建筑设计统一标准 GB 50352—2019[S]. 北京:中国建筑工业出版社,2019.

[12] 中华人民共和国住房和城乡建设部,中华人民共和国国家质量监督检验检疫总局. 无障碍设计规范 GB 50763—2012[S]. 北京:中国建筑工业出版社,2012.

[13] 中华人民共和国住房和城乡建设部,中华人民共和国国家质量监督检验检疫总局. 住宅建筑规范 GB 50368—2012[S]. 北京:中国建筑工业出版社,2012.

[14] 中华人民共和国住房和城乡建设部,中华人民共和国国家质量监督检验检疫总局. 住宅设计规范 GB 50096—2011[S]. 北京:中国建筑工业出版社,2011.

[15] 中华人民共和国住房和城乡建设部,中华人民共和国国家质量监督检验检疫总局. 中小学校设计规范 GB 50099—2011[S]. 北京:中国建筑工业出版社,2011.

[16] 中华人民共和国住房和城乡建设部,中华人民共和国国家质量监督检验检疫总局. 地下工程防水技术规范 GB 50108—2008[S]. 北京:中国计划出版社,2008.

[17] 中华人民共和国住房和城乡建设部,中华人民共和国国家质量监督检验检疫总局. 建筑采光设计标准 GB/T 50033—2013[S]. 北京:中国建筑工业出版社,2013.

[18] 中华人民共和国住房和城乡建设部. 厂房建筑模数协调标准 GB/T 50006—2010[S]. 北京:中国计划出版社,2010.

[19] 中华人民共和国住房和城乡建设部. 宿舍建筑设计规范 JGJ 36—2016[S]. 北京:中国建筑工业出版社,2016.

[20] 中华人民共和国住房和城乡建设部．托儿所、幼儿园建筑设计规范 JGJ 39—2016[S]．北京:中国建筑工业出版社,2016.

[21] 中华人民共和国住房和城乡建设部．办公建筑设计标准 JGJ 67—2019[S]．北京:中国建筑工业出版社,2019.

[22] 中华人民共和国住房和城乡建设部．种植屋面工程技术规程 JGJ 155—2013[S]．北京:中国计划出版社,2013.

[23] 中华人民共和国住房和城乡建设部,国家市场监督管理总局．民用建筑通用规范 GB 55031—2022[S]．北京:中国建筑工业出版社,2022.

[24] 中华人民共和国住房和城乡建设部,国家市场监督管理总局．建筑防火通用规范 GB 55037—2022[S]．北京:中国计划出版社,2022.

[25] 中华人民共和国住房和城乡建设部,国家市场监督管理总局．建筑与市政工程防水通用规范 GB 55030—2022[S]．北京:中国建筑工业出版社,2022.

[26] 中华人民共和国住房和城乡建设部,国家市场监督管理总局．建筑环境通用规范 GB 55016—2021[S]．北京:中国建筑工业出版社,2021.

[27] 中华人民共和国住房和城乡建设部,国家市场监督管理总局．建筑与市政工程无障碍通用规范 GB 55019—2021[S]．北京:中国建筑工业出版社,2021.

[28] 中华人民共和国住房和城乡建设部,中华人民共和国国家质量监督检验检疫总局．建筑模数协调标准 GB/T 50002—2013[S]．北京:中国建筑工业出版社,2013.

[29] 中华人民共和国住房和城乡建设部,中华人民共和国国家质量监督检验检疫总局．屋面工程技术规范 GB 50345—2012[S]．北京:中国建筑工业出版社,2012.

[30] 中华人民共和国住房和城乡建设部,国家市场监督管理总局．宿舍、旅馆建筑项目规范 GB 55025—2022[S]．北京:中国建筑工业出版社,2022.

[31] 中国建筑标准设计研究院．公共卫生间 16J914-1[M]．北京:中国计划出版社,2016.

[32] 中国建筑标准设计研究院．楼梯、栏杆、栏板(一)15J403-1[M]．北京:中国计划出版社,2015.

[33] 中国建筑标准设计研究院．装配式混凝土结构连接节点构造 15G310-1、2[M]．北京:中国计划出版社,2015.

[34] 中国建筑标准设计研究院．变形缝建筑构造 14J936[M]．北京:中国计划出版社,2014.

[35] 中国建筑标准设计研究院．平屋面建筑构造 12J201[M]．北京:中国计划出版社,2012.

[36] 中国建筑标准设计研究院．楼地面建筑构造 12J304[M]．北京:中国计划出版社,2012.

[37] 中国建筑标准设计研究院．坡屋面建筑构造(一)09J202-1[M]．北京:中国计划出版社,2009.

[38] 中国建筑标准设计研究院．建筑防水系统构造(三)13CJ40-1[M]．北京:中国计划出版社,2013.

[39] 中国建筑标准设计研究院．通风采光天窗 11CJ33[M]．北京:中国计划出版社,2011.